70事例から学ぶ

自動車の振動・騒音対策法

石濱正男――著

日刊工業新聞社

まえがき

著者は東大航空学科３年生のときに「航空機構造振動論」という授業で小林繁夫助教授（当時）から振動学を最初に学びました．この航空宇宙開発では，振動騒音問題で発生する事故の原因を優秀な技術者が真摯に究明し，新技術を開発してきました．振動モード解析，統計的エネルギー解析，ランダム振動解析や相関技術による実験解析，有限要素解析など，今日私たちが使っている振動騒音技術の殆どが米国での航空宇宙分野で開発されたものです．他方，日本の自動車産業は，解析理論ではなく応用に注力し，品質を向上してきたと思います．しかし，基本となる理論を理解しないために，著者は技術的なミスを数多くおかしてきました．

そこで著者は，この経験を通じて学んだ知識を，できるだけ体系的にまとめ，後輩の方々に利用していただくため，この本を執筆しました．この本が他の振動騒音の書物と大きく異なるところは，定石外れの誤解の事例集です．そしてそれに関連する代表的な自動車の振動騒音現象や基本理論の説明を加えました．

この本を書くまでに支えていただいた下記の諸氏に，紙面を借りて感謝を申し上げます．日産自動車総合研究所時代の先輩諸兄の（故）三浦登，林義正，木村彰良，藤原靖彦の諸氏，同僚後輩の諸氏，留学先 MIT 教授の Richard H. Lyon, Alan Oppenheim, Steven Crandall 氏，著者の学位取得指導をしていただいた長松昭男先生，背戸一登先生，神奈川工科大学石濵研究室の学生諸君，秘書の中村順子氏，日刊工業新聞社の阿部正章氏．本当にありがとうございました．

目　　次

自動車の振動騒音設計の基本

自動車開発プロセスの理解法

1.1　今日の機械製品と振動騒音技術

今日の産業をリードしているものは何かと問われれば，機械工学とか設計学とかの製品に近い応用学ではなく，実はソフトウェアであり，その源を作り出している数学，物理学ではないかと思案しています．この小文をお読みになっている方は，著者の察するところ数学，物理，コンピュータサイエンスなどに秀でた知識と経験をお持ちのはずです．しからば，そういう皆様に自動車の振動騒音問題の解決を頼むと，たちどころに解が得られるかというとそうでもなさそうです．事実，勤務している大学の食堂で，親しい数学教授と話していると，私のような自動車産業の現場で育ってきた人間がまず現象を把握し，基礎方程式を作るところまでやらないと，数学者はおでましいただけないようです．

個々の例をここでご紹介するのは紙面の制約から難しく，細かな説明が必要になるのであきらめ，他の分野の方への肩のこらないお話しとして，自動車技術の特徴とその中でも振動騒音技術の特徴を拙文にてご紹介しましょう．

1.2　非常に複雑な機械システムとしての把握方法

車をなぜ買って使うのか，その効用は多岐にわたります．効用には，「走る」，「曲がる」，「止まる」という基本的なもののほかに，雨風・寒暖・日光・異臭・騒音から乗員を守り，欲しい情報や快楽を与えるなど，数え上げればきりがないほどです．その効用を実現するために，数多くの構成要素を適切に配置し，効用を実現しているのが自動車でして，一つの企業でまとめることができる製品としては航空機や船舶と同様に最も複雑な機械システムでしょう．自動車会社の中にあっても，特定の部位だけに固執する設計者，ある特定の性能だけに興味をもつ解析担当者が多くいるようですが，一人のエンジニアが解析できる

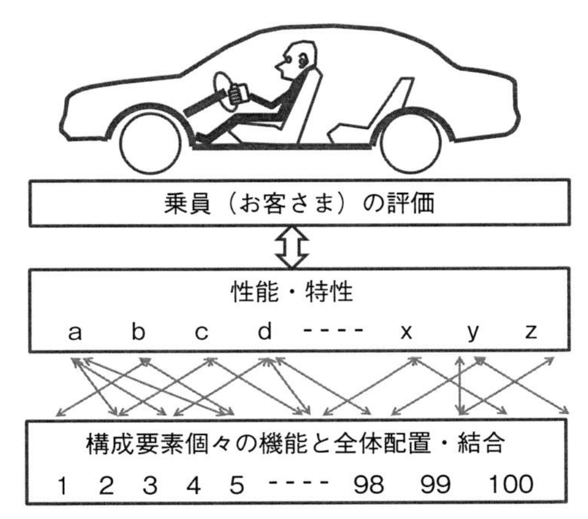

図 1-1　複雑な機械システムにより機能を実現する自動車

範囲は狭くとも，この全体の効用実現システムとつねに関連していることを認識しなければなりません．技術の好きな社員ばかりでなく，車が好きな社員が必要とされる所以でしょう（**図 1－1**）．

1.3　QFD（品質機能展開）による他性能との関係整理法

読者の皆様は開発プロセスにおける品質管理の重要な道具としての「品質機能展開」（Quality Function Deployment, QFD）をご存知でしょう．自動車のQFD の一例を部分的に示したのが**図 1－2** です．上段に横に配列した項目が自動車の性能や機能で，左端縦の列に各部位の特性が並んでいます．表の中の○は関連していることを示し，◎は特に強い関連度を示します．数多くの性能の中で，振動騒音が最も多くの部位部品と関連をもっていることが一見しておわかりいただけるはずです．これは，振動騒音技術に携わるエンジニアは，自動車全体システムを良く知る必要があることを意味しています．しらずしらずの内に，開発対象としての自動車全体のみならず，それらを設計実験している多くの部署の人との交わりができます．その結果でしょうか，自動車会社の役員や車両開発のチーフエンジニアには振動騒音問題解決が仕事であった方が多数います．計算シミュレーションに使うソフトやモデルも同じような要請をうけ

車両性能・特性項目 ＼ 構成要素・配置			a 社会・環境適合性	b 質量・慣性能率	c 積載性	d 居住性・乗降性	e 操作性	f 視界・視認性	g 外形のバランス	h 空力特性	i 動力性能・運転性	j 燃費・排気性能	k 耐熱性能	l 制動性能	m 操縦安定性	n 小回性・駐車性	o 走破性	p 衝突安全性	q 乗り心地	r 振動・騒音	s 空調性能	t 情報性能	u 音響性能	v 信頼性・耐久性	w 整備性・修理性	x リサイクル性	y 生産性・組立性	z 原価
1	パワートレイン	エンジン	○	○							◎	○	◎					◎	◎	◎	◎			○	○	○	○	○
2	パワートレイン	吸気系		○							◎	○	○							◎				○	○	○	○	○
3	パワートレイン	燃料系(タンク,配管を含む)	○	○							◎		◎					○		○				○	○	○	○	○
4	パワートレイン	冷却系（ラジエータ）		○						◎	○		◎					○		○	◎			○	○	○	○	○
5	パワートレイン	排気系	○	○							◎	○	◎							◎				○	○	○	○	○
6	パワートレイン	クラッチ		○			◎				◎									○				○	○	○	○	○
7	パワートレイン	変速機		○			◎				◎	○							◎	◎				○	○	○	○	○
8	パワートレイン	パワートレインのマウント		○														○	◎	◎				○	○	○	○	○
9	パワートレイン	プロペラシャフト		○														○		◎				○	○	○	○	○
10	パワートレイン	ファイナルドライブ		○							◎	○								◎				○	○	○	○	○
11	パワートレイン	アクスルシャフト		○																○				○	○	○	○	○
12	パワートレイン	ドライブシャフト		○																◎				○	○	○	○	○
13	シャシー	アクスル	○	○								○												○	○	○	○	○
14	シャシー	主ブレーキ系	○	○			◎					○		◎	◎					◎				○	○	○	○	○
15	シャシー	パーキングブレーキ	○	○			◎							◎				○						○	○	○	○	○
16	シャシー	ホイール	○	○										◎	◎			◎		○				○	○	○	○	○
17	シャシー	タイヤ（含スペアタイヤ）	○	○						○	◎	○		◎	◎	◎	○	◎	◎	◎				○	○	○	○	○
18	シャシー	ステアリング系	○	○											◎	◎	◎	○		◎				○	○	○	○	○
19	シャシー	フロントサスペンション	○	○										○	◎		◎	○	◎	◎				○	○	○	○	○
20	シャシー	リヤサスペンション	○	○										○	◎	◎	◎	○	◎	◎				○	○	○	○	○
21	シャシー	操作系（ペダル，レバー）	○	○			◎				◎			◎				○		○				○	○	○	○	○
22	シャシー	配管	○	○									◎					○		○				○	○	○	○	○
23	シャシー	配索		○														○						○	○	○	○	○

図1-2　振動騒音性能と自動車の構成要素・配置との関連

るわけです．

逆に，自動車の各部分の不具合は音に現れることがほとんどです．

米軍の放送局AFNが毎週流していたラジオ番組“Car Talk”をご存知でしょうか？[(1)] MITを卒業した自動車修理工場主兄弟のTomとRayが，全米各地からの電話による車の不具合相談に対してその場で回答する1時間番組です．電話の会話は使っている車のモデル名や年式説明から始まり，不具合のでる状況に続いて，聞こえる音を声でまねてTom&Rayに伝えるというふうに進んでいきます．電話の送受信機や回線という限られた周波数帯域と環境下のメディアを通した音でありながら，エキスパートの彼らは不具合の原因を的確に言い当て，最小限の出費で安全に質問者が問題を解決する方法を答えるのです．彼らはQFD表を逆字引として使っているともいえます．

・音はなくすわけにはいかない
・情報音・快適音は聞こえる必要がある
・外部からの音を全てシャットアウトしてはならない

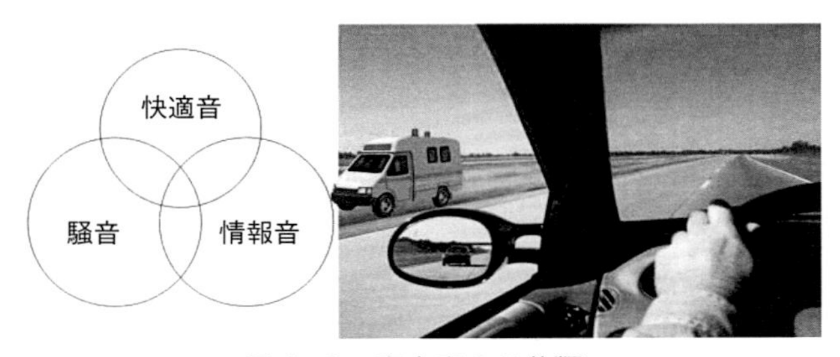

図 1-3　車内音の3分類

機能性能の一つとしての振動騒音については，もう一つ別の観点が必要でしょう．それは，消したい振動騒音ばかりではないということです（**図1－3**）．走行中の路面の凹凸はロードノイズで聞き分けることができ，その情報を操舵やブレーキ操作に活かしています．また，救急車の接近音は危険回避と公衆の安全のために，車室内に侵入しなければなりません．さらに，退屈しのぎや次なる行動へのリフレッシュとして音楽を楽しむこともあります．音は時間，場所，場合に応じて小さくも大きくも聞こえる必要があるのです．

1.4　感性評価に立脚した設計目標設定と設計への折込み法

自動車が生産用機械，家電製品，オフィス用機器と大きく異なる点は，人間が乗って性能や機能を評価するということでしょう．設計者は，自分の設計の良し悪しを，計測データではなく，自分の身体全体で感じることができるのです．

感じると言えば，人間の聴力は祖先がジャングルで生き延びるのに大いに役立った感覚機能です．最小可聴音圧は20マイクロパスカルで，鼓膜が破れずに聴ける音圧はその100万倍で，驚くほどのダイナミックレインジを持っています．また，1960年代後半にトップスターであった伊東ゆかりの歌「あなたの足音」の歌いだし“足音だけでアナタがわかる．目を閉じていてもアナタがわかる”は，何の音かがわかり，個性までも聞き分け，さらに方向や距離の聞き分けができることを，短いフレーズで表現しきっています．だからこそ，自動車を試しに乗ってみて，外観の次に評価の対象となるのは音，音質になるのです．ところが，「電気自動車（EV）が狭い道で後ろから近づいてくると，静か過ぎてそれがわからないので危険だ！」という声に対し，従来のレシプロエンジン車の音に似せた合成音を，わざわざスピーカから放射し続ける装置を組み込んだEVを発売したメーカーがありますし，そのような指導方針を作った官庁もあるようです(2)．ちなみに，この合成音は，少なくともその車種ではどの車でも同じ音です．EVの音が聞こえにくいのは，周囲の騒音が大きすぎるからで，これにさらに新時代を感じさせるべきEVが音を上乗せるのは，電車に蒸気機関車の音を出させるような気がしてなりません．

話を元に戻しますが，開発の早い段階から，その自動車に与えるべき音質の計画が行われることが進んだ企業では大事な車種について実施されています．現在のところ計画に使われている音質シミュレータなるものは，録音された車内音をフィルタなどによって加工し，調波構造を変更するもので，単にPC出

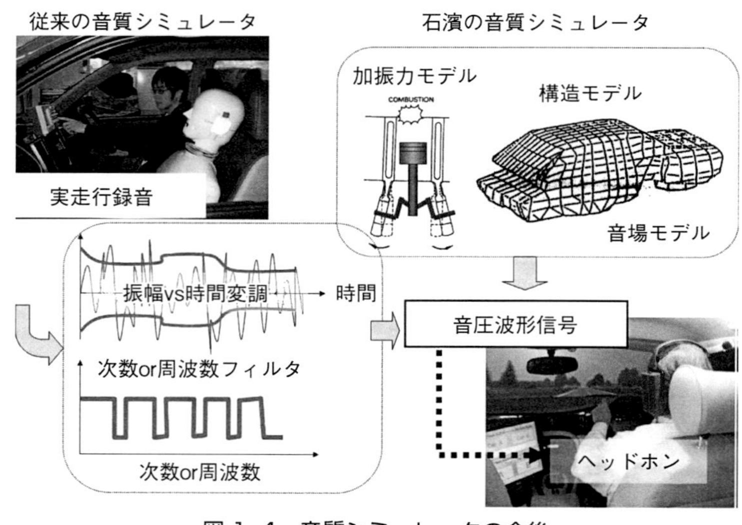

図 1-4　音質シミュレータの今後

力をヘッドホンで聞く簡易版から，ドライビングシミュレータ並みの運転環境のもの，あるいは実際に自動車を路上で運転しながら，試聴音をヘッドホンで聞く高級版までいろいろとあり，役立っています．しかし，これらはいずれも現行車の音を変化させたものであるので，目標とする音の特徴を提示することはできますが，自動車の構造やエンジンの燃焼圧力などの加振力という設計パラメータとの関係を直接につけることはできません．そこで著者は15年以上前から，設計パラメータから直接試聴音を合成するSound Synthesis based on Physical Modeling，物理現象を表す数理モデルのシミュレーションにより試聴音波形を創生する方式を研究しています[(3)-(5)]．シミュレーションの結果をグラフや表で検討するのではなく，音波と聴覚で検討するのです．この方法は，アニメーション映像を適当な画像処理だけで作るのではなく，運動解析で作り出そうと言うゲームソフトの世界と通じるところがあります（**図1－4**）．

1.5　開発期間という時間のマネジメント法

およそ資本を使ってビジネスをする以上，投資の回収を早めることは必須ですから，開発期間は短くしなければなりません．また，自動車は単に機能を満たせばよいという類の商品ではなく，流行に敏感なファッション的商品でもあります．そこで，出来る限り発売に近いタイミングでスタイルや仕様の決定をし，短期間で開発することになります．この要請に応える一つの鍵がCAEであることは言うまでもありません．ただ，ここで注意しなければならないのは，いつ，誰とどのような情報をどのような質でやりとりするのかを，相互に知っていることが大切であることです．**図1－5**は，神奈川工科大学の学生プロジェクトがレーシングカーを開発したときに，日産自動車の元常務にご指導をいただいて作った中日程です．試作を繰り返す資金もなければ時間もない，典型的なCAE依存の短期間開発です．これほどまでに短い商品開発は自動車産業ではありませんが，似たような日程の中で振動騒音性能を予測する必要があります．当然のことですが，全ての現象を予測することは困難ですから，重点に絞った人的資源の割り当てが求められます．それ以外は経験値，データベースを利用するので，経験豊かなメーカーでなければ高級車は開発できません．

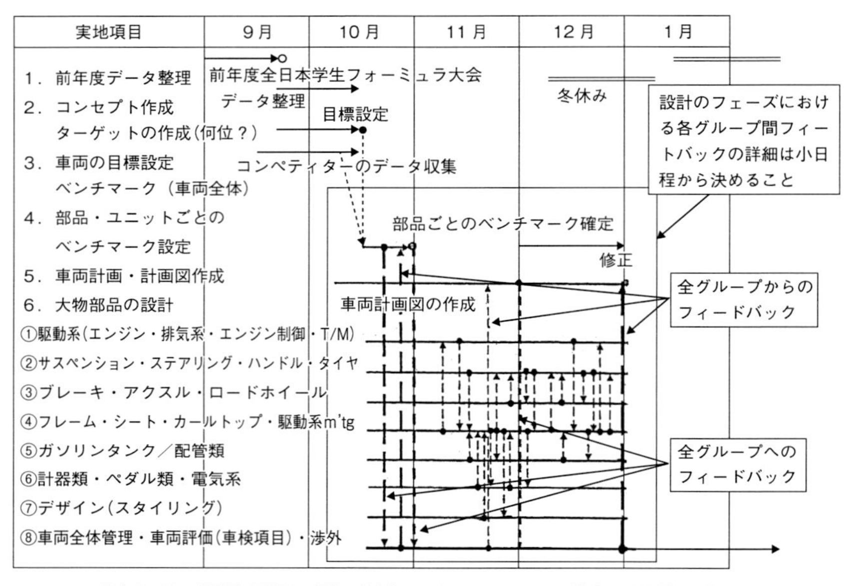

図 1-5　開発日程の例－学生によるレーシングカー開発日程－

1.6　OEM，サプライアというネットワークでの開発

自動車は数多くのユニットや部品からなりたっています．アッセンブリーメーカー内で設計製造しているものは，エンジン，トランスミッション，車体の大物部品などに限られます．タイヤ，ブレーキ，ばね，ショックアブソーバなどの足回り，エアコンやメータなどの内装，ガラスや車体骨格部材や防振ゴムはそれぞれの専門性を活かせるサプライアが開発をしています（**図 1-6**）．どれも振動騒音現象に関与する重要なものですから，アッセンブリーメーカーを中心として情報を共有して開発を進める必要があります．性能予測に必要な荷重条件，拘束条件，運転条件など，現象を表現するモデルと同時に，あるいはそれ以上に共有が必要な情報です．しかし，不勉強な多くのエンジニアが，適切でない条件を設定，あるいは何も考えず，開発を進めているように著者は感じています．

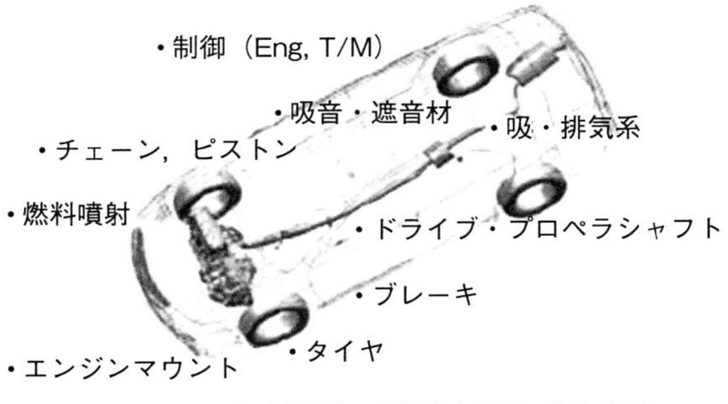

図 1-6　振動騒音に関係するサプライア

1.7　国際商品という性格の折込み

国内が主たる市場の製品，あるいは国内市場に比べて振動騒音性能に対する要求が低い海外市場をもつ製品と比較し，自動車は本当に国際的な商品です．欧州では高速性能や敷石路での競争となります．米国では少々荒れたハイウェイを長時間ゆったりと走れる柔らかい乗り心地を持たなければなりませんし，長い使用年限や距離も苦心するファクターです．これらの道路や気候という環境の違いのほかに，人々の習慣の違い，好む音楽の違いも振動騒音技術者が心得ているべきことでしょう．

1.8　性能計画図による目標設定から設計・試作・実験までの業務推進

上記のような振動騒音性能開発を，商品としての競争力，合理的な開発による時間や工数の効率的な活用，当該開発プロジェクト以外のプロジェクトへの知的情報の確実な伝達，などを組織として行うためには，性能計画図を中心とした業務推進が必要で有効です．この性能計画図の構成の一例を**図 1 - 7** に示します．

その製品に持たせるべき振動騒音性能は，その製品の性格（コンセプト）によって異なります．そこで，その製品の性格の中の振動騒音性能目標を計画図に書き込みます．自動車の車内騒音についての例をあげると，①低周波のこもり音の共振ピークとなる運転条件での音圧レベル，②中周波の加速時エンジン

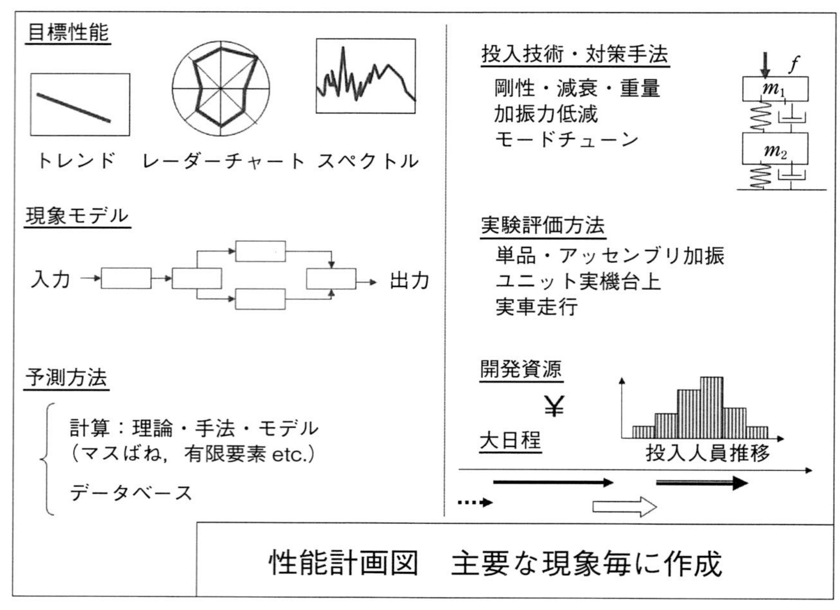

図 1-7　性能計画図

騒音であれば，300Hzから800Hzの範囲の騒音レベル（dB(A)）だけでなく音質指標を加えます．多くの場合，すでに競争相手となる同類の製品が市場に出ているので，その実力を計測しておき，競争に勝てるように目標設定をすることは，他の性能設計と同様です．競争相手も次の製品で性能を向上するでしょうから，横軸を発売年にとって性能向上の変化トレンドを読み取り，次世代製品の性能予測で勝てるようにします．これは軽量化や燃費向上などの相反しがちな性能と総合して決める作業となります．

次は，目標として設定した振動騒音性能が，どのような現象であるのかという知識を，開発に携わる関係者が共有できるように描いておく「現象説明」となります．加振源，伝達系，放射系，感覚系というようなブロックダイアグラムで表現することが基本です．そして，このそれぞれの絶対値や生ずるタイミング，加わる場所，波形の特徴，線形非線形の別，運転条件依存性などの特徴がわかるようにします．このことにより，実験評価での条件設定，設計の勘所，

CAEモデルとして表現すべき現象，時系列分析か周波数応答か，などの判断ができるようになります．この現象理解が誤っていると，的外れの設計や実験につながります．

続いて性能予測方法です．過不足のないシンプルなモデルとソフトウェアを使うべきであることは言うまでもありません．低周波現象であれば，ほとんどの部品にとっては共振周波数よりもはるかに低い現象となるので，剛体としてふるまい，特定の部品あるいは接合部分が柔軟物体，つまりばねとしてふるまうでしょう．したがって，複数の剛体をばねで結合する「マスばね系」での表現となります．部品が衝突をしたり，おおきく姿勢変化をしたりする現象の場合は，マルチボディダイナミクスモデルとなります．周波数がさらに高くなると，部品の共振現象も含める必要が出てくるので，有限要素モデル（FEM）となります．現象に関するすべての部品のFEMモデルを新たに作成することは時間や工数から難しい場合は，多少の誤差には目をつぶって相対的な予測と割り切って，過去に使ったモデル遺産を組み込むことも計画します．

次には，この予測や試作品の評価法です．製品としての目標値は設定しているものの，製品を構成するサブシステムとしての特性目標や，加振力・伝達系それぞれの段階での特性目標は，開発段階に応じて別途設定しておく必要があります．例えば，加振力のスペクトラムやエンジン回転速度に対応した振幅，個別部品の固有振動数，防振ゴムのばね特性のようになります．これらの特性を表すグラフの仕様（縦軸と横軸や解析条件）を決めればより明確になるでしょう．

技術的な項目の最後は，投入予定技術です．詳細な性能予測を待つことなく，コスト・スペース・開発工数・関連会社との契約を確保するために，主要な構造や制御方式に影響を与える可能性のある投入技術を想定することです．構造メンバーの追加，剛結から防振結合への変更，油圧駆動から電動への変更，アクティブ制御の導入などはその最たるものです．

ここで忘れてならない計画は，上記の開発行為を行う資源の確保です．資源とする項目は，時間，工数，試験装置，試作品，資金，ソフトウェアです．協力企業の資源確保も同様です．この資源が不足する場合は，理想からは一歩外れるものの，許容できる限度で対象とする性能，達成目標，検討の精度などを限定せざるを得ません．その場合，試作品や試作車で十分な性能が得られなかったときの対応，つまりコンティンジェンシープランをあらかじめ考えておく必要があります．

参考文献

(1) Car Talk: http://www.cartalk.com/
(2) 電動車用車両接近通報装置の開発：鹿沼 剛，自動車技術会講演前刷集 No.56–11, 2011年5月
(3) Effects of Power Plant Vibration on Sound Quality in the Passenger Compartment During Acceleration: Masao Ishihama, et.al., SAE Paper870955, 1987年4月
(4) 自動車のサウンドデザイン：石濱正男，自動車技 vol.62, No.2, 2008年2月
(5) Tire Sound Quality Evaluation Tool Using Sound Synthesis With Physical Modeling: Masao Ishihama, IMECE2007–41142 pp. 527–533, ASME2007, 2007年

主な自動車振動騒音現象のモデル

自動車の振動騒音現象には，前章で説明したように多くの異なる現象があります．加振源や伝達系が異なるのみならず，連続的な周期的加振力による強制振動，間欠的な突発加振力による自由減衰振動，滑り速度により変化する摩擦係数による自励振動，路面突起や乱流によるランダム振動などの加振力特性による差異もあります．そこで，それらの代表選手であって，多くの車種で問題となる現象に焦点を当てて解説します．

2.1　アイドル振動

(1) アイドル振動の概要　燃費向上のために

内燃機関は始動から実際に動力を出し始めるまでに時間がかかる要因は複数あります．例えば，ピストンや軸受けの摩擦が滑り速度が低くなるとともに急激に増大する一方で，エンジンを回転させる燃焼による駆動力はそうならないので，回転が不安定となる現象です．その他には，必要電力や必要油圧の発生という限界です．さらには，エンジンから車体に伝達される振動加振力振幅が大きくなることです．大型乗用車では車体の弾性振動の最低次固有振動数が低くなり，この加振力によって車体全体が振動をしがちですから，アイドル時のエンジン振動の防振（振動遮断）には特に配慮が求められます．また，自動車として機能するために電力を発生させたり，エアコンコンプレッサーを動かしたりという機能を受け持っています．そのために，停車中であってもエンジンをアイドル運転しますが，燃料消費や排出ガス発生を抑制するために，回転速度は可能な限り低くします．

(2) エンジンで発生する加振力

エンジン全体にかかわり，かつ低い周波数の加振力には二種類があります．

一つはピストンの往復運動による慣性力で，もう一つは燃焼によるトルク変動です．

ピストンはクランク軸の回転とともにいやおうなしに決まったストロークを往復させられます．つまりコンロッドによって押し上げられたり，引き下げられたりします．この反力はシリンダーブロック側の軸受けに伝達されます．そして，その大きさはニュートンの運動法則そのままに，ピストンと，それとともに往復するコンロッドの一部を含む質量と，その加速度の積に等しくなります．決まったストローク（振幅）運動ですから，加速度はその周波数の二乗に比例します．従って，回転速度の低いアイドル時には小さくなります．

他方，燃焼によりピストンは押し下げられ，コンロッドは傾き，ピストンはコンロッドからの反力によってシリンダライナーに押し付けられます（**図2-1**）．

傾いたコンロッドからはシリンダーブロック側軸受けにピストン運動方向とともに横方向の力が伝えられます．この二つの横力は作用位置が離れているためにシリンダーブロックにモーメントを与えます．このモーメントは燃焼圧力の変化やコンロッドの傾角とともに変化しますので，加振力（モーメント）として作用します．これはエンジン回転速度には直接は依存しませんので，低回

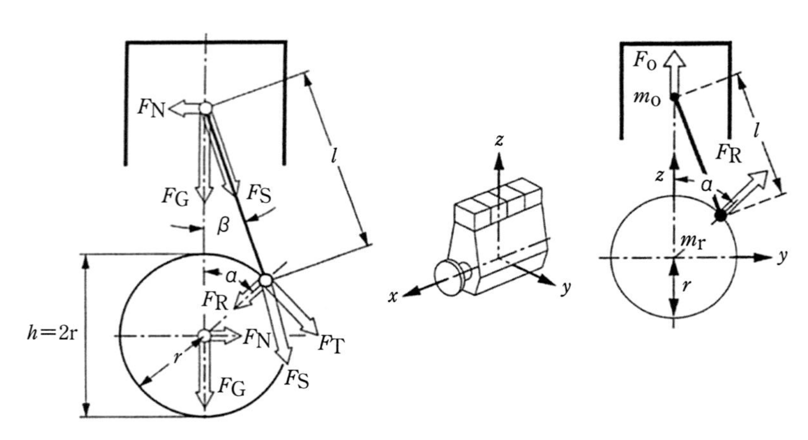

図2-1　コンロッドの傾きによるシリンダーブロックへの横向入力

転速度で負荷の大きい運転時には，往復慣性力よりもずっと影響大です．アイドル時の負荷は低いものの，加振力の大半はこの燃焼によるトルク変動です．

（3）トルク変動を受けるシリンダーブロックの振動

上記のトルク変動はクランク軸まわりに作用します．このトルク変動に対してシリンダーブロックを車体から振動的には浮いた状態で，自由に回転をさせることが車体のアイドル振動を小さくする基本です．このような状態は，次の章で解説する防振状態であり，加振力の振動数が振動系の固有振動数のルート2倍以上が望ましい状態です．4気筒エンジンのアイドル回転速度が600rpmでしたら，燃焼は1秒間に20回発生しますので，防振するためには固有周波数をそのルート2分の1，約14Hz以下にすることが理想です．そのような防振領域では，加振力に対抗する力は主として系の質量の加速度運動によって発生する慣性力です．加振力がモーメント（トルク）として作用する場合は，質量ではなく慣性モーメントと角加速度の積が現象を支配します（**図2－2**）．

クランク軸の方向とエンジン＋変速機＋補機を含めた剛体の慣性主軸の方向は，完全には一致しません（図2－1）．従って，三つの慣性主軸まわりに回転運動を作りだしてしまうから，上記の防振状態を作り出すには，マウントの配置と剛性配分を適切に選んで，できるだけエンジンが自由に回転振動をし，各マウントから車体に伝わる力を小さくします．このように，エンジンのアイドル振動現象を予測する力学モデルは，一つの剛体を車体から支持する3個以上のばね（マウント）で構成される「マスばねモデル」となります．

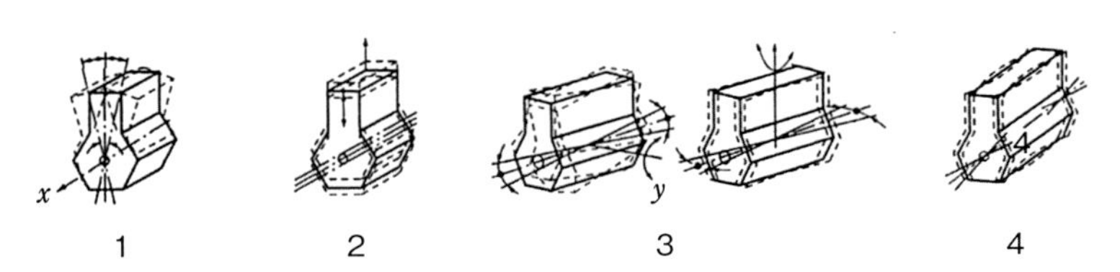

1．クランク軸に加えたトルクの反作用によるローリングモーメント
2．ピストン往復運動の反力：上下方向気筒全体のアンバランス
3．ピストン往復運動の各気筒での反力が作るモーメント
4．クランク軸やエンジン本体の弾性変形

図2-2　エンジンの剛体運動

（4）車体側振動の予測と対策

前述したように，アイドル振動の周波数領域は，大きい車体では曲げやねじり振動の最低次モードに近くなります．従って，車体振動の予測には車体を弾性体として扱う必要があります．詳細な設計検討を行うにはFEMモデルを用います．開発初期段階での概略検討であれば，問題となる曲げ1次とねじり1次モードの固有振動数・モード減衰・モード形状だけから構成されるモーダルモデルでよいこともあります．エンジン振動を伝達するマウントは複数個あるから，車体振動モードの振幅でそれぞれのマウント位置加振力の積に重みづけして総合した「モード加振力」が小さくなるように設計します（**図2-3**）．

これはエンジン＋マウントというシステム技術ですが，マウント単体の特性としては防振状態での振動伝達を小さくするために減衰は低いほうがよい．

車体振動が共振に近い状態ですと，それを抑制する単純な方法は減衰の増加ですが，車体全体振動に効果のある減衰を与える方法は見つけにくいです．そこで，固有振動の数を増やして，加振力の周波数のすぐ下とすぐ上に固有振動数を配置します．そうすると，低周波側の振動モードの変位応答は加振力とは逆位相となり，高周波側のそれは同位相となります．そしてそれぞれが打ち消しあい，応答変位が小さくなるでしょう．これは動吸振器（ダイナミック・ダンパー）と呼ばれる設計です．具体的な方法の代表例は，エンジン冷却水用のラジエータを車体から防振ゴムで浮かせて支持し，車体＋ラジエータという振動系に近接した二つの固有振動数を持たせます．こうすれば上述の動吸振器を

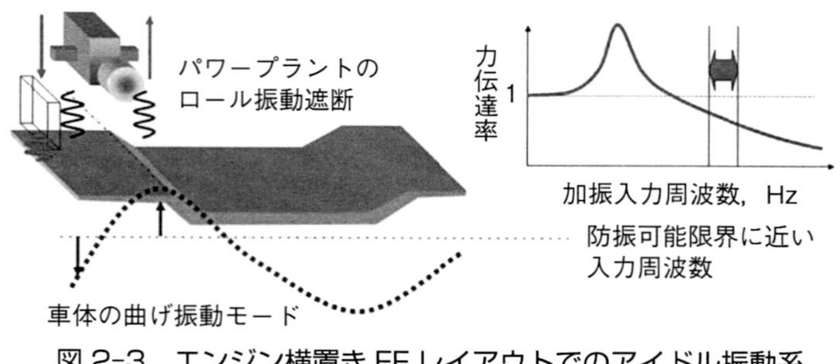

図2-3　エンジン横置きFFレイアウトでのアイドル振動系

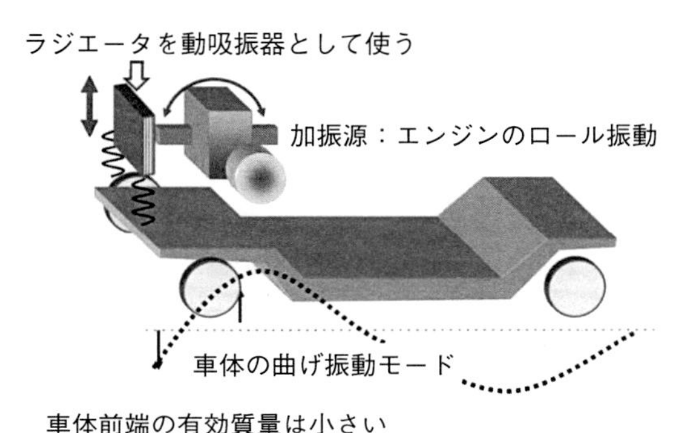

図 2-4　アイドル振動抑制用ラジエータ動吸振器

アイドル振動に応用することができます．車体全体は数百キログラムある大きな構造物ですが，その振幅が大きい前端に分布している質量は，外から見た時の等価質量が小さいです．従って最大でも数キログラムのラジエータの装着により固有振動数に影響を与えることができます（**図2－4**）．

（5）駆動系とシャシー系の振動

トルク変動はクランク軸に作用しますので，駆動系にも伝達されます．クランク軸後端にある大きな慣性モーメントを有するフライホイールとそれ以後の駆動系の間にはクラッチスプリングやトルコンが介在しています．その結果，フライホイールを一端，車輪を他端とするねじり振動系が構成されます．このねじり振動系の固有振動数はアイドル振動数に比べても相当に低いです．従って，フライホイールは駆動系からは防振状態となって回転変動をし，駆動系ねじりばねに強制速度変動入力が作用します．アイドル回転速度が低く，フライホイールの慣性モーメントが小さい状態では，駆動系への入力が大きくなります．車輪は回転運動を車両前後運動に変換するシステムですから，その回転変動は車軸の前後運動となってシャシーや車体への加振源となります．自動変速機のシフトをDからNへ移すと，アイドル振動が急変する現象は，この加振源の影響がなくなったことの現れです．

（6）車室空間系，操作系での現象

乗員は次のような現象を通してアイドル振動を感じます．ステアリングホイ

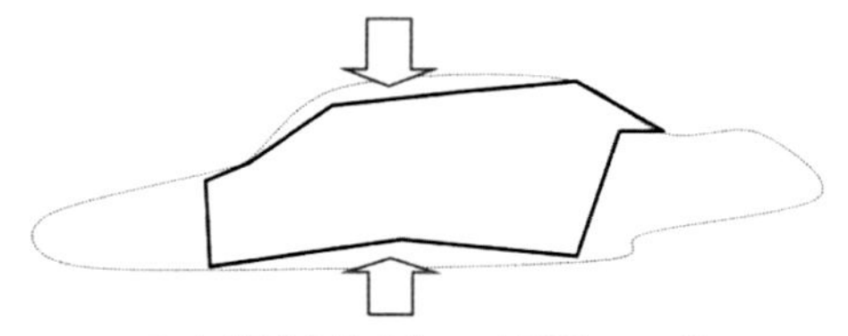

図 2-5　車室内空洞の圧縮膨張によりアイドルこもり音発生

ールやシフトレバーなどの操作系から手腕系の神経を通した感覚，フロアーやシートを通しての接触圧力感覚，ドアーやシートなどの振動の視覚です．視覚でわかるということは，変位振幅が大きいということになります．加振源対策だけでなく，これら Human Machine Interface（HMI）の共振を避けたり，振動モードを考えた支持方法を考慮したりします．

（7）車室空洞内音響

フロアーあるいはルーフのように広い面積をもって車室に直接面している部分は，車室内空洞へ大きな音響エネルギーを放出します．特に低周波に面全体での曲げ固有振動モードを持ち，かつそれぞれの位相が車室空洞に対して同位相ですと，空洞内音響空間が全体として圧縮膨張をし，大きな音圧が生じます．これをアイドルこもり音と言って，アイドル振動とは分けて扱うこともあります（**図 2-5**）．

2.2　シェイク

（1）概　要

郊外路や高速道路を巡行中に車体に生ずる10Hz 前後の低周波振動です．感覚的にはブルブルという言葉で表され，一回の衝撃ではなく数サイクル程度は持続する振動です．

（2）加振源

二種類の加振源があります．一つは，路面上の突起によるタイヤトレッドへの単発強制速度入力です．もう一つはタイヤと車輪の回転質量アンバランスに

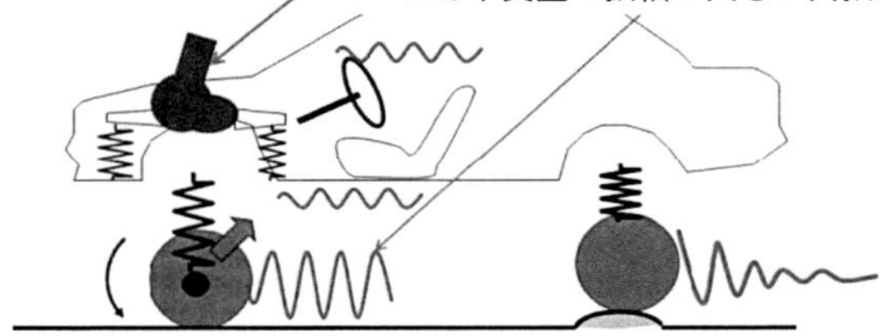

マウンティング（ばね）とエンジン（質量）への振動エネルギーの蓄積
ばね下質量の振幅が大きい共振
タイヤ・車輪系の芯ずれ（アンバランス）による遠心力
不整路面からの変位入力

図2-6　シェイク振動の加振源

よる周期的な力加振入力です（**図2－6**）.

（3）伝達・共振系

10Hz前後の周波数領域は車体の最低次の固有振動数（約20Hz）よりもはるかに低いので，車体は剛体として振る舞います．そうすると4輪はそれぞれ独立に振動をするので，それぞれの車輪が集中質量として振る舞い，それが車体側にはサスペンションスプリング，路面側にはタイヤばねでつながっている1自由度振動系を構成します．タイヤばねの主体は空気ばねですので，サスペンションのショックアブソーバに比較して発生減衰力ははるかに小さくなります．この振動系の固有振動数は通常「ばね下共振」と呼ばれ，10Hz前後にあります．中型乗用車のタイヤ外周はおよそ2mですから，この共振が生ずる車速は10×2＝20m/s，つまり72km/hとなります．従って，郊外路巡行時あるいは高速道路を比較的遅い速度で走行しているときにシェイクは生じます．

上記のばね下共振を持つ振動系の他にも10Hz前後で上下方向に振動する系が存在します．それは車体からエンジンマウントのばねを介して支持されるエンジンを質量とする振動系です．ばね下からは10Hz近辺の加振力が入ってきやすいので，エンジン＋マウント系も共振に近い状態となります．

この二つの振動系の間に車体が挟まれているので，エンジン，車体，車輪の上下変位という三つの自由度を持ちます．そうすると，三つの固有振動モードに対して二つの振動系の固有振動数配置をうまくとれば，二つの共振をうまく組み合わせて車体振動振幅を制御できる可能性があります．見方によればエンジン＋マウント系を動吸振器として作用させる設計法です．

（4）対　策

車輪の振動は，サスペンションばねとショックアブソーバの下端に対して，強制変位入力として作用するので，共振振幅を抑える減衰の向上が直接的な対策となります．しかし，良い路面，つまり大きなうねりや突起がなく，タイヤへの入力が高周波主体の場合，エンジンマウントの減衰は小さくてもよいわけです．

2.3　シミー

（1）概　要

操舵輪（ほとんどの場合は前輪）の舵角が低周波で振動し，それをステアリングホイール振動として運転者が感ずる振動です．航空機の場合は機体前部の左右振動として現れ，乗員に危険感を感じさせたり，滑走路からはみ出したりすることもあります．シミーと呼ばれている現象を，その加振力の種類や生ずる運転状態によって，さらにいくつかの現象に区別することもあります．例えば，フラッター，ウォブル，トランプ連成シミー，ブレーキシミー，キックバックです（**図2－7**）．

（2）加振源

①フラッター：車輪とタイヤを組み合わせた状態でのアンバランスが主要因です．重心位置に作用する遠心力が周期的に車軸に働きます．タイヤ外周長さが２mですと，車速20m/s（時速72km/h）では10Hzとなります．重心位置がホイールベアリングとは軸方向に離れていることが多いので，その距離に応じて車輪を倒すモーメントが働くので，操舵軸（キングピン軸）まわりに車輪を周期的に回転させる加振力として作用します．上記のアンバランスのほかに，タイヤの周方向での剛性分布が一様でないノンユニフォーミティによっても同様の加振力が発生します．

②ウォブル：路面不整などによって車輪に上下方向の変位が生ずると，サスペ

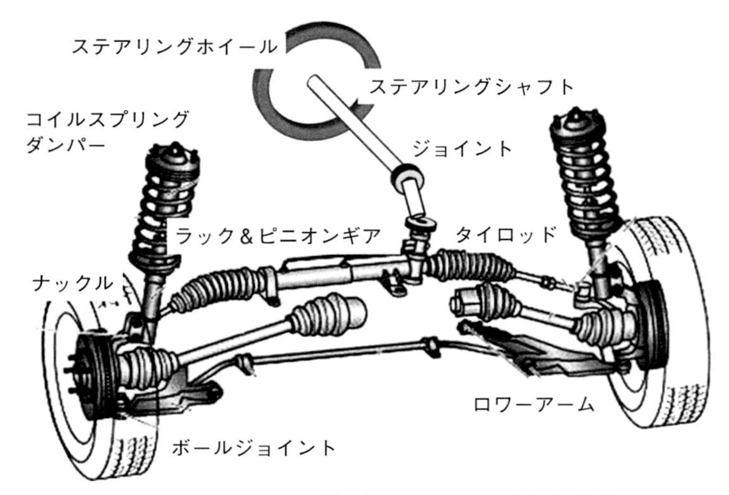

図 2-7　シミーに関与するステアリング系の要素

ンションジオメトリーによってはキャンバー角が変化します．すると車輪の持つジャイロ効果によってキャンバーとは90度ずれた方向，つまりトー角が変化する力が作用するので，味噌擂り運動によってステアリングリンケージに振動を起こします．

路面接触によりタイヤの周方向に働く力が変化すると，操舵角を自動的にもとに戻すセルフアライニングトルクが変化するので，これもステアリングリンケージを運動させる加振力となります．

③トランプと連成したシミー：左右輪が独立でないと，車輪のアンバランスなどによって両輪のキャンバーが逆位相で変化する状態におちいる場合があります．そうなると，上記①，②のフラッターやウォブルが重なりあった現象となります．

④ブレーキシミー：タイヤ・車輪・ブレーキローターのアンバランスがあると車軸の前後方向に周期的加振力が作用します．また，ブレーキローターの肉厚が周方向に変化したり，あるいはローターの回転とともに摩擦面が平面からずれるように変形していたりすると，ブレーキ力が変動します．これが車軸とキ

ャリパーを介してサスペンション前後方向に働く加振力となります．

（3）増幅機構

タイヤの極慣性モーメントを一端，ステアリングホイールの極慣性モーメントを他端に置いて，その間をリンケージ，ギア，ステアリングシャフトで結合したねじり振動系が，ある周波数で増幅作用を行います（**図2-8**）．大きな極慣性モーメントを持つ部分はタイヤとステアリングホイールの2か所ありますが，ここでのねじり振動を記述する角度は両者の相対角度ですので，回転系として1自由度です．ステアリングホイールの回転角度はタイヤ操舵角度のおよそ10倍ですから，ねじり振動系での等価極慣性モーメントは，単体としてのそれの10の2乗倍として影響を与えます．

タイヤへの加振力は，前項で説明した通り前後力や上下力として作用することが多いです．従って，車軸の併進運動を介してステアリング軸の回転運動へと運動の変換が行われます．そこで，増幅機構の振動モデルの中にはサスペンションの前後剛性が入ることになります．

ステアリングホイールと操舵輪が機械的に結合していない完全なステアバイワイヤーシステムでは，シミーは手で感じることはありません．結合している場合は，油圧や電動パワーステアリングシステムであっても，それらのパワー発生装置は操舵力を軽減する「支援」機能であって，ステアリングホイールにはシミー現象が伝わります．

（4）予測技術

図2-8のような集中質量と結合剛性を用いたマスばねモデル用います．

（5）投入技術

航空機の前輪は左右輪をリンクで結合したりすることはなく，比較的単純な構成となっています．高速での滑走安定性がなによりも重視されますので，シミーダンパーを装着して現象を起こさない設計がとられます．

乗用車では，前輪ジオメトリーの適正選択，車輪のハブへの取付け位置誤差管理によるバランシング，サスペンション前後振動に対する減衰の付与などで対策をすることが多く行われます．

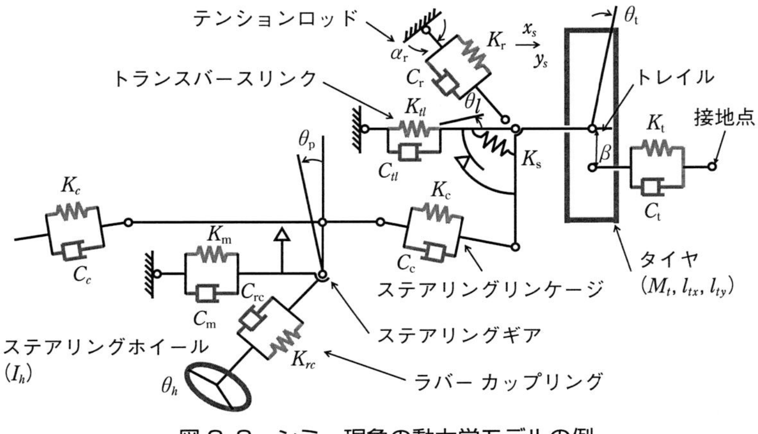

図 2-8　シミー現象の動力学モデルの例

2.4　再加速時振動・運転性

(1) 概　要

高速道路などで止む無く減速を行った後，急に加速をするためにアクセルを踏んだ直後に生ずる車両全体の前後方向振動現象です．別名「しゃくり振動」，「がくがく振動」とも呼ばれています．周波数は10Hz前後です．

(2) 加振源

エンジンのクランク軸出力が急増して駆動系への回転モーメントがステップ状に増加することです（**図 2－9**）.

(3) 伝達・増幅系

駆動系の一端はフライホイールで，他端は車輪で極慣性モーメントが大きく，中間に存在するギア列やドライブシャフトは小さくて，かつ柔かいので，1自由度のねじり振動系を構成します．

ここで，車輪は自由に回転運動をするわけではなく，路面上を転動して前後に運動します．その結果，シャシーや車体の前後運動と連成するので，この1自由度振動系の車輪側の等価慣性モーメントはより大きくなります．

他方，再加速をするときの変速が低いギア比ですと，ドライブシャフト回転速度に対してエンジンの回転速度はギア比分だけ高いので，フライホイールの

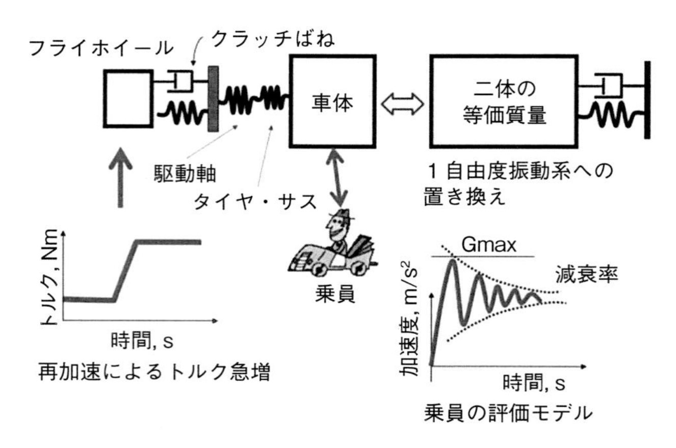

図 2-9　再加速時振動の入力と伝達・評価系モデル

極慣性モーメントはこのギア比の２乗倍の値でねじり振動に関与します．

このような構成によって，アクセルの急激な踏み込みがねじり振動系の一端にステップ入力として作用し，車両の前後運動がステップ応答として現れます．

このとき，シリンダーブロックには，駆動軸とは逆位相のモーメントが反作用として働くので，エンジンはロール運動をしますが，車両前後運動に対しての影響は大きくありません．しかし，車両が前後運動をしますと，それに対してマウントで柔らかく支持されているエンジンは，マウントの車体側に強制的に加速度が与えられて振動を開始します．この振動は，エンジン重心がマウント系とは高さが違うので，車両前後方向の併進運動だけでなく，クランク軸にほぼ平行な軸周りのロール運動も発生します．これも，車体前後振動に影響を与えます．

ここまでが現象の機械的な側面です．しかし，自動車の振動騒音現象は乗員の感性によって評価されるものです．同じような最大振幅であっても，車両によって異なる評価があることから，色々な前後振動波形に対する乗員の感度を，レール上に乗せたシートを加振する心理実験によって確かめ，一種のモデル化がされています．その結果，自由減衰振動の１回目の加速度振幅よりも，むしろ不快感とよく対応する継続する振動の長さを指標とする乗員感覚モデルが使われます．このように，自動車振動騒音現象を表現し，かつ予測するモデルには，なんらかの形で人間を含めることが望まれます．

（4）投入技術

これまで公表された技術の中で最も鮮やかに問題を解決する方法は，エンジンから駆動系に入る出力トルクの立ち上がり時間波形を制御する方法です．問題が生じた原因はステップ状，あるいはランプ状の波形により，上記のねじり振動系が長い減衰振動を行うことですから，この減衰振動の周波数成分を出力トルクの立ち上がり波形から取り除けばよいわけです．あらかじめ入力波形を整形する方法ですので，一種のフィードフォワード制御です．具体的には，燃焼への応答性が速い点火時期を微妙に制御する方法が，副作用が少ないよい方法として採用されています．ディーゼルエンジンのトルク立ち上がりは，排気ガス清浄化も含めて燃料噴射を細かく制御できるコモンレイル高圧噴射システムの導入によって可能となりました．

トルク立ち上がり波形制御以外の受動的制御方法には，エンジン運動を車体の前後振動に対する動吸振器として利用する設計案もあります．具体的には，エンジンマウントの上下方向の配置を工夫することによって，エンジン＋変速機の弾性ロール軸を変化させて，マウントに入る加振力の方向を調節する方法などです．ただし，他の振動現象への悪影響もでかねません．

2.5　こもり音：低速，中速，高速

（1）概　要

ある特定の走行速度領域で発生する，耳を圧するような周期的な低周波音であって，到来する方向がわかりにくい騒音です．**図2-10**に代表的な車両数台のエンジン回転速度への依存性を示します．低速こもり音は，4気筒以下の少ない気筒数のエンジンであって，負荷が大きくエンジン回転速度が1000rpmから1200rpmの低速運転条件のときに主として生じ，周波数は40Hz前後です．中速こもり音は，6気筒エンジンのFR車で主として生じ，低～中負荷での巡航あるいは加速条件のときに80Hz前後の周波数で気になります．高速こもり音は，エンジン回転速度が4000rpm以上の領域で，エンジン負荷によらず発生

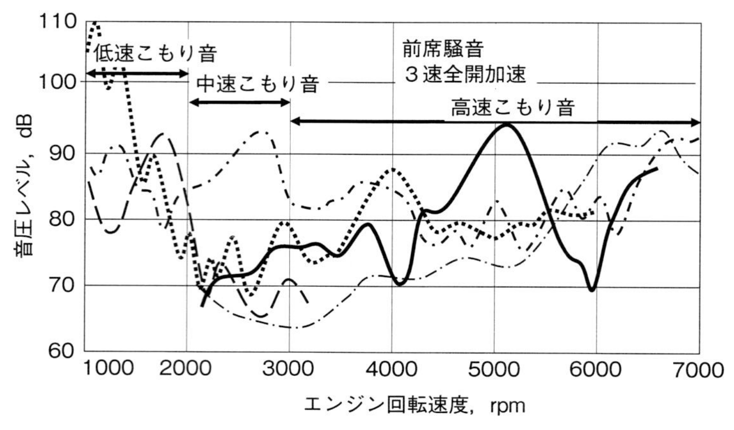

図 2-10　こもり音のエンジン回転速度依存性

し，周波数は150Hz 以上の場合が多いです．このように，主としてエンジンと駆動系により発生する騒音です．

（2）加振源

次の四種類です．

①ピストンの往復運動によるエンジンのシリンダ軸方向の振動

②燃焼室圧力変動によるエンジンのロール振動およびクランク軸回転速度変動

③吸気管内気柱脈動

④排気管内気柱脈動

⑤タイヤトレッドの車軸周りの偏心運動

上記①，②はアイドル振動の項で説明します．③は次のようなプロセスで脈動を生じます（**図 2 -11**参照）．

a. 吸気行程の始まりに，燃焼室の容積がピストンの下死点方向への運動によって増加するため，燃焼室内の圧力が下がり，吸気弁の開弁によって吸気管の下流端の圧力が急激に減少します．

b. 圧力低下によってその隣との境界で圧力勾配が生まれます．

c. 圧力勾配によって圧力の高いほうから低い方への空気流動が生じます．

d. この空気流動によって上流側の空気密度が減少し，その結果圧力が減少し

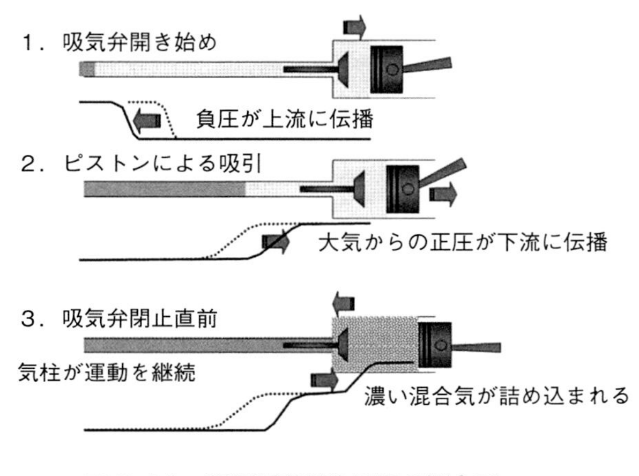

図 2-11　吸気脈動発生原因の概念図

ます.

e. a=>d のサイクルが継続して吸気管の大気開放端にまで達します.

f.. 大気から吸気管への空気流入が生じ，その部分の圧力が大気圧に達しても，空気は急には停止できず，しばらく流入を継続するので，圧力は大気圧以上に達します.

g. 大気解放端部にはエンジン側に向かって低下する圧力勾配が生じ，a=>d とは逆方向に正圧の圧力波が伝わります．従って，逆位相で圧力波が反射します.

h. 吸気弁に達したとき，まだピストンが吸気を燃焼室に吸い込んでいると，そこでさらに大きな圧力勾配が生じて，空気流動は加速され，吸気弁入口側の密度は減少します．つまり a. に似た状態に戻り，b.=>g. への波動伝播が繰り返されます.

i. h. とは異なり，吸気弁が閉じている場合は，そこに上流から次々と空気流が到達するので圧力がさらに高くなります．そして，上流へと向かう圧力勾配が生じて正圧波が大気開放端へと伝播します．つまり同位相で圧力波が反射します.

j. 大気開放端では外に向かって流れ出す流動が始まるが，大気圧にまで回復しても流動は急には止まらないので負圧に転じます.

k. 大気開放端に生じた負圧は下流へと伝播します.

l. 吸気弁は閉じている期間のほうが空いている期間の３倍弱もあって長いので，閉じた吸気弁の部分で同位相の反射が行われます.

このように，吸気作用によって吸気管内の気柱脈動が生じます．吸気弁へ負圧の脈動が戻って来たときに，その脈動を引き起こした気筒あるいは他の気筒の吸気弁が空いていれば，脈動の振幅は増幅され大気開放端での気柱脈動が大きくなります．これは音響的には面積は小さいながらもストロークの大きなスピーカーと同一になるので，大気中に騒音を放射します.

④の排気管内気柱脈動では，排気弁の開弁直後に燃焼室内に残っていた高圧のガスが自力でまず出ていきます．これをブロウダウンと呼んでいます．これに続いてピストンがガスを強制的に押し出します．つまり，ある体積流量が強制的に排気系に入力されます．この結果引き起こされる気柱脈動は③の吸気系と同様です．ただし，排気系は高温であり，音速が高いこと，そしてエンジン負荷によって温度が大きく変化することに注意を要します（**図２-12**).

４サイクル４気筒エンジンでは，クランク軸回転速度の２倍あるいは４倍の次数成分が主体ですが，③④では気筒毎の吸排気脈動が異なるときには３次成分なども大きくなる場合があります.

⑤のタイヤトレッドの偏心運動は，中速こもり音の項でも述べるように路面

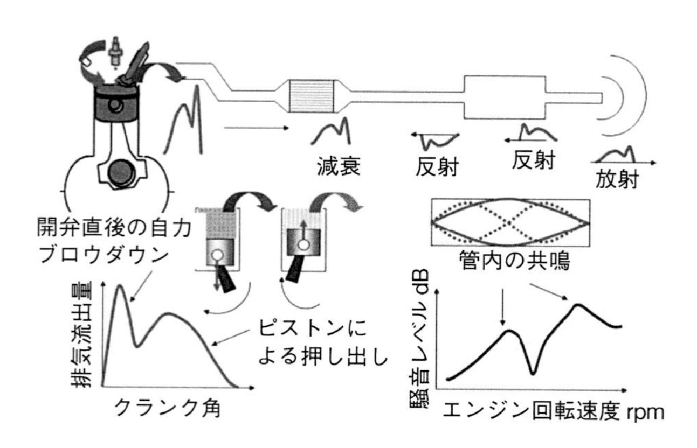

図2-12 排気系の気柱運動概念図

から作用する力，あるいはタイヤのアンバランスによる遠心力によってトレッドが部分的に半径方向に運動し，角運動量保存則によって生ずるコリオリの力が周方向に作用することで発生します（**図 2-13**）.

（3）伝達系

以下，個別に説明をしますが，加振源から放射系までをブロックダイアグラムで，FR 車について**図 2-14**に示します.

2.5.1　低速こもり音

低速こもり音の増幅メカニズムの代表例を説明します.

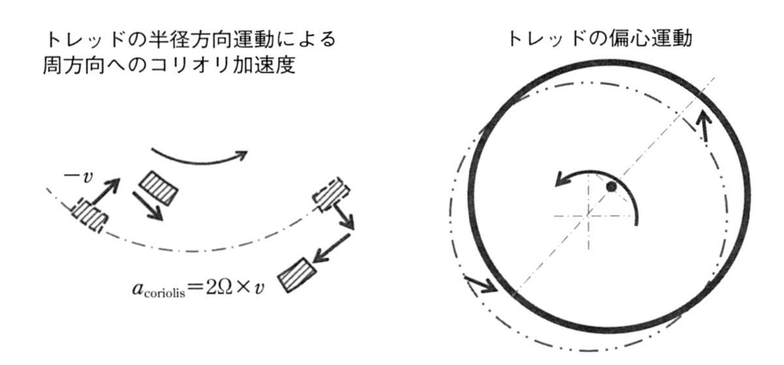

図 2-13　コリオリ力によって発生するトレッドの偏心運動

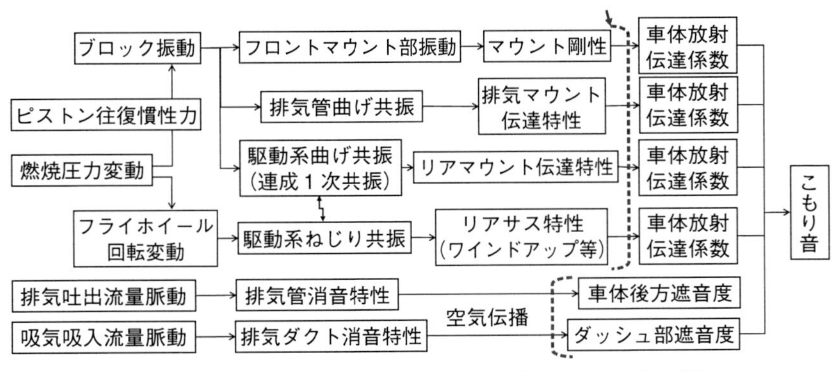

図 2-14　こもり音の伝達系ダイアグラム－FR 車の例

a. 最終減速機のワインドアップ共振：低速こもり音は主としてFR車で問題となりやすいです．４気筒エンジンでは６気筒以上の多気筒エンジンに比べてクランク軸回転速度変動が大きい．これがプロペラシャフトへ伝達されるトルク変動となって表れます．そして最終減速機（デフと略称する）のピニオンギアがリングギアに接線方向に力を伝達するときに，反力を受けてリングギアに対して巻き上がる（ワインドアップ）現象を起こすので，デフハウジングのプロペラシャフト側が上下に振動をします．リジッドアクスルのリアサスペンションの場合は，このデフのワインドアップ振動がサスペンションリンケージを介して車体を加振します．左右独立懸架系の場合は，デフ支持系から車体に加振力が入ります．変速機での減速によるトルク増大もあるので，エンジン負荷が大きいと加振力は大きくなります（**図２-15**）．

b. エンジンのロール振動：FF車では，エンジン横置きレイアウトの場合には，ロール振動により車体の曲げを加振しやすい入力となります．

c. 車体骨格共振：車体には40Hz近辺に曲げの二次モードなどの固有振動があります．サスペンション系やエンジンマウント系からの加振力の分布が，この車体振動モードと位相が揃うと，共振により大きな音圧を生じます．

d. 排気系気柱共鳴：排気系全長にわたる気柱共鳴は４気筒車では40Hz前後に

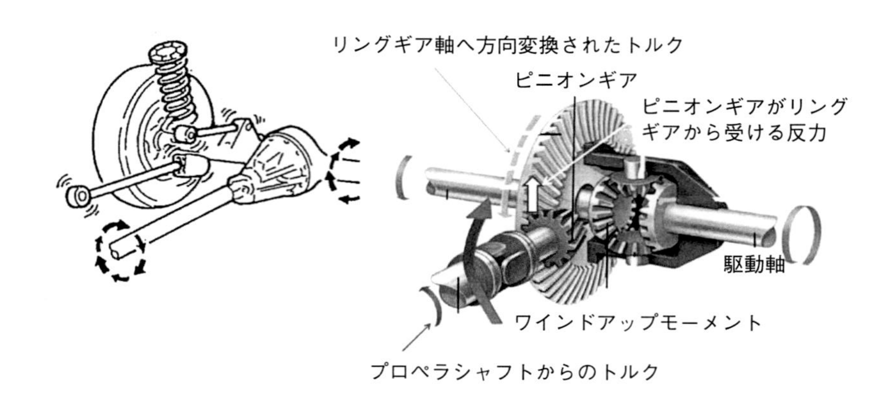

図2-15　ピニオンのワインドアップによるサスペンション共振

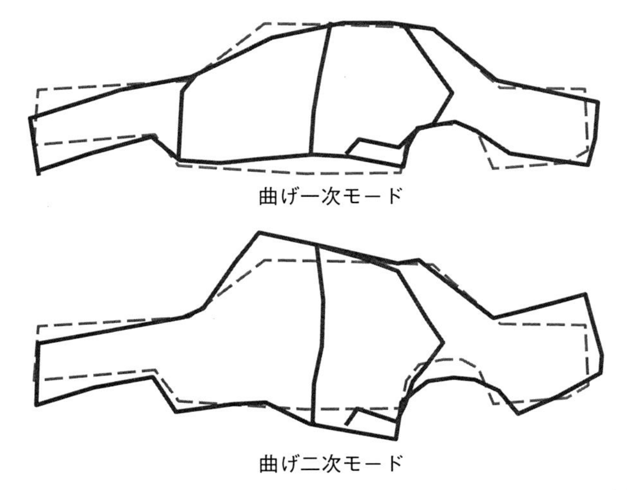

図 2-16　低速こもり音を増幅する車体の曲げ振動モードの例

存在するので，低速こもり音の増幅系として作用します（**図 2 -16**参照）.

2.5.2　中速こもり音

中速こもり音の発生する周波数は80Hz 以上となって，車両の中の数多くの部位に固有振動数が出始めます．代表的なものを列挙します.

a. 駆動系ねじり共振：フロントエンジン後輪駆動（FR）車両では駆動系が長く，ねじり剛性が低くなります．エンジンの燃焼によるトルク変動入力がクランク軸に作用すると，フライホイールの極慣性モーメントが大きいとはいえ，回転速度変動を生じます．ここが起点となって，クラッチのねじりばねに強制速度変動入力として作用し，**図 2 -17**に示す駆動系のねじり振動系に共振を起こします．質量として作用する部位は，最終減速機のリングギア，車輪とブレーキ系，タイヤトレッドです．ばね作用は直径の細い部分，つまりピニオンギア軸と駆動軸，およびタイヤのサイドウォールなどです．最終減速機や変速機でのギア比分だけ高速回転側の慣性モーメントは大きく作用します．車軸を車体に接続するサスペンションも，車輪のもつ回転運動を併進運動に変換する作

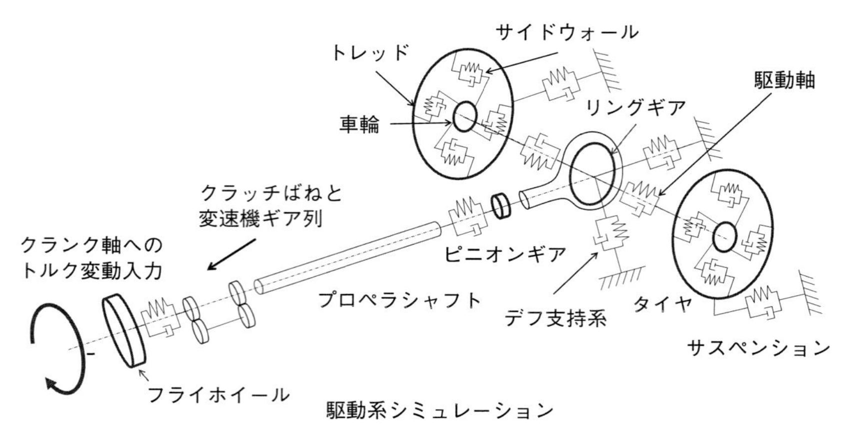

図2-17　FR車の駆動系ねじり振動動力学モデル

用によって影響をもちます.

b. 車室空洞共鳴：FF, FR共通に存在する増幅系：車室内空間には，ダッシュボードからエンジン騒音の低周波成分が透過し，後方からは排気騒音が透過してきます．これらの音は車室の長手方向に伝播し，反対側の壁面で反射し，次に透過してくる音波と重なりあいます．この重ね合わせのときに，ちょうど位相があう周波数の音波が強調され，次々と音響エネルギーが蓄積されるので大きな音圧となります．これが空洞共鳴です．少々基礎理論を述べますと，音波の進み方，つまり空間と時間に対する変化は，式（2-1）に示す波動方程式に従います.

$$c^2\left(\frac{\partial^2}{\partial x^2}+\frac{\partial^2}{\partial y^2}+\frac{\partial^2}{\partial z^2}\right)p=\frac{\partial^2 p}{\partial t^2} \qquad (2\text{-}1)$$

ここで，c, p, t は音速，音圧，時間で，x, y, z は空間座標です.

この式を満たし，かつ車室の壁面で音波の粒子速度がゼロとなる境界条件を満たす解は，式（2-2）で表されます.

$$p=A\cos\frac{n_x \pi x}{L_x}\cos\frac{n_y \pi y}{L_y}\cos\frac{n_z \pi z}{L_z}e^{-j\omega t} \qquad (2\text{-}2)$$

ここで，L_x, L_y, L_z は車室の x, y, z 方向長さ，n_x, n_y, n_z はモード次数，ω

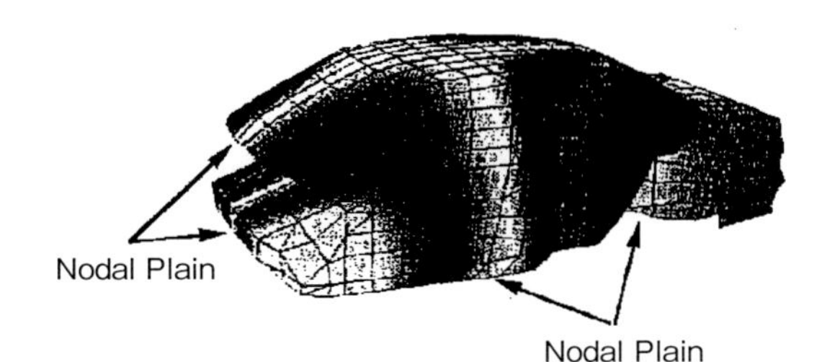

図 2-18　車室空洞の共鳴モードの例―有限要素解析

は角振動数，A は振幅です．式（2-2）を式（2-1）に代入すると，式（2-3）で表される周波数のときのみ，上記の共振が現れます．

$$f_n = \frac{c}{2}\sqrt{\left(\frac{n_x}{L_x}\right)^2 + \left(\frac{n_y}{L_y}\right)^2 + \left(\frac{n_z}{L_z}\right)^2} \qquad (2\text{-}3)$$

乗用車の車室長さ L_x はおよそ2mですから，$n_x = 1$，$n_y = n_z = 0$ の長手方向一次モード共振は340m/s/4m = 85Hzとなります．**図2-18**は横方向にも節が一つある場合，$n_x = n_y = 1$，$n_z = 0$　の場合に相当します．

前席耳位置はこの場合は音圧の谷に近いですが，後席では音圧振幅が大きいので不快感を与えます．

c. 排気管曲げ共振：車両構造の中でも，排気管は細長く，途中に重たい触媒やマフラーを支えていますので，低い周波数から固有振動が存在します．また，エンジンの上下やロール振動によって端部から強制的に速度加振を受けます．**図2-19**は典型的な振動モードです．排気管はエンジンから吐出口までの間の数カ所で重量を支えなければなりません．その支持点は固有振動モードの節にできるだけ近いところを選択することになります．

d. タイヤトレッド偏心運動を助長するサスペンション共振：郊外路を巡航中にはエンジンや排気系からの入力が比較的小さいですが，路面からは表面凹凸に応じて強制的にトレッドが加振されます．トレッドが中心方向に運動しますと，コリオリの力によってその運動部分の角速度が増加します．半径方向への運動が空気圧による復元力によって戻る方向，つまり外側に運動をすると，今度は角速度が減少します．この半径方向と周方向の運動に位相差が生まれて，

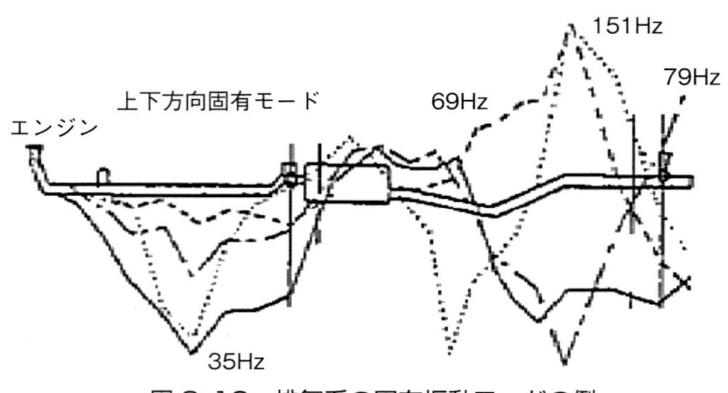

図 2-19　排気系の固有振動モードの例

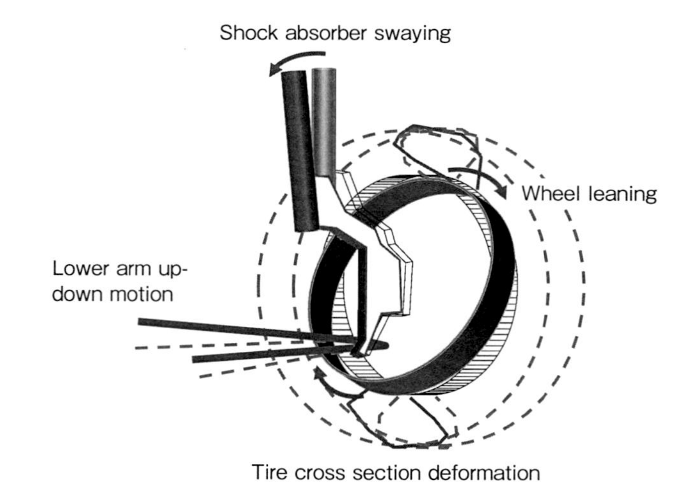

図 2-20　100Hz 前後のこもり音加振源となるタイヤの味噌擂り運

トレッドは全体として旋回運動を行います．車輪はサスペンションからホイールベアリングを介して片持ちで支持をされていますので，旋回運動は首ふりを伴います．その結果，回転軸にはジャイロ効果が働き，タイヤ軸方向の振動成分も生じます．この結果，サスペンションも含めた振動系が構成され，多くの場合100Hz 前後に共振周波数が現れます（**図 2-20**）．

振動システムを部分構造合成法的に描いたものが**図 2-21**です．

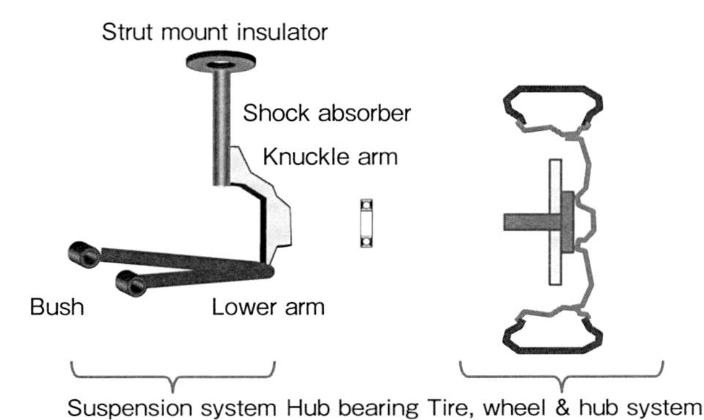

図 2-21　タイヤ味噌擂り運動を部分構造分解した動力学モデル

この現象をできるだけ小さく収めるには，上記の色々な要素の中で設計的に対処ができるホイールベアリング周辺の剛性を調整して，サスペンション系の振動モードと車輪タイヤ系の味噌擂り運動の連成度合いを小さくすることが現実的な方法をとります．

2.5.3　高速こもり音

a. パワープラントの曲げ共振：エンジン回転速度が高くなり，加振力の周波数が100Hz をはるかに超えると，みかけは剛性が高いユニットも共振に近づいてきます．その代表例がエンジンと変速機で構成されるパワープラントを使うFR 車両で，変速機が長くなって固有振動数が200Hz 近くに存在する場合があります（**図 2 -22**参照）．固有振動数が低くなる原因の一つはエンジンと変速機の結合部分の剛性が低くなるためです．同図では，エンジンと変速機を二つの別々な剛体としてモデル化し，結合剛性をばねとしたモデルでの計算結果と加振実験の結果を比較しています．

b. タイヤ車輪系の偏心運動：中速こもり音の項で述べた味噌擂り運動が高速で生ずる場合です．

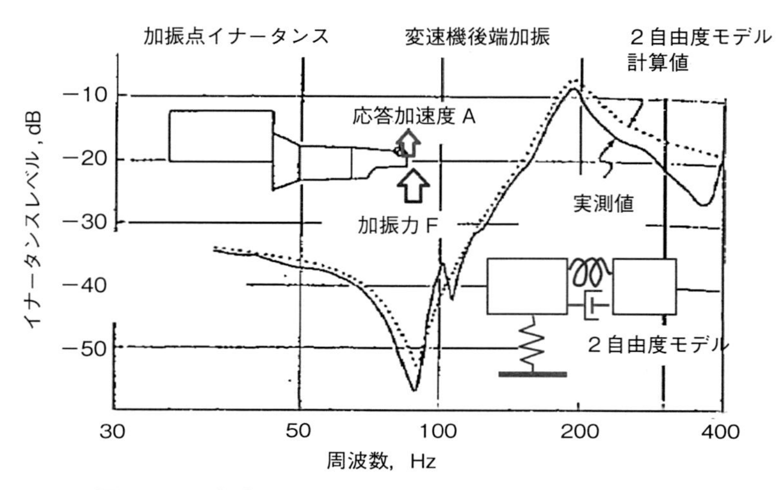

図 2-22 高速こもり音の増幅系となる駆動系曲げ共振

2.6 ロードノイズ：ドラミング，低速，中・高速

電気自動車のように，エンジン関連の騒音がほとんどなくなったなかで特に耳につきやすい音です．タイヤの転がり抵抗低減や車体の軽量化に伴い加振力と伝達率の増大という負担も増えています．ロードノイズとひとくくりにして呼ばれていますが，実は異なる数種類の現象の総称です（**図 2-23**参照）．それらについて増幅機構を解説します．

1）低周波ロードノイズあるいはドラミング：40Hz 近辺の耳を圧迫するような現象です．アイドル振動の項で紹介した車室内の空気の圧縮と膨張を繰り返す車体振動モードが，道路の継ぎ目を乗り越えたときに生じます．

2）タイヤトレッド周上に現れる振動モード：トレッドが接地していないときには，**図 2-24**に示したような点対称の整然とした振動モードが現れます．しかし，接地した状態では，波動の進行が摩擦による減衰などで妨げられ，**図 2-25**のように対称形にはなりません．これに加えて車輪が回転することにより，車軸にはトレッド振動の影響が非対称になって加わりますので，車軸とサスペンションに対する加振力が生じます．

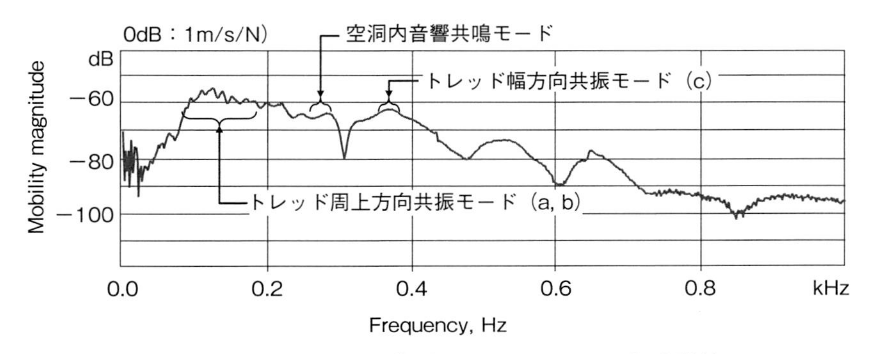

図 2-23　ロードノイズ加振源となるタイヤの振動特性
接地面加振によるトレッドの振動速度応答

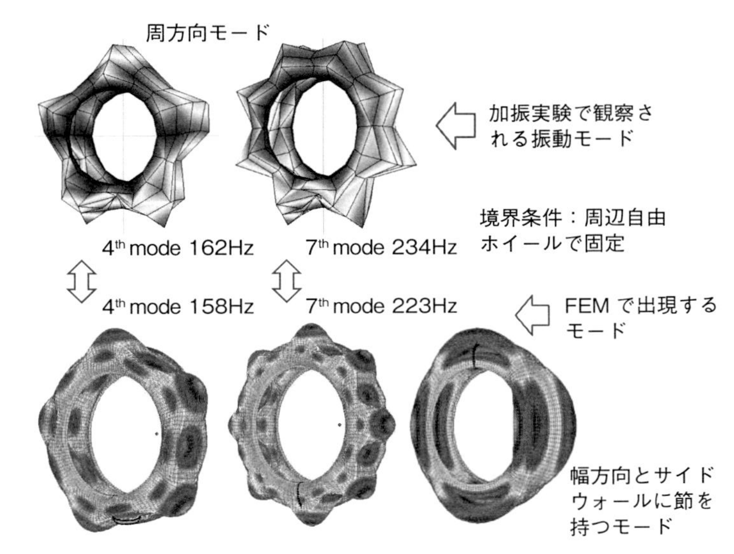

図 2-24　タイヤ構造の代表的な固有振動モード

3）タイヤ空洞内に生ずる音波の共鳴：路面上の突起に接触をしたり，離脱したりするときに，トレッドの局部が半径方向に強制的に速度変動を起こします．これによりトレッド裏側が単極子音源のように作用して音波を空洞内に放射します．その後，音波は曲面での反射や回折現象を繰り返しつつ，空洞内を伝播

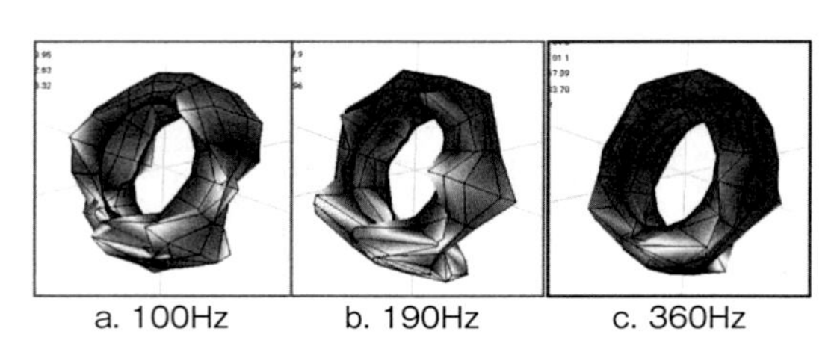

図 2-25　接地面からの加振で励起されるタイヤ振動モード

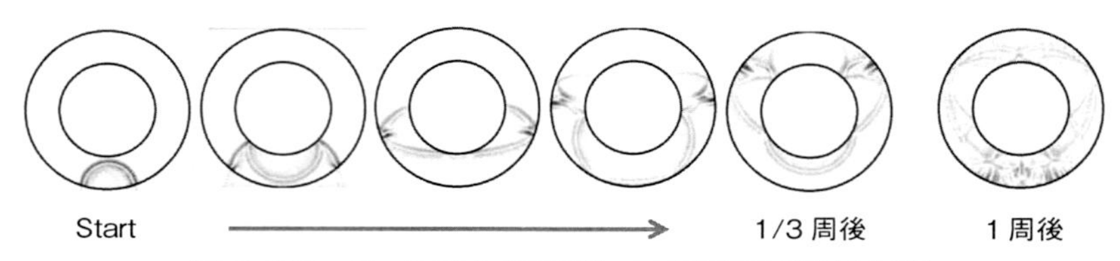

図 2-26　単一突起との接触による音波の空洞内伝播

していきます．**図 2 -26**は単一の突起によって発生伝播する音波の波面を，時系列に表示しています．

図 2 -26は，単一突起による波動で，時々刻々に車輪に加わる荷重は上下非対称ですから，ロードノイズの加振源となり得ます．しかし，実路面では加振点の位置が次々と車速相当の速度でトレッド周上を動いていき，その結果生ずる音波が重なり合います．このため，左右方向にも非対称の荷重が車輪に作用することになります．これが空洞共鳴となって，250Hz 近傍の周波数帯域のロードノイズとなって聞こえます．

図 2 -26は車輪に固定した座標系から観測した場合の音波で，絶対空間に対して水平方向にだけ併進運動をする車軸に固定した座標系から，つまりサスペンションから見た現象は，これらの往復荷重の周波数から ± 1 回転分周波数がシフトした二つの成分として観測されます．そのため，低い車速の場合には，二つの成分がビート（うなり）として認識され，音質指標の変動感の悪化を招きます．

2.7　ギアノイズ

（1）加振源

歯車は等速で回転を伝えるように，歯面をインボリュート曲線に形成しています．この歯面を使えば，対となる二つの歯の噛み合い点は**図2-27**のように歯車の間を結ぶ接線上を移動していきます．歯車は細い幅だけで接触していますから，接触面の剛性を高くすることは原理的に困難です．そして回転にたいする剛性，伝達剛性は，歯先で接触すると小さくなります．従って，一対の歯車での伝達では剛性が噛み合いの周期毎に大きく変化して，回転の伝達が円滑にできません．そこで歯を円筒の稜線とは角度をなすように形成したヘリカルギア（はす歯歯車）を用いれば，同時に複数の歯車を噛み合わせることができます（図2-27右）．同時噛み合い率が大きくなれば同図の左下のように，剛性変動が少なくなります．しかし変動がゼロにはできませんので，これが加振源となります．

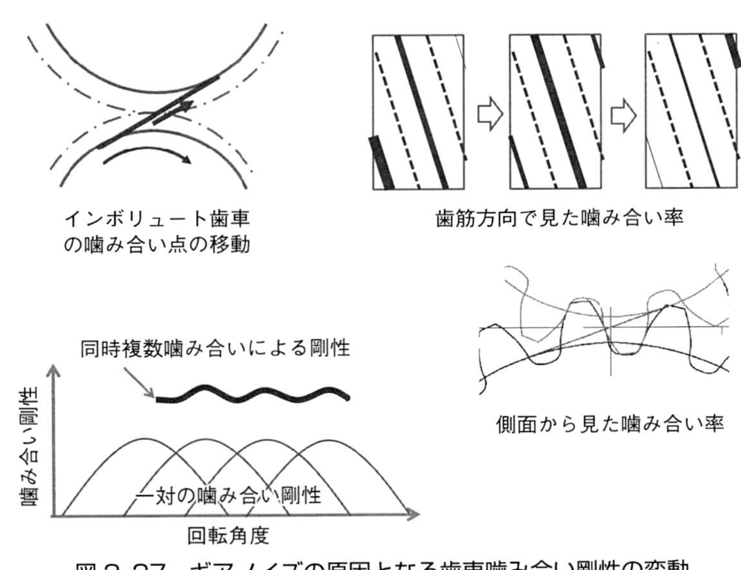

図2-27　ギアノイズの原因となる歯車噛み合い剛性の変動

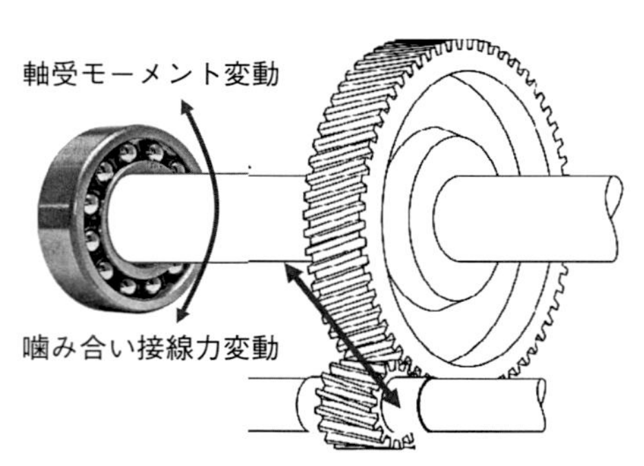

図 2-28　噛み合い力変動から軸受曲げモーメントへの変換概念

（2）伝達系

歯車対の授受する力はおおむね接線方向です．この接線力は軸を回転させるモーメントとして作用するのですが，軸を横方向に押す併進力としても作用します（**図 2-28**）．そして，歯車と軸受の軸方向距離が大きければ軸を倒したり曲げたりする作用が働きます．これが歯車箱に対する加振力となります．

歯車の回転変動は，それに接続する駆動軸へのトルク変動加振力としても作用するので，駆動系振動を介して車両に伝わります．

上記の伝達系を通して，乗員にはギアノイズとして聞こえます．

2.8 風　　音

（1）加振力

生ずる場所は，フロントピラー周辺と床下の二か所です．フロントピラー周辺は比較的空力を考慮した形状とはなっているものの，乗員の耳に近いことや流速が速いことによって音源としての寄与が大です．床下は，流速自体はそれほど速いとは言えませんが，シャシーや排気系など流線型から遠い形状のユニットが存在することや路面からの反射もあるので，寄与が少なからずあります．ここではフロントピラー周辺での現象に絞って解説をします．

風音のスペクトルの例を**図 2-29**に示します．風音だけを計測するためには無響風洞が欠かせません．この図だけを見ると100Hz 近辺の低周波成分も風音

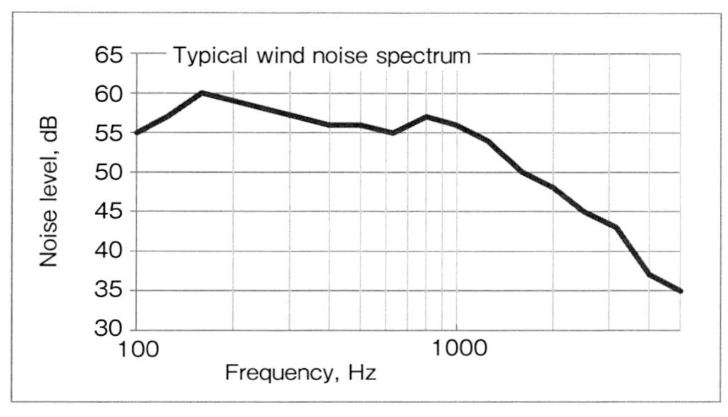

図 2-29　風音スペクトルの例

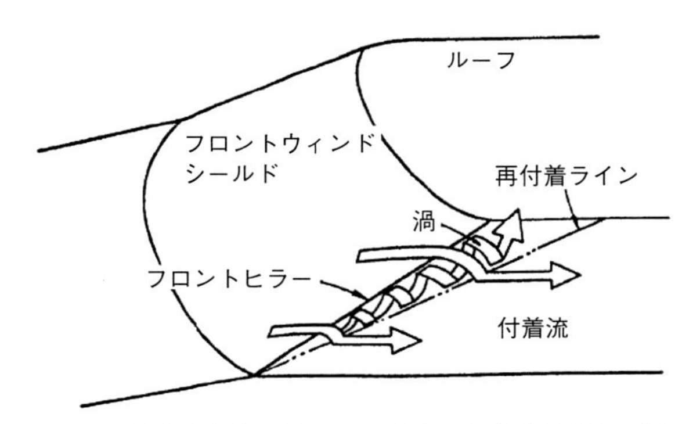

図 2-30　風音の音源となるフロントピラー近傍の渦の発生と離脱

として問題になるように判断されますが，実走行では低周波領域はこもり音やロードノイズが支配することや，A特性というフィルターがかかるので，風音として問題となるのは1kHzから上の成分です．

フロントウィンドシールド（フロントガラス）に沿って流れてきた空気流は，フロントピラーのところで剥がれます（**図2-30**）．そしてドアーガラス面での遅い空気流との相互作用によって渦が発生します．渦がその部分で滞留しているだけであれば，圧力の変動はほとんど発生しないので，風音もでません．しかし，渦は不安定であって主流によって後方に流されて一旦消滅しますが，ふ

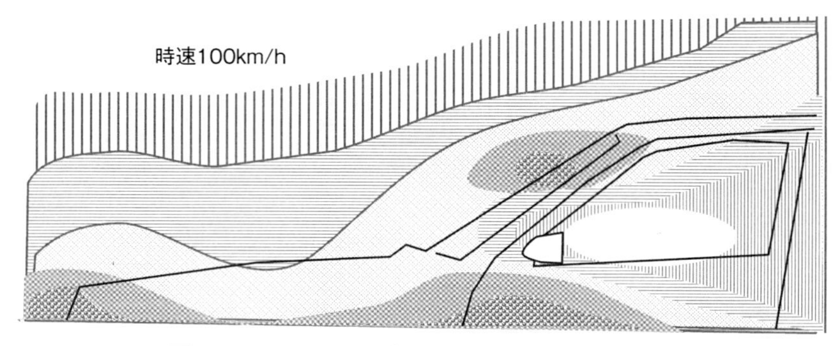

図 2-31　フロントピラー周辺の音圧分布実測値

たたび渦が形成されます．これがある程度の周期性をもつランダムなプロセスとして繰り返されます．そうすると，渦が通過していく面の圧力は，渦の近傍では低く，渦と渦との中間では相対的に高くなります．ある点に着目してそこでの圧力を観測すると，圧力が渦の通過する毎に大きく変動することになります．つまり，音源が渦の通過する帯域に分布していることになります．渦そのものではなく，移動する渦列による圧力変動が加振源です．

これを指向性の強いマイクロホン列で実測した例を**図 2-31**に示します．濃く塗られた領域が圧力変動振幅が大きいところです．すなわちフロントピラー周辺です．車体側面の下部にも圧力変動が大きい領域が広く存在します．これはホイールハウスなど，形の悪いものが原因ですが，乗員耳位置から離れているので，対策の優先度はそれほど高くありません．

（2）伝達系

ドアーガラスを渦によって発生した強い圧力変動が叩きます．そしてガラスを含むなんらかの車体振動を発生させ，車室空洞内に音を放射します．しかし，このメカニズムは明確になっているとは言えません．

自動車開発に使う振動騒音理論の基本

3.1　振動騒音対策理論

3.1.1　制振と防振

（1）制　振

自動車の振動騒音現象は，一見複雑に見えますが，多くの場合問題になるのはある特定の周波数の現象です．例えば，大きなゆるい突起を乗り越したあと，車体は上下に1 Hz 強の周波数で揺れ，サスペンションは四つとも同時に伸縮しながら徐々に振幅が小さくなります．この現象は**図3-1**のような1自由度の系で表すと，対策を打つ対象を定量的に考えやすくなります．

図3-1，**図3-2**のζはエネルギ減衰能力cとエネルギ（運動および歪）蓄積能力の比で減衰比と呼ばれています．$\zeta > 1$では無振動の単調減衰，$\zeta < 1$では減衰振動が生じます．eの肩の項は時間当たりの振幅の減少を示します．

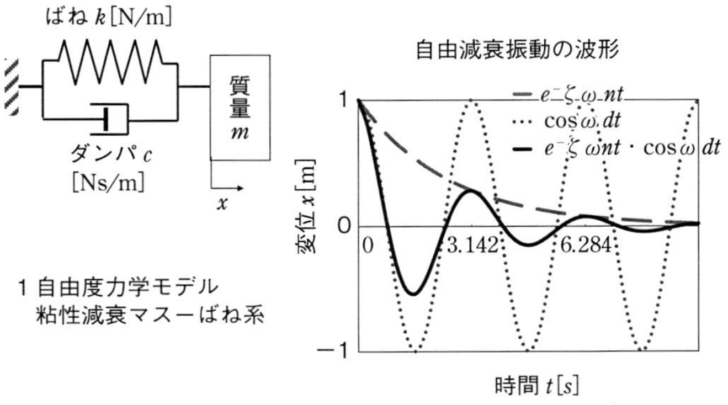

図 3-1　自由減衰振動の波形

固有振動数が高ければ，時間当たりの減衰が大きいことになります．車体がサスペンション上で上下に振動するバウンスの場合，ショックアブソーバにより２サイクル程度で振動がほとんど止まるような設計となっています．

図３－１で減衰なしの固有振動数が ω_n のときに，角振動数 ω の正弦波加振力を与えると，**図３－３**に示す応答が生じます．左図の縦軸は，変位振幅の絶対値と $\omega = 0$ での静変位の比を示しています．減衰があると，ω_n よりもやや低い周波数で振幅最大になります．$\zeta > 1$ では極大値を持ちません．変位と力

自由減衰振動を表現する式

$$x = x_0 e^{-\zeta\omega_n t}\cos\omega_d t$$

$$\zeta = {}^{c}\!\big/_{2\sqrt{mk}},\quad \omega_n = \sqrt{k/m},\quad \omega_d = \omega_n\sqrt{1-\zeta^2}$$

ζ：減衰比　ω_n：非減衰の固有振動数
ω_{nd}：減衰のあるときの固有振動数

図 3-2　自由減衰振動を表現する式

振動（強制振動）

$$|X|/X_s = 1/\sqrt{(1-\beta^2)^2 + (2\zeta\beta)^2},\quad \beta = \omega/\Omega$$

$$\theta = -\arctan(2\zeta\beta/(1-\beta^2))$$

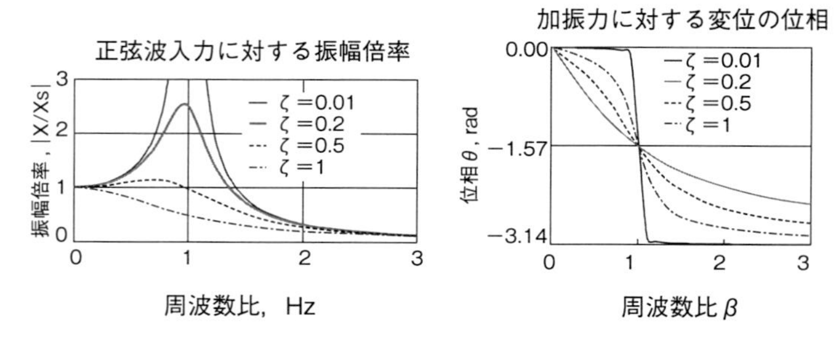

図 3-3　強制力加振に対する変位の応答

の位相角 θ は $\beta = \omega/\omega_n = 1$ で急変し，減衰比によらず90度遅れるので共振点の確認によく利用されます．

（2）防　振

エンジン本体はピストンの慣性力で振動しますが，マウントのばねを柔らかくして車体への力伝達を遮断します．伝達される力の振幅と加振力の比を「力伝達率」と呼びます．固有振動数 ω_n よりも十分に低い周波数では１対１で伝わります．ω_n 近辺では，質量の変位と速度が大きく「ばね」「ダンパ」を介して力を増幅するので，「減衰」で伝達率を減少します．加振力が ω_n の $\sqrt{2}$ 倍のときは，減衰の大きさによらず伝達率＝１となります（**図３-４**）．

周波数を固有振動数以上にすると，加振力の殆どが質量の加速度運動に使われ，質量の変位や速度が小さくなって、力伝達率はゼロに近づきます．この領域では減衰は小さいほうが伝達率を下げられます．従って加振力の遮断を行うには，固有振動数を下げ，ダンピングも小さく設定します．基礎（支持体）が振動し，上に乗った振動系が揺すられるとき，質量の変位と支持体（基礎）の変位の比率は，**図３-５**と同じになります．

固有振動数よりも加振力の周波数が低いときには，剛性（ばね定数）を上げ

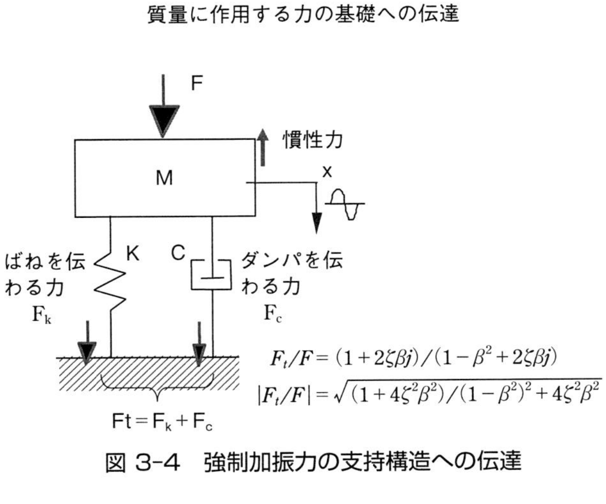

質量に作用する力の基礎への伝達

F　慣性力　M　x　K　C
ばねを伝わる力 F_k　ダンパを伝わる力 F_c

$$F_t/F = (1+2\zeta\beta j)/(1-\beta^2+2\zeta\beta j)$$

$$|F_t/F| = \sqrt{(1+4\zeta^2\beta^2)/(1-\beta^2)^2+4\zeta^2\beta^2}$$

$Ft = F_k + F_c$

図 3-4　強制加振力の支持構造への伝達

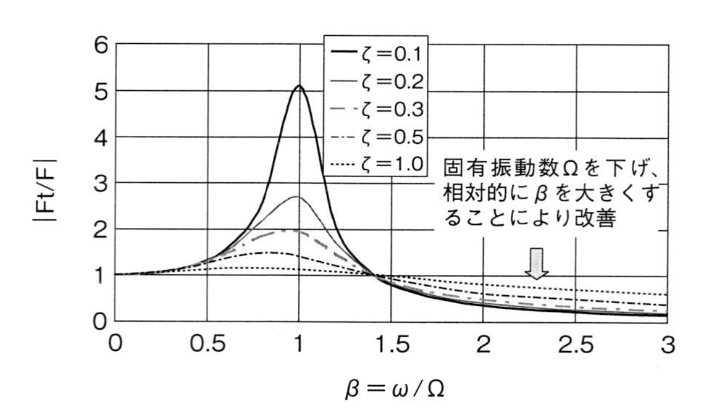

図 3-5　剛性低下による力伝達率の低減

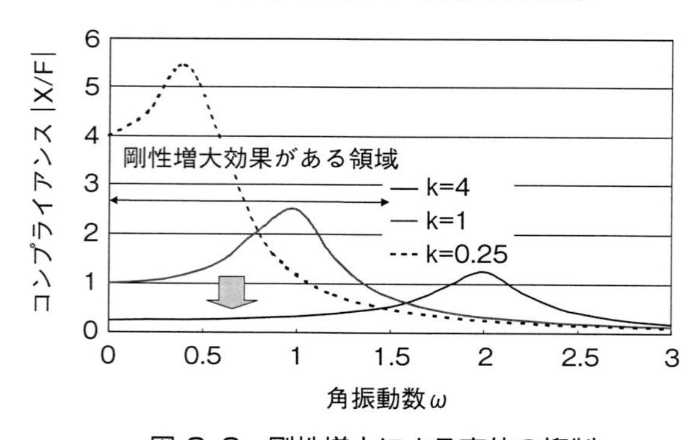

図 3-6　剛性増大による変位の抑制

ることにより，振幅を減少できます．乗用車の車体のねじり振動固有振動数は20Hz前後ですが，操縦による入力はちょうどこのような状態ですから，車体剛性を向上させると効果があるわけです．エンジン本体に作用する燃焼加振力は広い周波数成分を持っていますが，大きなエネルギは低周波に集中していますので，やはり本体剛性向上の効果があります（**図3-6**）．

質量の増大効果は，剛性向上とまったく逆の様相を呈します（**図3-7**）．低

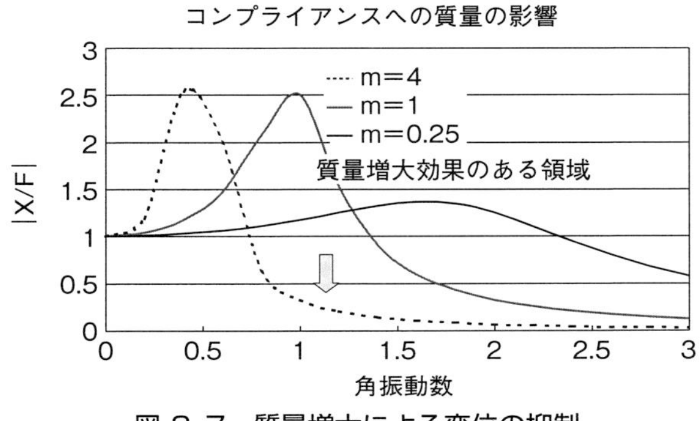

図 3-7　質量増大による変位の抑制

い周波数に対しては殆ど効果が出ません．固有振動数以上では剛性，ダンピングともに影響が薄くなり，もっぱら質量だけで加振力に対抗します．いわゆる「マスダンパ」と呼ばれるものは，この効果をねらったものです．

（3）制振防振性能の感性を考慮した目標設定

自動車の振動で忘れてならないことは，現象が人間の感覚で判断されることです．人体はそれ自身が振動系で，各部分毎にいろいろな周波数で共振をします．従って振動に対する人体の感度は周波数により異なり，座った姿勢での上下振動に対する感度には**図3-8**のような実測例があります．4～8 Hz の低周波振動に最も感度が高く，シートは，この周波数領域での振幅を抑制することが必要です．

3.1.2　モード解析

（1）波動伝播としての観察

モード解析は現在最も広く使われている振動騒音解析手法と言えます．これには対象の構造をモデル化し，数学のレベルで解析的に解を求めたり数値シミュレーションをしたりする計算モード解析と，加振実験や稼働中の振動信号から固有振動数，モード形状を抽出する実験モード解析があります．詳細説明は長松昭男氏の著書「モード解析入門」（コロナ社）などの専門書にゆずり，ここでは本書の以下の章の理解を助けることに目的を絞り，概要のみを簡単に説

振動に対する人体の感度

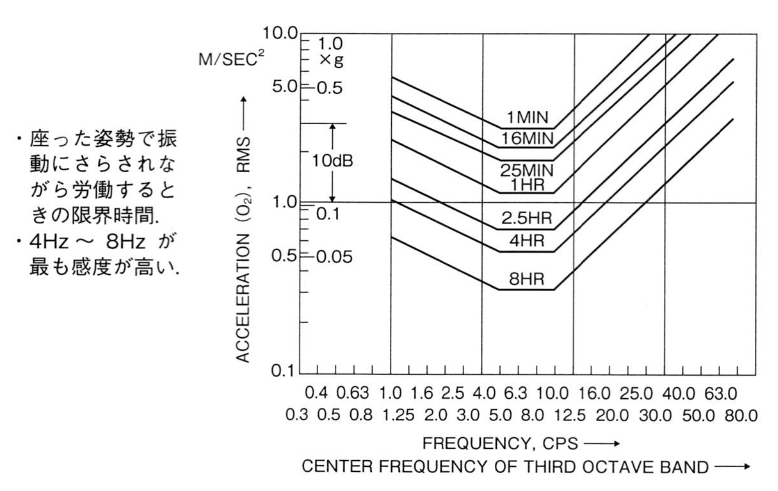

図 3-8　振動抑制目標としての人体感度

明します.

振動学の教科書の中には，構造物の振動特性としていきなり固有振動数と固有モードを紹介するものもあるようです．しかし，波動という観点から理解した方が，後で実際の応用になったときに勘違いをしなくて済みます．そこから考えましょう．なんらかの加振力を構造物に与えたとき，そのエネルギーは波動として伝わってゆきます．その伝播速度は，構造物の柔軟性（剛性）と質量の比率の分布で決まります．構造物のある部分 A から隣の部分 B に力を伝えるのは剛性（ばね k_{ab}）の作用ですから，その伝達力 F_{ab} は A と B の変位の差 $w_a - w_b$ に比例します．A が十分に変位しなければ B に力を伝えられません．ところが，A には質量 m_a があり，加振力を与えたとしても，その加振力に比例して発生するのは加速度 $\ddot{w}_a = F/m_a$ です．ある時間が経過しなければ A の速度は増さず，変位はさらに遅れて増します$\left(w_a = \iint \ddot{w}_a\, dtdt\right)$. A の質量が大きければ加速度は低く，変位が成長するのに必要な時間が長くなります．A

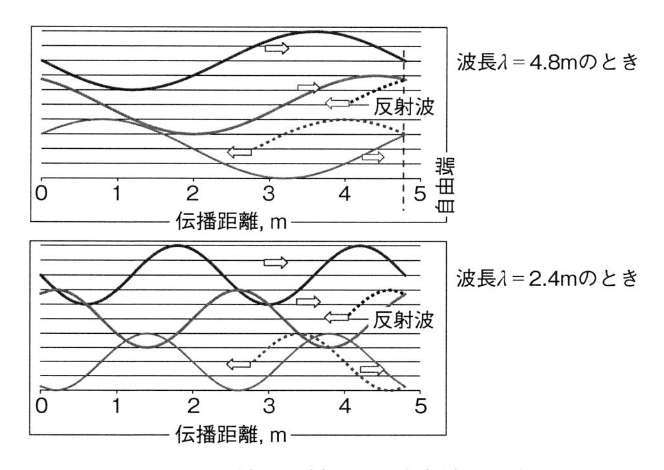

図3-9 波の反射による定在波の発生

とBを接続するばね k_{ab} が小さければ，AとBの変位が同じであってもBには小さな力しか伝えませんから，Bの動きも緩やかになります．これが波動伝播速度に関する定性的な説明です．

さて，自動車の車体前端部分を瞬間的に突き上げた状態を考えます．この部分からは車体後方に向かって波動が進むでしょう（**図3-9**）．そして，突き上げから解放された前端部分には周囲との変位差に応じて復元力が働き，元の位置に向かって戻る運動が始まりますが，元の位置に戻ったときにもまだ下向きの速度をもっているので，行き過ぎます．そこからは上向きの運動に移行しますが，すでに車体後方へとエネルギーを放出しているので，徐々に振幅は小さくなります．

後方へ伝播する波動は，ついには車体後端に達し，エネルギーを伝達する相手がみつかりません．そこでは曲げモーメントもせん断力も作用しません．これは，ちょうどさらに後方から曲げモーメントやせん断力を打ち消すような波が連続して押し寄せていることと考えられます．この後方から来たとみなされる波動は車体前方に向けて反射波として戻ります．

（２）定在波としての観察

車体の中間部分には進行波と反射波が共存しますが，この波の波長 λ [m] が加振点と車体後端との間の距離の整数分の一であると，二つの波はつねに重なり合って，見かけ上伝播せずに停滞し，振幅が大きくなります．これが固有振動モードです．固有周波数 f_n [Hz] は，振動の伝播速度 c [m/s] とすると c/λ の整数倍となります．

固有モードは空間的には定位置に停まった形をとり，時間の関数ではなくなります．そこで多くの教科書で説明に使われているように，変位振幅を表して位置と周波数だけの関数 $W(x, \omega)$ と時間 t の関数で振動を表す $e^{j\omega t}$ の積で表現します．

$$w(x, t) = W(x, \omega)\, e^{j\omega t} \qquad (3\text{-}1)$$

（３）車体構造の簡単なモデル化

さて，ここまで説明に使ってきた車体構造を前後に伝わる上下方向の振動という現象を表すモデルを図解します（**図 3-10**）．

色々なモデルが考えられますが，車体を前後方向にいくつかの部分に分け，それらを梁として表現する方法が簡単でよさそうに見えます．車体の前後端と中央部では曲げ剛性や質量の分布が違うので，モデルとして採用した梁の断面積 A [m^2] や曲げ剛性 EI [Nm^2] には区分ごとに異なる値を与えます（**図 3-11**）．

（４）梁要素の剛性と質量

梁の各部分はせん断力 V [N] と曲げモーメント M [Nm] を受けて，横変位 w

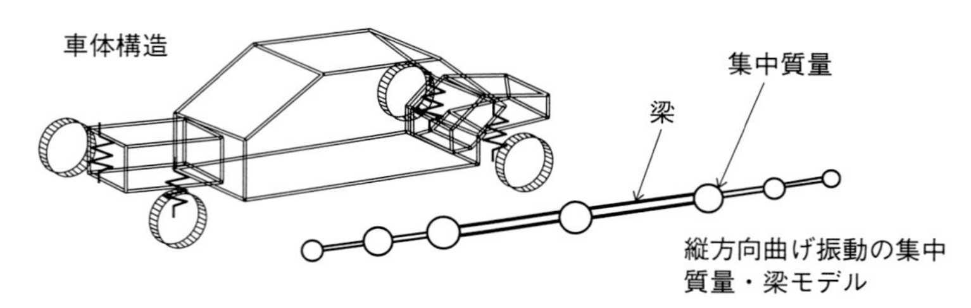

図 3-10　車体構造振動のマスばねモデル

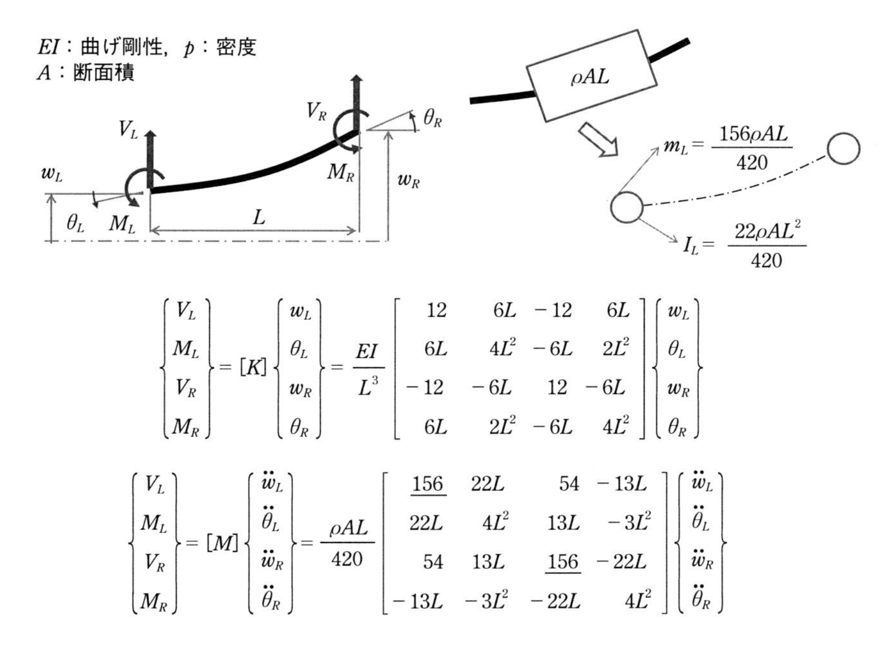

図３-11　梁要素の剛性行列と質量行列

[m]と傾斜角θの二つの自由度をもちます．弾性力学の知識を使って，一つの梁要素の両端の荷重と変位および加速度の関係を計算すると，図中の剛性行列$[K]$と質量行列$[M]$が得られます．

剛性行列からは，横変位と傾斜角が連成していることがわかり，質量行列からは，両端への集中質量としての作用が大きいものの，慣性モーメントなどへ質量が寄与していることがうかがわれます．

この区分ごとの関係式を車体全体の運動方程式（式（３-２））に合成し，それを固有値問題として解けば，車体の長手方向の曲げ固有振動モードと固有振動数を計算できます．

すなわち，式（３-１）のように変位，傾斜角を位置と周波数の関数$W(x, \omega)$，$\Theta(x, \omega)$と時間の関数$e^{j\omega t}$の積で表し，代入して式（３-２）を満たす固有振動数ω_nを求めます．これは「(1)波動伝播としての観察」の項で述べた進行波と反射波が重なり合うという条件を満たす周波数，波長を計算することを意味します．それに続いて，波長を同じくするサイン，コサイン関数の中から，境界条件（例えば両端で自由）を満足するものだけを選ぶと $W(x, \omega_n)$，$\Theta(x, \omega_n)$ がそれぞれの固有振動数との対として得られます．

$$[M_{total}]\begin{Bmatrix} \ddot{w}_1 \\ \ddot{\theta}_1 \\ \ddot{w}_2 \\ \ddot{\theta}_2 \\ \vdots \\ \ddot{w}_n \\ \ddot{\theta}_n \end{Bmatrix} + [K_{total}]\begin{Bmatrix} w_1 \\ \theta_1 \\ w_2 \\ \theta_2 \\ \vdots \\ w_n \\ \theta_n \end{Bmatrix} = \{0\} \qquad (3\text{-}2)$$

（5）個々のモードの集合体としての伝達関数

車体を梁に置き換えたモデルの固有振動モードが得られ，**図3-12**の下部の曲線のようであったとします．実際の振幅分布が同図上部の曲線のとおりであると，それは1次から4次までの各固有モードを，それぞれ1：0.6：−0.4：−0.5の重みを付けて足し合わせると再現することができます．

このように，車体構造振動を各固有振動モードと言う別々の独立した振動系の応答の和として表現できます．

（6）伝達関数は個々のモードの応答と入力の比の総和

1自由度のマスばね振動系の強制振動の応答 $X(\omega)$ と加振力 $F(\omega)$ の比，つ

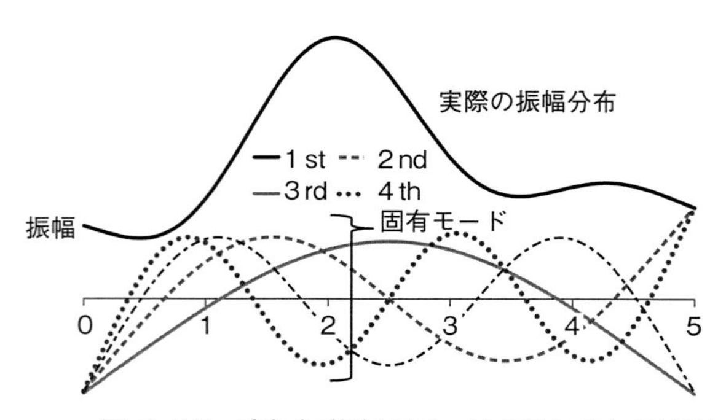

図3-12　実振幅分布のモードの重ね合わせ表現

まり伝達関数は式（3－3）で表すことができます．ここに，K_r はこのモードでのばね定数，ζ_r はモード減衰比です．加振振動数 ω が固有振動数 ω_n に近いときに分母がゼロに近づくので，伝達関数は大きな値を持ちます．

$$H_r(\omega)=\frac{X_r(\omega)}{F_r(\omega)}=\frac{1}{K_r\left\{1-\left(\frac{\omega}{\omega_r}\right)^2+j2\zeta r\left(\frac{\omega}{\omega_r}\right)\right\}} \quad (3-3)$$

実際の振動は色々な固有振動モードが色々な振幅で励起された合成現象なので，**図3－13**のように伝達関数の集合になります．このときに，分子は入力点と応答点のモード関数の値の積となります．つまり，入力点の振幅が大きければ，そのモード自体の振幅が大きくなります．他方，出力点の振幅は励起されたモードの中のどこに位置するのかに影響されます．

伝達関数の数式表現では，分母が構造全体の指標（グローバルな指標）で，分子が入力点と出力点の位置によって決まるローカルな指標です．

ここまでの入出力の関係を，伝達関数を中心として図解したものが**図3－14，図3－15**です．多くの振動モードを持つ系に入力が作用したとき，応答の大きさは次の三つの要素で決まります．入力点の振動モード振幅（構造の局所指

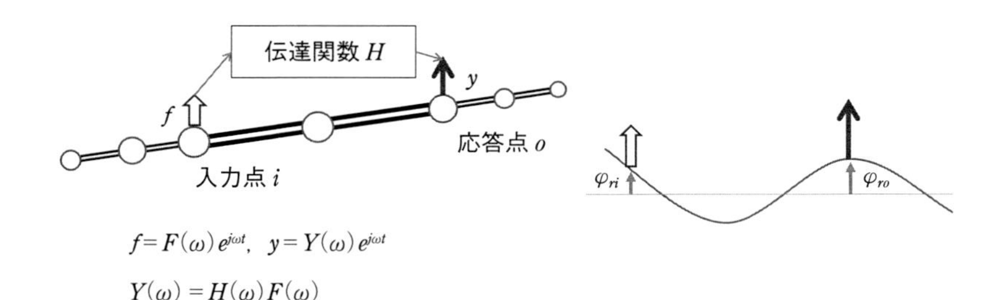

$f=F(\omega)e^{j\omega t}$,　$y=Y(\omega)e^{j\omega t}$

$Y(\omega)=H(\omega)F(\omega)$

$$H(\omega)=\sum_{r=1}^{N}\frac{1}{K_r}\frac{\varphi_i\varphi_o}{1-\left(\omega/\omega_r\right)^2+j2\zeta_r\left(\omega/\omega_r\right)}=\frac{1}{M_r\omega_r^2}\frac{\varphi_{ri}\varphi_{ro}}{1-\left(\omega/\omega_r\right)^2+j2\zeta_r\left(\omega/\omega_r\right)}$$

K_r，M_r：r 次モードでの等価剛性と質量
ω_r，ζ_r：r 次の固有角振動数とモード減衰比
φ_{ri}，φ_{ro}：r 次モード関数の入力点，応答点での値

図3-13　固有振動数とモード関数で記述する伝達関数

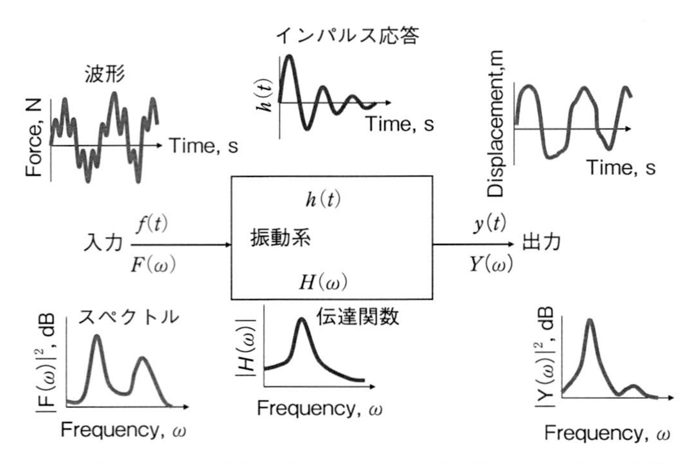

図 3-14　振動系の入出力をつなぐ伝達関数とインパルス応答

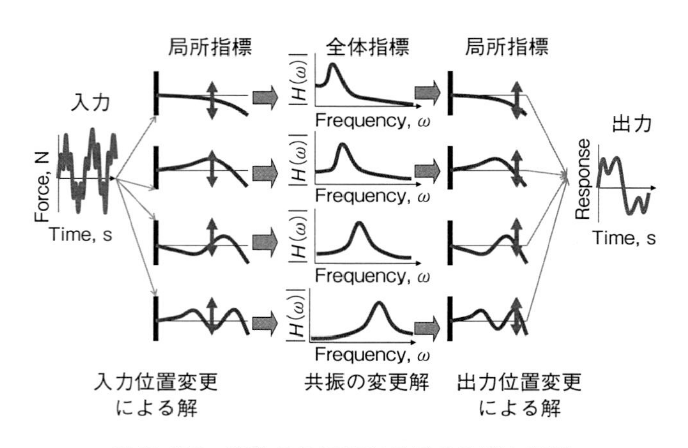

図 3-15　複数の共振がある系の入出力関係

標）．入力周波数と固有振動数の相対的な関係（構造全体の指標）．応答点の振動モード振幅（構造の局所指標）振動対策はこれらに着眼すると無駄や落ちがなく進められます．

図 3-14に表示されているインパルス応答については次節で説明するので，ここでは簡単な説明とします．振動系にインパルス（力積）を与えた後に生ず

る自由減衰振動がインパルス応答 $h(t)$ です．複雑な波形の入力もインパルスが時間軸上に並んだものと解釈すれば，応答はそれぞれのインパルスによる応答の重ね合わせとなります．$H(\omega)$, は $h(t)$ をフーリエ変換して得られます．$H(\omega)$ は共振特性などがわかりやすく，直感に訴える力があるので，広く使われます．

（7）モード解析の実例

国内ではSystem Plus社が提供している実験モード解析ソフトウェアME'scopeを使った例を紹介します．**図3-16**左上の写真は，神奈川工科大学の学生チームが設計製作した競技用車両です．コーナリングでの車輪ジオメトリーを狙いどおりに制御するためには，サスペンションの根元であるフレームの剛性をできるだけ高くする必要があります．そこで，学生たちはシャシーダイ

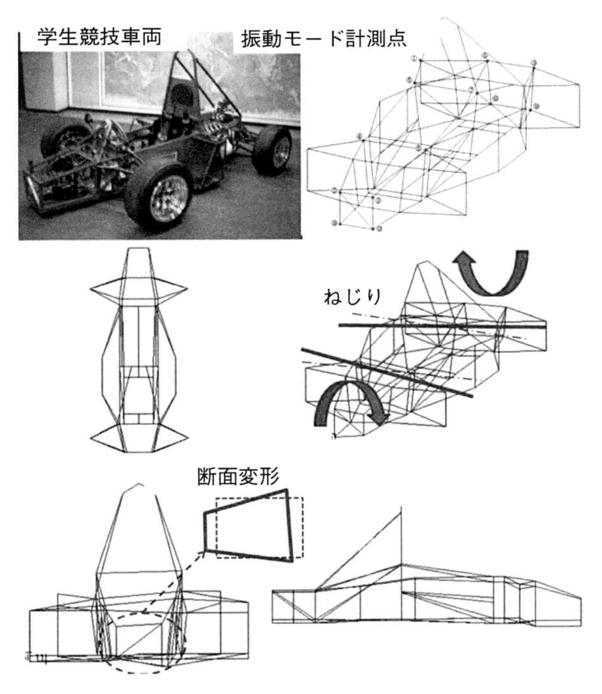

図 3-16　Formula SAE フレームの振動モード例

ナモのローラー上で運転し，主としてエンジン・パワートレインからの入力で鋼管フレームを加振しました．その結果，図のような振動モードの振幅が大きくなることを発見しました．ホイールベース中ほどの部分の“ねじれ”と，それに付随した“断面変形”がフレーム剛性の低下要因であることを発見し，パイプの接合部にちょっとした補強部材を溶接することで大きな剛性向上効果を得ることができました．

（8）反共振の利用

モード解析では共振にばかり注目があつまり，その反対に反共振はしばしば見落とされています（**図3-17**）．一つの固有モードをまず考えます．その共振点を越えると応答と加振力の位相が反転します．さらに周波数が高まると越えた共振モードの振幅が減って，次の固有モードの振幅が増えますが，この振幅は加振力と同位相ですから，1番目の固有振動モードとは位相が逆になっています．両者の絶対値が等しくなったところが反共振点で，振幅がゼロになります，加振点では，共振よりも低い周波数では加振力と応答の位相が同じですので，反共振点は共振と共振の間に必ず一つだけ存在します．自由度を追加してモード数を増やし，反共振を作り出す装置が動吸振器です．

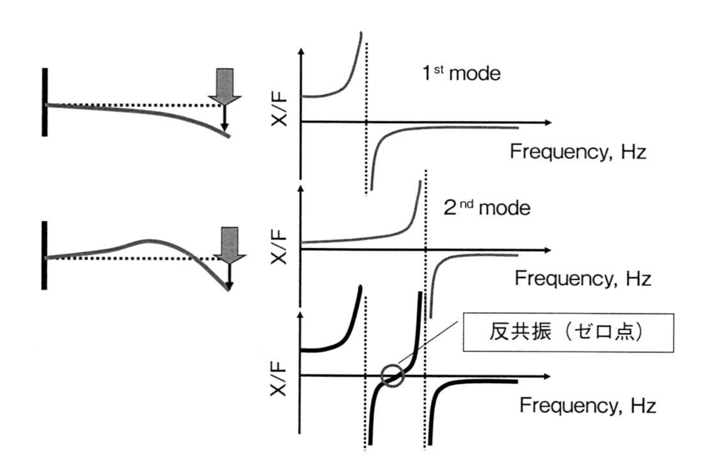

図3-17　反共振・ゼロ点の利用

3.1.3　インパルス応答とコンボリューション

（1）インパルス応答：

振動システムに任意の波形の加振力が作用したときの応答を計算する方法を考えます．

質量 m，減衰係数 c，ばね定数 k の 1 自由度振動系に，加振力 $f(t)$ が加えられる場合の方程式は次のとおりでした．

$$m\ddot{x}+c\dot{x}+kx=f \tag{3-4}$$

加振力が $t=0$ でのインパルス $\delta(t)$ の時の応答 x をインパルス応答と呼び，これを $h(t)$ と書きます．インパルス $\delta(t)$ は，幅が無限小で高さが無限大で，その関数が表す曲線の下側の面積が 1 となる関数で，次式で示されます．

$$\int_{-0}^{+0}\delta(t)dt=1[\mathrm{Ns}],\ \delta(t)=\begin{cases}\infty \ \mathrm{for}\ -0<t<+0\\ 0 \qquad \mathrm{otherwise}\end{cases} \tag{3-5}$$

時刻 $t=0$ までは上記運動方程式で表される振動系の変位 $x=0$，速度 $dx/dt=0$ であったとします．そこでインパルスが加わると，微小時間後 $t=+0$ での運動量が増加します．これはニュートンの法則や定義そのものです．そして運動量 mv の増加 Δmv は慣性力の時間積分で与えられるので，次式が成立します．

$$\Delta mv=\int_{-0}^{+0}m\ddot{x}dt=mv(+0)=\int_{-0}^{+0}\delta(t)dt=1 \tag{3-6}$$

この式から，インパルスの作用によって初速度 $v(+0)=1/m$ が与えられることがわかります．そこで 1 自由度振動系のインパルス応答は次式で与えられます．

$$h(t)=\frac{\frac{1}{m}}{\omega_n}e^{-\zeta\omega_n t}\sin(\omega_d t),\ \ \zeta=\frac{c}{2\sqrt{mk}}, \tag{3-7}$$

$$\omega_n = \sqrt{\frac{k}{m}},\ \ \omega_d = \omega_n\sqrt{1-\zeta^2}$$

上記の説明ではインパルスの作用後に変化する値が速度であるとしました．これに納得がいかない読者諸氏は，交差点から急発進をしたときの自動車の状態を考えていただけるとよいでしょう．アクセルを目いっぱい踏むと，大きな駆動力が瞬間的に与えられます．その結果瞬間的に大きな加速度が生じるでしょう．しかし，瞬間的には自動車はまだ0.1メートルも動いていず，速度計の針もほとんど動いていないはずです．アクセルをほんの微小時間踏み続けた時点がインパルスの作用後に相当します．つまり自動車の位置はまだ変化せず，速度だけが少々生じている状態です．

（2）コンボリューション：

すると，時刻 t よりも τ 時間前の入力 $f(t-\tau)$ により引き起こされた応答は，インパルス応答が τ 時間経過したものを掛け算して，

$$h(\tau)f(t-\tau)d\tau \qquad (3\text{-}8)$$

となります．ここで $d\tau$ をかける理由は，力と時間を掛け合わせた力積でないと振動系に運動量を与えられないからです．前述のインパルス $\delta(t)$ は－0秒から＋0秒まで積分した力積が1という定義であることを思い出してください．

任意の波形の加振力 $f(t)$ が作用したときの応答は，無限大の過去から現在まで式（3-8）を τ について積分して得られます．τ がマイナスでは $h(\tau)=0$（入力が入る前には応答は生じないという因果律）ですから，積分範囲はマイナス側を含めても影響がないので，対称性のある－∞から＋∞とします．

$$x(t) = \int_{-\infty}^{\infty} h(\tau)f(t-\tau)d\tau \qquad (3\text{-}9)$$

この形式を畳み込み（convolution）と呼んでいます（**図3-18**）．

ここでは時々刻々変化する加振力に対する応答という時間関数を計算するうえでの畳み込みを考えました．次に，インパルス応答の持つ「単位入力に対する応答を任意入力と時間差での積分により畳み込む」という考え方を，空間で

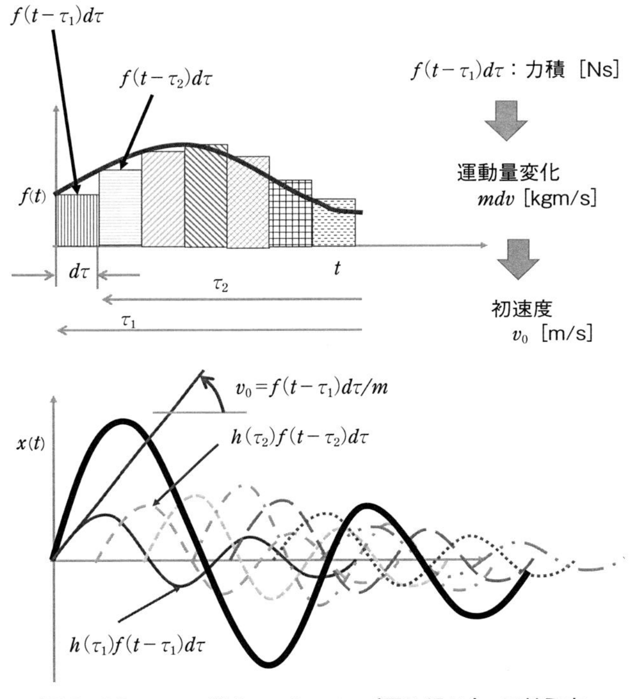

図 3-18　コンボリューション（畳み込み）の考え方

の入力と応答の関係に展開できることを説明します．ある特定の点に働く単位力による他の点の変位という関係をインパルス応答ではなく，グリーン関数という形式で表現します．これを両端単純支持梁の静たわみの例を使って説明します（**図 3-19**）．

両端単純支持梁の軸に沿って x 軸をとり，それと垂直な方向へのたわみを y とします．梁の任意の地点での曲げ曲率とそこに作用するモーメント M の関係は次の式となります．

$$EI\frac{d^2y}{\partial x^2} = -M \quad [\mathrm{Nm}] \tag{3-10}$$

地点 x と $x + dx$ の間の微小部分 dx に作用する力のバランスは，この式の

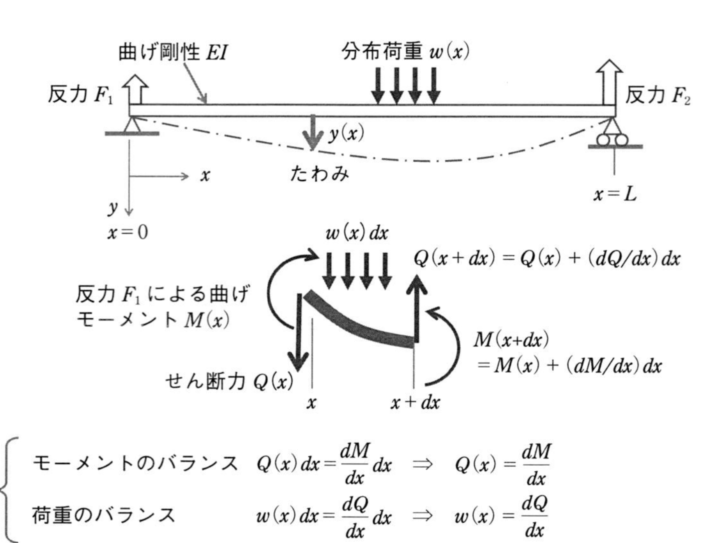

図 3-19　両端単純支持梁のたわみ計算に使う座標系

両辺を x で2回微分して，

$$\frac{d^2}{\partial x^2}\left\{EI\frac{d^2 y}{\partial x^2}\right\} = -w(x) \quad \left[\mathrm{N}/\mathrm{m}\right] \tag{3-11}$$

ここで，EI：曲げ剛性，$w(x)$：単位長さ当たりの分布荷重.

両端では変位ゼロ，曲げモーメントゼロという境界条件となりますから，

$$y(0) = y(L) = 0,\ \left.\frac{d^2 y}{\partial x^2}\right|_{x=0} = \left.\frac{d^2 y}{\partial x^2}\right|_{x=L} = 0 \tag{3-12}$$

さて，分布荷重が $x = a$ の地点に作用するデルタ関数である場合を考えます．すなわち，

$$w(x) = \delta(x-a),\ \delta(x-a) = \begin{cases}\infty\ at\ x = a \\ 0\ for\ x \neq a\end{cases}$$
$$\int_{a-0}^{a+0}\delta(x-a)dx = 1 \tag{3-13}$$

このときの x 点での梁のたわみを $G(x, a)$ と表現します．これは，グリーン関数と呼ばれ，微分方程式の右辺をデルタ関数としたときの解の一般的な呼び名に相当します．具体的には次式で表されます．

$$G_1(x, a) = \frac{(L-a)x}{6EI}(2La - x^2 - a^2) \quad for\ 0 \le x \le a$$
$$G_2(x, a) = \frac{a(L-x)}{6EI}(2Lx - x^2 - a^2) \quad for\ a \le x \le L \tag{3-14}$$

例として，長さ $L = 10$，荷重点位置 $a = 8$，$EI = 1$ としたときのグリーン関数を**図 3-20**に示します．

こうすると，任意の分布を持つ荷重は，デルタ関数に各荷重点での分布荷重を乗じた関数の集積と考えられるので，x 点のたわみ $y(x)$ は，荷重点位置の座標 a で分布荷重とグリーン関数の積を積分をした値を，測定点位置 x の変数として次のように表現できます．

$$y(x) = \int_0^L G(x, a)w(a)da \tag{3-15}$$

$G(x, a)$ は $(x - a)$ の関数となりますので，上記の式は時系列応答を計算

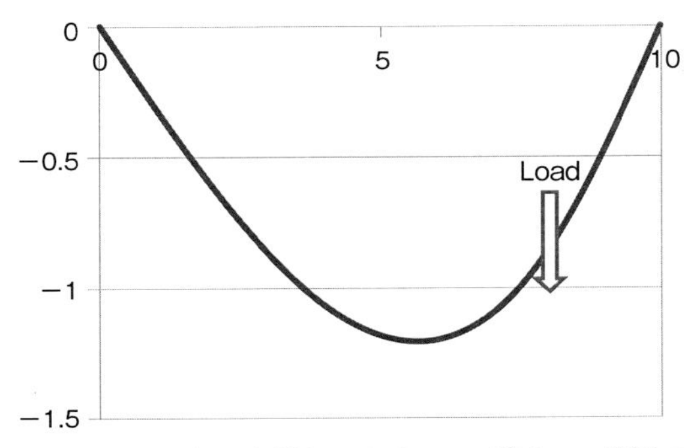

図 3-20　両端単純支持梁のたわみのグリーン関数の例

するコンボリューションの式と同じような形式であり，時間遅れ t の代わりに入力点座標 a が使われています．

（３）伝達関数

コンボリューションは計算が少々扱いにくいことと，FFT アルゴリズムと計測システムの利用が進んだので，より分かりやすい形式に変換するために，式（３-９）の両辺をフーリエ変換します．

すると，

$$X(\omega)=H(\omega)F(\omega) \quad \rightarrow \quad X(-\omega)=H(-\omega)F(-\omega) \qquad (3\text{-}16)$$

$$\int_{-\infty}^{\infty} x(t)e^{-j\omega t}dt=\int_{-\infty}^{\infty}\int_{-\infty}^{\infty} h(\tau)f(t-\tau)d\tau e^{-j\omega t}dt$$
$$X(\omega)=\int_{-\infty}^{\infty} h(\tau)e^{-j\omega\tau}d\tau \int_{-\infty}^{\infty} f(t-\tau)e^{-j\omega(t-\tau)}dt=H(\omega)F(\omega) \qquad (3\text{-}17)$$

その結果，加振力のフーリエ変換と伝達関数の積で応答を表すことができます．

従って，伝達関数（あるいはインパルス応答）が分かっていれば，応答から加振力を逆算することができます．

（４）グリーン関数という概念

インパルス応答のコンボリューションという考え方の，弾性振動応答の計算への応用について触れておきます．上記の場合は独立変数が時間 t である常微分方程式で運動が記述されていました．

では，空間的な広がりのある弾性体に対して，任意の波形を持つ加振力が作用したときの応答を計算する方法を考えます．例として弾性体が大気であったとします．大気中の弾性波，つまり音波が満たすべき方程式は波動方程式で，x，y，z 座標では次の一番目の式です．極座標では，$p(\boldsymbol{r}, t)=P(\boldsymbol{r})q(t)$ と空間の関数 $P(\boldsymbol{r})$ と時間の関数 $q(t)$ に分解して，P についての方程式，つまり空間的な変化は，その次の方程式の解となります．音源が無指向性の場合は３番目の式になります．

ここで $k = \omega/c = 2\pi/\lambda$ は波数（wave number）で，１m 当たりの波の数×2π であって，空間的な波の位相変化を意味するので，時間領域での角振動数 ω に相当します．

$$\frac{\partial^2 p}{\partial t^2} = c^2\left(\frac{\partial^2}{\partial x^2} + \frac{\partial^2}{\partial y^2} + \frac{\partial^2}{\partial z^2}\right)p$$

$$\frac{1}{r^2}\frac{\partial}{\partial r}\left(r^2\frac{\partial P}{\partial r}\right) + \frac{1}{r^2\sin\theta}\frac{\partial}{\partial\theta}\left(\sin\theta\frac{\partial P}{\partial\theta}\right) + \frac{1}{r^2\sin^2\theta}\frac{\partial^2 P}{\partial\varphi^2} + k^2P = 0$$

$$r^2\frac{d^2P}{dr^2} + 2r\frac{dP}{dr} + (kr)^2P = 0 \qquad (3\text{-}18)$$

時刻ゼロで原点に無指向性音源がインパルス状に加えられたとします．このときの解は次式のように，原点からの距離に反比例する形式になります．そして，この $P(r)$ がグリーン関数となります．

$$P(r) = \frac{e^{jkr}}{jkr}, \quad P(r,t) = \frac{e^{-j(\omega t - kr)}}{kr} \qquad (3\text{-}19)$$

指数の肩にかかる $\omega t - kx$ の項は，時刻 t を固定すると空間的な波動を表現し，位置 x を固定すると時間的な変動を表現します．

（５）フーリエ変換とパワースペクトラムの違い

さてここで加振力のフーリエ変換とパワースペクトルの違いを簡単に説明しておきます．

実験計測により得られた信号を時間の関数 $x(t)$ とします．これは現実の物理量に対応するので実数です．このフーリエ変換 $X(\omega)$ は次式で定義されます．

$$X(\omega) = \int_{-\infty}^{\infty} x(t)e^{-j\omega t}dt = \int_{-\infty}^{\infty} x(t)\{\cos(\omega t) - j\sin(\omega t)\}dt \qquad (3\text{-}20)$$

実数関数 $x(t)$ は，偶関数成分 $x_e(t)$ と奇関数成分 $x_o(t)$ の和で表現されるので，これを代入すると，

$$X(\omega) = \int_{-\infty}^{\infty} \{x_e(t) + x_o(t)\}\{\cos(\omega t) - j\sin(\omega t)\}dt$$
$$= \int_{-\infty}^{\infty} x_e(t)\{\cos(\omega t) - j\sin(\omega t)\}dt + \int_{-\infty}^{\infty} x_o(t)\{\cos(\omega t) - j\sin(\omega t)\}dt \quad (3\text{-}21)$$

積分は $t=0$ を中心として $-\infty$ から $+\infty$ まで実行されるので，積分記号の中にある奇関数成分，すなわち $x_e(t)\sin(\omega t)$ および $x_o(t)\cos(\omega t)$ の項はゼロとなり，残るものは $x_e(t)\cos(\omega t)$（実数），$jx_o(t)\sin(\omega t)$（虚数）となります．その結果を次のように表現します．

$$X(\omega) = X_e(\omega) + jX_o(\omega) \quad (3\text{-}22)$$

これは複素数ですから，実数軸を横座標，虚数軸を縦座標とする複素平面上の，原点から外に向いたベクトル矢印の先の座標とみなすこともできます．すると，このフーリエ変換は絶対値（矢印の長さ）と位相角（矢印の実数軸からの回転角）という二つの値（極座標）でも表すことができます．今，角振動数 ω は決められていますから，この極座標の値は波動の振幅と，その波動の $t=0$ でもつ位相角ということになります．このように，信号のもつ振幅と位相の両情報はフーリエ変換された後も保持されます．

他方，パワースペクトラムとはどのような定義であったかを，ここで振り返ります．二つの方法がよく知られています．その一つはフーリエ変換の絶対値の二乗を角振動数の関数として表したもので，次式がそれにあたります．

$$|X(\omega)|^2 = X_e(\omega)^2 + X_o(\omega)^2$$
$$= \{X_e(\omega) + jX_o(\omega)\}\{X_e(\omega) - jX_o(\omega)\} = X(\omega)X^*(\omega) \quad (3\text{-}23)$$

この式に現れているように，パワースペクトラムは実数値をもつので，位相情報は含んでいません．ここが複素数であるフーリエ変換値とは異なります．式の最後の部分である $X^*(\omega)$ は，フーリエ変換とは絶対値が同じで位相の符号が逆の共役複素数です．

もう一つのパワースペクトラムの定義は，信号の自己相関関数のフーリエ変換という方法です．自己相関関数 $R_{xx}(t)$ は次の式で定義されます．

$$R_{xx}(\tau) = \lim_{T\to\infty}\frac{1}{T}\int_0^T x(t)x(t-\tau)dt \tag{3-24}$$

この自己相関関数の意味するところは，その信号 $x(t)$ の現在の値と過去の値との相関の強さです．ある特定の時間 τ だけ隔てた二つの時点での信号が，ほとんどの場合に同符号の値を持てば，$R_{xx}(\tau)$ は正の大きな値を持ちます．ほとんどの場合に異符号であれば負の値をとります．二つの時点での信号に一定の関係がなく，符号が正であったり負であったりの決まった関係になる確率が低ければ，積分の結果はゼロに近い値になります．このように自己相関関数は信号に潜む周期性を抽出する能力があります．そして，$R_{xx}(\tau)$ が極大値をとる遅れ時間 τ_1，τ_2，τ_3，…は，周期的信号が含む複数の周波数成分の周期 T_1，T_2，T_3，…に対応する可能性が高い時間的な量に相当します．そこで，パワースペクトラムを $R_{xx}(\tau)$ のフーリエ変換として次式で定義します．

$$G_{xx}(\omega) = \int_{-\infty}^{\infty} R_{xx}(\tau)e^{-j\omega\tau}d\tau \tag{3-25}$$

この式に自己相関関数の定義式を代入すると，次のようにフーリエ変換の絶対値の二乗であることが証明できます．

$$\begin{aligned} G_{xx}(\omega) &= \int_{-\infty}^{\infty} x(t)x(t-\tau)dt \int_{-\infty}^{\infty} e^{-j\omega\tau}d\tau \\ &= \int_{-\infty}^{\infty} x(t)e^{-j\omega t}dt \int_{-\infty}^{\infty} x(t-\tau)e^{j\omega(t-\tau)}d(\tau-t) \\ &= X(\omega)X(-\omega) = X(\omega)X^*(\omega) = |X(\omega)|^2 \end{aligned} \tag{3-26}$$

上記の自己相関関数には，どの時間軸上のどの点が原点であるかということが表現されていません．従って，そのフーリエ変換であるパワースペクトラムには位相情報が入りません．

（6）入出力のパワースペクトラムの関係

入力とインパルス応答のコンボリューションが出力となる関係をフーリエ変

換して，入力のフーリエ変換と伝達関数の積が出力のフーリエ変換になることをすでに説明しました．ここでは，入力のパワースペクトラムと伝達関数の絶対値の二乗の積が出力のパワースペクトラムになることを示します．角振動数の項に$-\omega$を代入した式を作ります．

$$X(\omega)=H(\omega)F(\omega)\rightarrow X(-\omega)=H(-\omega)F(-\omega) \tag{3-27}$$

この式のそれぞれの項は，角振動数ωの項とは実数部が等しく，虚数部の符号が異なるもの，つまり共役複素数になります．そこで角振動数がωの式と$-\omega$の式の両辺それぞれを掛け合わせると，

$$X(\omega)X^*(\omega)=H(\omega)H^*(\omega)F(\omega)F^*(\omega) \tag{3-28}$$

$$|X(\omega)|^2=|H(\omega)|^2|F(\omega)|^2 \tag{3-29}$$

$$G_{xx}(\omega)=|H(\omega)|^2F_{xx}(\omega)$$

となるので，入力・出力のパワースペクトラムが伝達関数の絶対値の二乗で結び付けられることがわかります．

さらにこの式の両辺の対数をとると，

$$\log G_{xx}(\omega)=\log|H(\omega)|^2F_{xx}(\omega)=\log|H(\omega)|^2+\log F_{xx}(\omega) \tag{3-30}$$

デシベル表示とするために係数10を乗ずると，

$$10\log G_{xx}(\omega)=20\log|H(\omega)|+10\log F_{xx}(\omega) \tag{3-31}$$

となって，縦軸が対数尺（デシベル単位）では，出力を入力のパワースペクトラムと伝達関数の和で表すことができ，逆に出力と入力のパワースペクトラムが計測できれば，その差から伝達関数を推定できます．

3.1.4　アクティブ振動制御

1自由度の振動系は，加振力を受けて質量が加速度を生ずると，その後速度が増してダンパーから減衰力を受けて速度の増加を抑えます．さらに時間が経って質量の変位が増すとばねから弾性復元力を受けます．このように，1自由

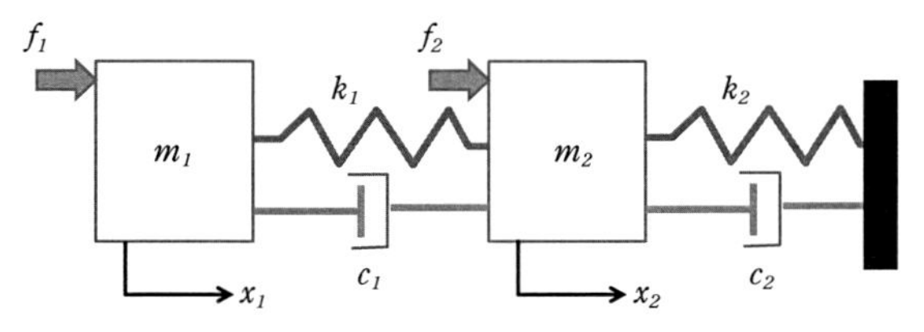

図3-21　2自由度振動系

度振動系はダンパーが速度に比例した力を質量にフィードバックし，ばねが変位に比例した力をフィードバックする制御系であると考えることができます．このように考えると，アクティブ振動制御を，速度比例や変位比例でアクチュエータを動かす方法と解釈することができ，古典的自動制御理論を使って振動対策をしやすくなります．

しかし，対象とする製品はいつも1自由度振動系で表現できるほど単純な振動を示すとは限りません．そこで多自由度振動系での振動制御設計をするために便利な現代制御理論の応用を簡単に説明します．例として**図3-21**に示す2自由度振動系を考えます．

運動方程式は次式となります．

$$\begin{aligned} m_1\ddot{x}_1 + c_1(\dot{x}_1 - \dot{x}_2) + k_1(x_1 - x_2) &= f_1 \\ m_2\ddot{x}_2 + c_1(\dot{x}_2 - \dot{x}_1) + k_1(x_2 - x_1) + c_2\dot{x}_2 + k_2 x_2 &= f_2 \end{aligned} \tag{3-32}$$

行列を使って整理すると，

$$\begin{bmatrix} m_1 & 0 \\ 0 & m_2 \end{bmatrix}\begin{Bmatrix} \ddot{x}_1 \\ \ddot{x}_2 \end{Bmatrix} + \begin{bmatrix} c_1 & -c_1 \\ -c_1 & c_1 + c_2 \end{bmatrix}\begin{Bmatrix} \dot{x}_1 \\ \dot{x}_2 \end{Bmatrix} + \begin{bmatrix} k_1 & -k_1 \\ -k_1 & k_1 + k_2 \end{bmatrix}\begin{Bmatrix} x_1 \\ x_2 \end{Bmatrix} = \begin{Bmatrix} f_1 \\ f_2 \end{Bmatrix} \tag{3-33}$$

あるいは，

$$\begin{Bmatrix} \ddot{x}_1 \\ \ddot{x}_2 \end{Bmatrix} = \begin{bmatrix} \dfrac{-c_1}{m_1} & \dfrac{c_1}{m_1} \\ \dfrac{c_1}{m_2} & \dfrac{-(c_1 + c_2)}{m_2} \end{bmatrix}\begin{Bmatrix} \dot{x}_1 \\ \dot{x}_2 \end{Bmatrix} + \begin{bmatrix} \dfrac{-k_1}{m_1} & \dfrac{k_1}{m_1} \\ \dfrac{k_1}{m_2} & \dfrac{-(k_1 + k_2)}{m_2} \end{bmatrix}\begin{Bmatrix} x_1 \\ x_2 \end{Bmatrix} + \begin{Bmatrix} \dfrac{f_1}{m_1} \\ \dfrac{f_2}{m_2} \end{Bmatrix} \tag{3-34}$$

となり，あたかも振動状態を表す物理量が二つの変位，x_1，x_2で決まるように錯覚をします．しかし，事実はそうでなく，変位に加えて速度も含めた四つの物理量で状態がきまることは，感覚的にもわかります．そこでこれらの状態表現量をまとめて一つの状態ベクトルで表します．

$$\mathbf{x} = \begin{Bmatrix} \dot{x}_1 \\ \dot{x}_2 \\ x_1 \\ x_2 \end{Bmatrix} \tag{3-35}$$

さらに，運動方程式を書き換えて，加速度を加振力とその状態の速度と変位とを合成したもので表すようにします．

$$\ddot{x}_1 = -\frac{c_1}{m_1}\dot{x}_1 + \frac{c_1}{m_1}\dot{x}_2 - \frac{k_1}{m_1}x_1 + \frac{k_1}{m_1}x_2 + \frac{1}{m_1}f_1$$
$$\ddot{x}_2 = -\frac{c_1}{m_2}\dot{x}_1 - \frac{c_1+c_2}{m_2}\dot{x}_2 + \frac{k_1}{m_2}x_1 - \frac{k_1+k_2}{m_2}x_2 + \frac{1}{m_2}f_2$$

$$\frac{d}{dt}\begin{Bmatrix} \dot{x}_1 \\ \dot{x}_2 \\ x_1 \\ x_2 \end{Bmatrix} = \begin{bmatrix} \frac{-c_1}{m_1} & \frac{c_1}{m_1} & \frac{-k_1}{m_1} & \frac{k_1}{m_1} \\ \frac{c_1}{m_2} & \frac{-(c_1+c_2)}{m_2} & \frac{k_1}{m_2} & \frac{-(k_1+k_2)}{m_2} \\ 1 & 0 & 0 & 0 \\ 0 & 1 & 0 & 0 \end{bmatrix}\begin{Bmatrix} \dot{x}_1 \\ \dot{x}_2 \\ x_1 \\ x_2 \end{Bmatrix} + \begin{bmatrix} \frac{1}{m_1} & 0 & 0 & 0 \\ 0 & \frac{1}{m_2} & 0 & 0 \\ 0 & 0 & 0 & 0 \\ 0 & 0 & 0 & 0 \end{bmatrix}\begin{Bmatrix} f_1 \\ f_2 \\ 0 \\ 0 \end{Bmatrix} \tag{3-36}$$

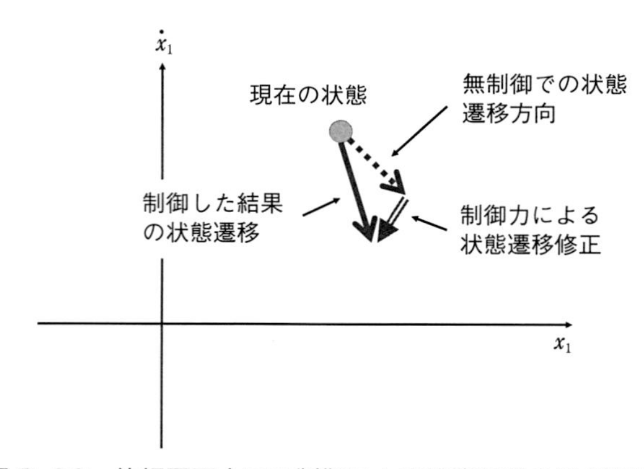

図 3-22　位相平面上での制御による状態遷移の概念説明

このように表現する意味を位相平面で考えましょう．図上での混雑を避けるため，四つの状態量のうち，dx_1/dt，x_1 だけをプロットします．

図3-22中の破線矢印は，制御力を加えないときに，現在の状態が次の時刻の状態に変化（遷移）する方向と量を示すベクトルで，上式で $f_1 = f_2 = 0$ のときの左辺に相当します．これに制御力を加えると，二重線矢印の方向と量だけ状態遷移が修正されます．良い制御力の加え方であれば，振動が速く減衰し，状態が位相平面の原点に短時間に収束するでしょう．

上記の式（3-36）を状態方程式と呼んでいます．この状態方程式を，古典制御で使われるブロックダイアグラムで表現してみましょう．まず状態方程式をやや抽象的に表します．

$$\dot{\mathrm{x}} = \mathrm{Ax} + \mathrm{Bu} \tag{3-37}$$

x は状態量ベクトル，u は制御力ベクトル，A は制御対象系の特性を表す行列，B は加振力と制御対象を結びつける変換効率を意味する行列となります．これをブロックダイアグラムで表現したものが**図3-23**です．

これで，制御対象の特性を表す A マトリクスがフイードバックループに入っていることから，通常は減衰が小さいとネガティブフィードバックが十分でなく，振幅がなかなか減少していかないことが理解できるでしょう．振動速度および変位に比例したアクティブ制御力を使うときには，ブロックダイアグラムは**図3-24**のようになります．

これが多自由度の振動状態を状態ベクトルで表現し，制御系の概要をブロックダイアグラムで表すことの説明ですが，上記は単に数式で表す方法を示しただけで，多自由度をそのまま扱うことでは設計者がすっきりした考えで扱える

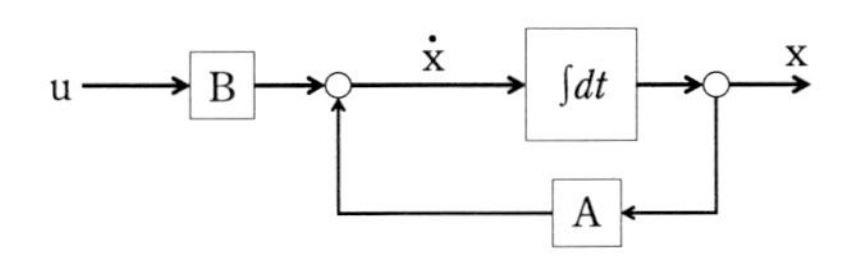

図3-23　現代制御のブロックダイアグラム表現

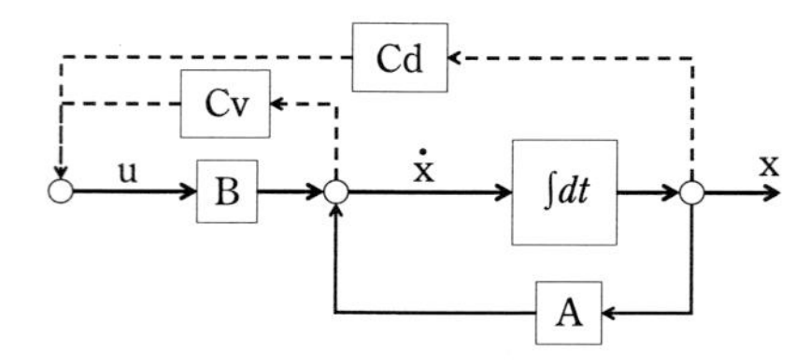

図 3-24 速度と変位フィードバック系のブロックダイアグラム

ことにはなりません．そこで登場する方法がモード解析です．制御対象の状態を，物理座標の変位 $\mathbf{x}$ ではなく，振動状態を支配しているごく少数のモードの大きさで表現して，単純化する方法を考えましょう．運動方程式を，物理座標の変位 $\mathbf{x}$ ではなく，それを多数のモードに分解して，各モードの振幅を表すモード座標 $\boldsymbol{\xi}$ で表します．

$$\mathbf{x}=\begin{Bmatrix} x_1 \\ x_2 \\ \cdot \\ x_N \end{Bmatrix}=\left[\begin{Bmatrix} \varphi_{11} \\ \varphi_{12} \\ \cdot \\ \varphi_{1N} \end{Bmatrix}\begin{Bmatrix} \varphi_{21} \\ \varphi_{22} \\ \cdot \\ \varphi_{2N} \end{Bmatrix}\cdot\begin{Bmatrix} \varphi_{N1} \\ \varphi_{N2} \\ \cdot \\ \varphi_{NN} \end{Bmatrix}\right]\begin{Bmatrix} \xi_1 \\ \xi_2 \\ \cdot \\ \xi_N \end{Bmatrix} \tag{3-38}$$

$$=[\varphi_1 \quad \varphi_2 \quad \varphi_3 \quad \varphi_4]=\Phi\xi$$

つまり，$\boldsymbol{\xi}_1$は１次モード $\boldsymbol{\varphi}_1$の振幅，$\boldsymbol{\xi}_2$ は２次モード $\boldsymbol{\varphi}_2$ の振幅というわけです．これを運動方程式（3-33）に代入します．

簡単にするために減衰が無い場合，形式的には次のようになります．

$$M\Phi\ddot{\xi}+K\Phi\xi=\mathbf{f} \tag{3-39}$$

この式の各項に左からモード行列 $\boldsymbol{\Phi}$ の転置 $\boldsymbol{\Phi}^T$ をかけます．

$$\Phi^T M\Phi\ddot{\xi}+\Phi^T K\Phi\xi=\Phi^T\mathbf{f} \tag{3-40}$$

各モードベクトル $\boldsymbol{\varphi}_1$, $\boldsymbol{\varphi}_2$, …, $\boldsymbol{\varphi}_N$ は，質量行列を間に挟んで互いに直交するので，次式のように左辺の第一項も第二項も対角成分だけを持つ係数行列になります．１行目の成分 M_1を１次モード質量，K_1を1次モード剛性と呼びます．

右辺の加振力の各項は，それぞれのモード形状でウェイトづけされたモード加振力です．１番目の項F_1は，作用する各点の１次モード振幅でウェイトをかけて足し合わせたものになります．

$$\begin{bmatrix} M_1 & 0 & 0 & 0 \\ 0 & M_2 & 0 & 0 \\ 0 & 0 & \cdot & 0 \\ 0 & 0 & 0 & M_N \end{bmatrix} \begin{Bmatrix} \ddot{\xi}_1 \\ \ddot{\xi}_2 \\ \cdot \\ \ddot{\xi}_N \end{Bmatrix} + \begin{bmatrix} K_1 & 0 & 0 & 0 \\ 0 & K_2 & 0 & 0 \\ 0 & 0 & \cdot & 0 \\ 0 & 0 & 0 & K_N \end{bmatrix} \begin{Bmatrix} \xi_1 \\ \xi_2 \\ \cdot \\ \xi_N \end{Bmatrix} = \begin{Bmatrix} F_1 \\ F_2 \\ \cdot \\ F_N \end{Bmatrix} \quad (3\text{-}41)$$

この各行をそれぞれM_1，M_2，…，M_Nで割ると，

$$\begin{Bmatrix} \ddot{\xi}_1 \\ \ddot{\xi}_2 \\ \cdot \\ \ddot{\xi}_N \end{Bmatrix} + \begin{bmatrix} \omega_1^2 & 0 & 0 & 0 \\ 0 & \omega_2^2 & 0 & 0 \\ 0 & 0 & \cdot & 0 \\ 0 & 0 & 0 & \omega_N^2 \end{bmatrix} \begin{Bmatrix} \xi_1 \\ \xi_2 \\ \cdot \\ \xi_N \end{Bmatrix} = \begin{Bmatrix} F_1/M_1 \\ F_2/M_1 \\ \cdot \\ F_N/M_N \end{Bmatrix} \quad (3\text{-}42)$$

さらに，これは状態方程式の記述方法では次の式となります．

$$\frac{d}{dt} \begin{Bmatrix} \dot{\xi}_1 \\ \dot{\xi}_2 \\ \cdot \\ \dot{\xi}_N \\ \xi_1 \\ \xi_2 \\ \cdot \\ \xi_N \end{Bmatrix} = - \begin{bmatrix} 0 & 0 & 0 & 0 & \omega_1^2 & 0 & 0 & 0 \\ 0 & 0 & 0 & 0 & 0 & \omega_2^2 & 0 & 0 \\ 0 & 0 & 0 & 0 & 0 & 0 & \cdot & 0 \\ 0 & 0 & 0 & 0 & 0 & 0 & 0 & \omega_N^2 \\ 1 & 0 & 0 & 0 & 0 & 0 & 0 & 0 \\ 0 & 1 & 0 & 0 & 0 & 0 & 0 & 0 \\ 0 & 0 & 1 & 0 & 0 & 0 & 0 & 0 \\ 0 & 0 & 0 & 1 & 0 & 0 & 0 & 0 \end{bmatrix} \begin{Bmatrix} \dot{\xi}_1 \\ \dot{\xi}_2 \\ \cdot \\ \dot{\xi}_N \\ \xi_1 \\ \xi_2 \\ \cdot \\ \xi_N \end{Bmatrix} - \begin{Bmatrix} F_1/M_1 \\ F_2/M_1 \\ \cdot \\ F_N/M_N \\ 0 \\ 0 \\ 0 \\ 0 \end{Bmatrix} \quad (3\text{-}43)$$

このフィードバック制御のブロックダイアグラムは**図３-25**です．

図の最上部の１次モード振幅の制御について説明します．左に置いた加振力ベクトル f は，構造物全体に加わる加振力の組で，それに１次モードベクトル$\boldsymbol{\varphi}_1$の転置を乗ずると，１次モードに有効に作用するモード加振力となります．それを１次モード質量M_1で割って規準化した力としてフィードバック制御ル

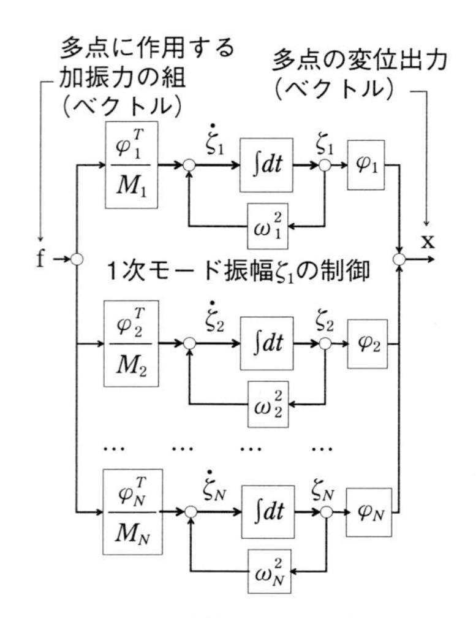

図 3-25　モード毎の制御を行うブロックダイアグラム

ープに加えると，1次モード振幅ξ_1が得られます．物理的な振幅の分布を表す出力変位は，1次モード振幅ベクトルの出力位置の値にξ_1を乗じたものとなります．すべてのモードについて上記の計算をして総和をとると，出力変位ベクトルXが得られます．

全てのモードを使うのは煩雑過ぎるので，重要と考えられるモードだけを選んで制御をする方法が多く使われます．例えば1次モードだけを使うというやり方です．こうすれば単純になりますが，設計者の頭の中では消えている他のモードも，実際には制御力によって励起されます．これを spill over と呼んでいます．この望まない結果を少なくするには，加振力の作用位置を2次モードなどの節に設定したり，あるいは構造物に手を加えてモードを調整したりすることが行われます．

現代制御理論の良い点は，最適制御理論を使って，制御成績と制御に要する努力の和の時間積分を評価関数とし，これの最小化をするフィードバックゲイン，式（3-37）中のベクトルBを計算で決めることができることです．この解説は他の専門書，例えば「音・振動のモード解析と制御（日本音響学会）」

をご覧ください．

3.2　現象理解理論

この項では，実現象の加振源・伝達系・放射系と言う因果関係を，人間が頭の中で整理して理解できるようにするための実験技術を説明します．多くの書物にはあまり書かれていないか，あるいは記述が専門的に過ぎるような項目を選んでいます．

3.2.1　音源位置の探索法

音の計測は一本のマイクロホンによる，ある点での音圧というスカラー量の計測から始まりました．しかし，我々人類がジャングルの中で生き延びてこられた要因は，二つの耳による方向感覚のある聴力であったと言われていることと比較すると，いささか原始的と言わざるを得ません．

そこで，ある地点での音の流れをベクトルとして捉え，大きさと同時に方向も計測する方法として「音響インテンシティ法」が1970年代に普及し始めました．それに続いて，音源の方向をしるために従来から潜水艦で使われてきた「ビームフォーミング法」や，音源の強度分布を離れたところから非接触で推定するリモートセンシング技術である「音響ホログラフィ法」が開発されました．これらについて簡単に解説します（**表３－１**）．

（１）音響インテンシティ法

音響インテンシティとは，空間内に定めた小さい面を考え，これを通り抜ける音のパワー（時間当たりのエネルギー）を面の面積で割った値です．今，その面積を S [m^2]，面上での音圧を p [Pa]，音波の面に垂直な方向の粒子速度を u [m/s] とします．すると音響インテンシティ I [W/m^2] は，音圧と速度の積の時間平均として次式で定義されます．

$$I = \langle pu \rangle, \ < \ > = \text{Time average} \qquad (3\text{-}44)$$

計測には感度や取扱いの点でマイクロホンを使いたいので，粒子速度の計測は次のような計算によって２本のマイクロホン出力から推定します．

表3-1　音源の可視化手法の比較

測定法	長所	短所
3次元音響インテンシティ	測定点の音響インテンシティが得られる． 周波数はマイクロホン間隔に依存（50Hz ～ 5kHz）．	過渡音が測定できない（定常音のみ）． 測定に時間がかかる．
ビームフォーミング法	遠距離からの計測が可能． 測定範囲は距離に依存． 過渡音解析が可能．	分解能は周波数に依存． 音圧を測定する． 結果は２次元． ビームのサイドローブ．
近接場音響ホログラフィ	分解能における周波数依存性が低い（マイクロホン間隔に準ずる）．音圧以外に音響インテンシティ演算可能． 過渡音の解析が可能．	マイク位置を近接させる必要がある． 測定範囲はアレイフレームの大きさに依存．

空間中の微小体積の運動方程式を思い出しましょう．簡単のためにx軸方向の１次元で考えます．ニュートンの運動方程式，$F = ma$のFは微少体積の左右に働く音圧の差dpと作用面の面積の積，mは空気の密度と微少部分の体積の積，aは粒子速度を時間で一階微分したものですから，次の関係になります．

$$\{p(x,t)-p(x+dx,t)\}dydz=\rho dxdydz\times\frac{\partial u(x,t)}{\partial t}$$
$$-\frac{\partial p}{\partial x}=\rho\frac{\partial u}{\partial t}\quad\Rightarrow\quad u=-\frac{1}{\rho}\int\frac{\partial p}{\partial x}dt \tag{3-45}$$

音圧の勾配である$\frac{\partial p}{\partial x}$は，二つのマイクロホンを$dx$だけ離して設置すれば$(p_1-p_2)/dx$で近似できるので，音響インテンシティは二つのマイクロホン信号から計算できることになります（**図3-26**）．

$$I=\langle pu\rangle=\left\langle\frac{1}{\rho dx}\frac{p_1+p_2}{2}\int(p_1-p_2)dt\right\rangle$$

この積分の項を扱いやすくするために，音波の角振動数をω，波数をkとすると，

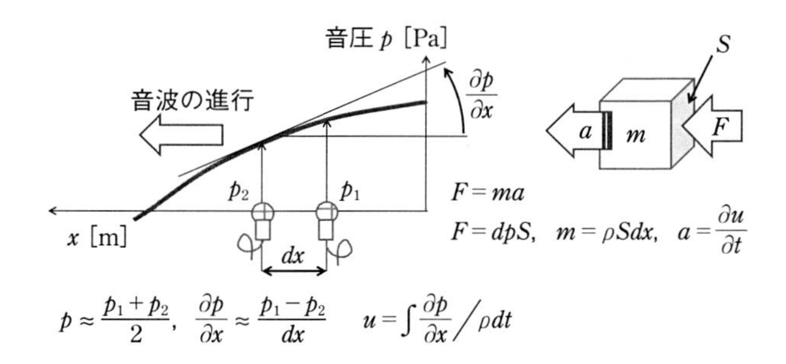

図 3-26　二マイクロホンによる音響インテンシティ計測

$$p_1 = P_0 e^{j(\omega t - kx)},\quad p_2 = P_0 e^{j(\omega t - kx - kdx)}$$

$$p_1 + p_2 = P_0 e^{j(\omega t - kx)}\{1 + e^{-jkdx}\}$$

$$\int (p_1 - p_2)dt = -j\frac{p_0 e^{j(\omega t - kx)}\{1 - e^{-jkdx}\}}{\omega} \tag{3-46}$$

$$I = -\left\langle (P_0 e^{j(\omega t - kx)})^2 \right\rangle \frac{\{1 - e^{j2kdx}\}}{\rho dx\omega} = \frac{1 - e^{-j2kdx}}{2\rho dx\omega}$$

ここで，e^{-jkdx} の項は，二つの音圧信号間の位相差を表すので，二つの信号のクロススペクトルから計算することができます．つまり，上の式通りに時間平均をしなくても FFT 分析器を使えば，音響インテンシティが計算できます．

二本のマイクを使う音響インテンシティ計測では，マイク二本を結ぶ線分に平行な方向に流れる音響インテンシティは計測できますが，この線分と角度 θ をなす方向に進む音波については，$\cos\theta$ を乗じた値が計算されます．この結果，指向性は８の字型を示します（**図 3-27**）．

音響インテンシティの利用例は，多くの計測システム企業のインターネットホームページ上に掲示されているので，ここでは割愛します．

（2）ビームフォーミング

受音点から遠くにあると想定される音源の方向を推定することが必要になる場合があります．遠くにあるというここでの意味は，音源までの距離が波長の

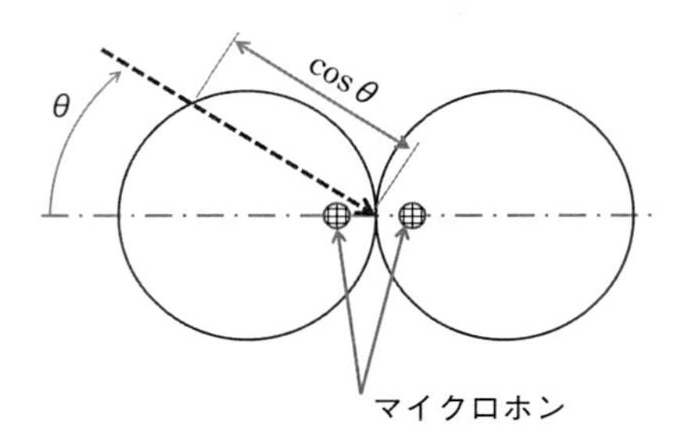

図 3-27　二本マイクによるインテンシティ計測の指向性

数倍以上あって，到達する音波の波面がほぼ平面に近いということです．このような場合，複数のマイクロホンを等間隔で直線上に並べると，**図 3-28**のように音源からこの直線に下した垂線に対する音波の波面のなす角度θに応じて，各マイクロホンに到達する時間差が決まります．マイクロホン間隔をdL，音波の波長をT，到達時間差dT，音速をc[m/s]とすると，

$$\sin\theta = \frac{cdT}{dL} \tag{3-47}$$

複雑な波形から到達時間差を推定する方法として昔から使われてきた方法は，計測信号波形を保存し，時間軸をずらして平均し，残った振幅が大きくなる「ずらし量」を見つける方法です．複数の異なる位置にある音源から音波が到来している場合も，各音源ごとに，この「ずらし量」が異なるので，それぞれについて方向を推定することができます（図 3-28参照）．

この時間差は，計測される二つの音圧の位相差に相当するので，低い周波数の場合は波長が長く，短い時間差dTでは計測精度が十分ではありません．そこで，低周波音源のビームフォーミングには長いマイクロホン間隔を必要とします．潜水艦のパッシブソナー（音波を発信してその反射音を計測するアクティブソナーに対して，もっぱら受信する方式）では，水中の音速が秒速1 km以上と速いために波長が長くなるので，艦の側面に沿って長さ数十メートルにわたって水中マイクロホンが配置されます．

このような遠方音源ではなく，波長の数倍程度の距離にあるはずの音源位置

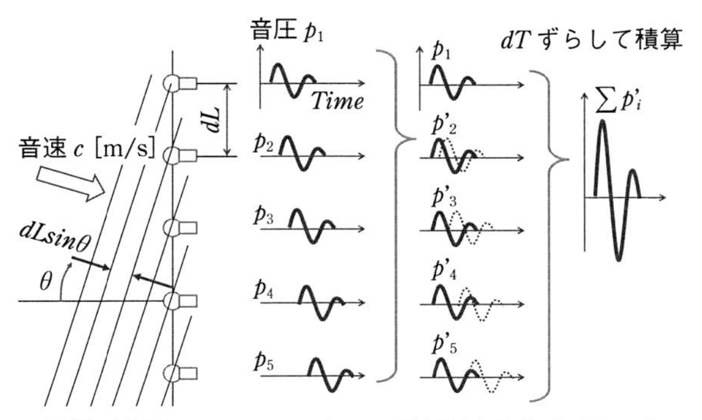

図 3-28　ビームフォーミング法の原理

を推定するには，次のような方法を用います．複数のマイクロホン対を選び，それぞれの対での音波到達時間差をまず計測し，対になる二つのマイクから音源までの距離差を計算します．すると，音源の位置は，この距離差一定の曲線，つまり双曲線上にあるはずです．一つの対からは二本の双曲線が描けます．これとは異なるマイクロホン対について同じ作業をして，次なる双曲線を描きます．音源の推定位置は，この二種類の双曲線の交点となります．音源位置推定精度を高めるためには，マイクロホンは一直線上ではなく，直交する二つの直線上に配列したほうがよいと言えます．**図 3-29**の実測例では，地上3mに配置した四個のマイクだけからも，音源位置を0.5mの誤差で推定できています．

この直交マイクロホン配列と双曲線法の応用例としては，整備不良や不適切な排気消音機装着の大音量車両を，交通流の中から特定する道路沿線環境保護装置が有力です（**図 3-30**）．

（3）音響ホログラフィ

これには大きく分けて二種類があります．一つは音源から遠く離れた場所での複数点での音響計測から音源分布を逆算する遠距離音響ホログラフィで，もう一方はその逆の近距離音響ホログラフィです．

遠距離計測では，よほど広い計測面を設置しない限り音源を見込む角度範囲

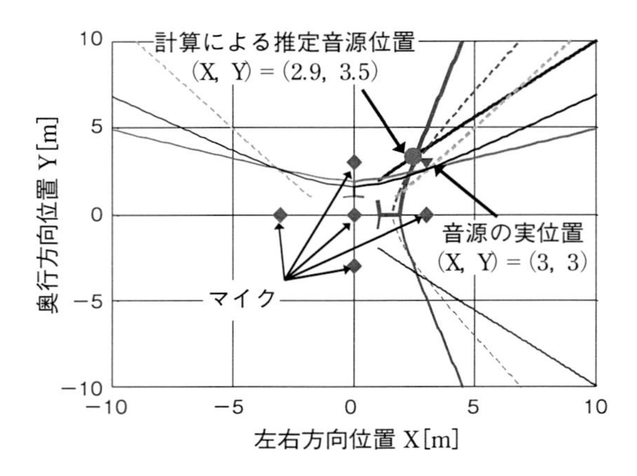

図 3-29　中距離にある音源の位置推定方法

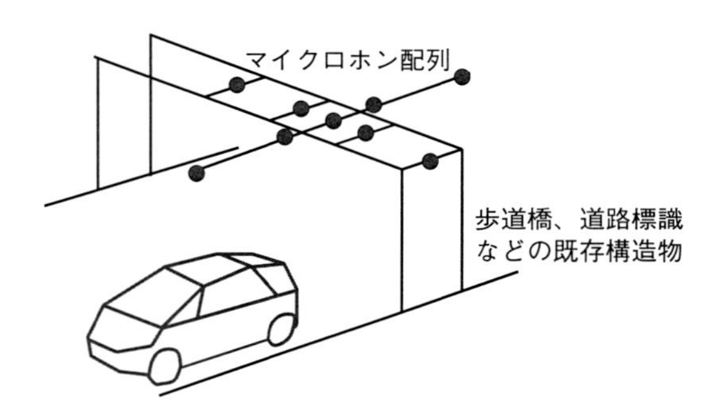

図 3-30　交通流中の大音量車の特定手法

が狭くなり，音源分布の空間分解能が十分にとれません．そのため，遠距離からの音源分離にはそれほどの空間分解能を期待せず，取扱いのより簡単なビームフォーミング法を用いることが多くなります．

空間分解能を求め，かつ音源の振動分布までを計測するためには，近接（近距離）音響ホログラフィ法が使われます．ここではその原理の大略を説明します．

その前に，計測された振動応答信号から加振力波形を逆算する方法を思い出しましょう．質量 m，減衰係数 c，ばね定数 k の１自由度振動系に，加振力 $f(t)$ が加えられる場合の方程式は次のとおりでした．

$$m\ddot{x}+c\dot{x}+kx=f \quad (3\text{-}48)$$

加振力が $t=0$ でのインパルス $\delta(t)$ の時の応答 x をインパルス応答と呼びますが，これを $h(t)$ と書きます．すると，時刻 t よりも τ 時間前の入力 $f(t-\tau)$ により引き起こされた応答は，インパルス応答が τ 時間経過したものを掛け算して，

$$h(\tau)f(t-\tau)d\tau \quad (3\text{-}49)$$

となります．ここで $d\tau$ を掛ける理由は，力と時間を掛け合わせた力積でないと振動系に運動量を与えられないからです．前述のインパルス $\delta(t)$ は－0秒から＋0秒まで積分した力積が１という定義であることを思い出してください．

任意の波形の加振力 $f(t)$ が作用したときの応答は，無限大の過去から現在まで式（３-49）を τ について積分して得られます．τ がマイナスでは $h(\tau)=0$（入力が入る前には応答は生じないという因果律）ですから，積分範囲は－∞から＋∞とします．

$$x(t)=\int_{-\infty}^{\infty}h(\tau)f(t-\tau)d\tau \quad (3\text{-}50)$$

この形式を畳み込み（convolution）と呼んでいます．この計算が少々扱いにくいことから，両辺をフーリエ変換します．

$$\begin{aligned}\int_{-\infty}^{\infty}x(t)e^{-j\omega t}dt&=\int_{-\infty}^{\infty}\int_{-\infty}^{\infty}h(\tau)f(t-\tau)d\tau e^{-j\omega t}dt\\X(\omega)&=\int_{-\infty}^{\infty}h(\tau)e^{-j\omega\tau}d\tau\int_{-\infty}^{\infty}f(t-\tau)e^{-j\omega(t-\tau)}dt=H(\omega)F(\omega)\end{aligned} \quad (3\text{-}38)$$

その結果，加振力と伝達関数の積で応答を表すことができます．

従って，伝達関数（あるいはインパルス応答）が分かっていれば，応答から

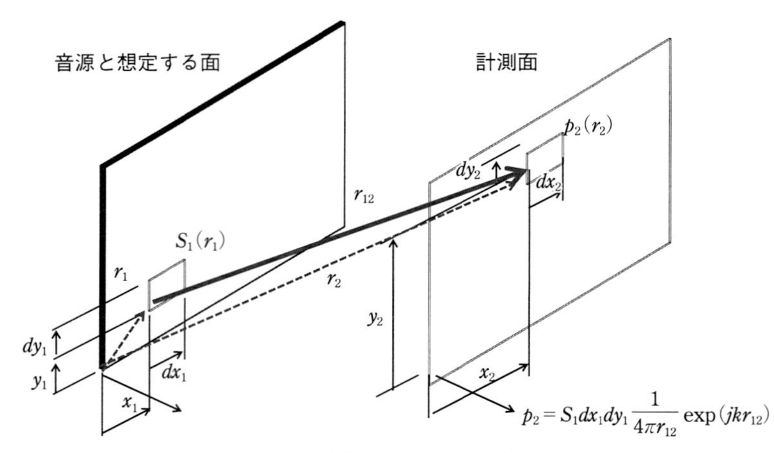

図 3-31　近距離ホログラフィ法の原理

加振力を逆算することができるわけです．

さて，近距離音響ホログラフィの説明に戻ります．**図 3 -31**は音源面とその近くに配置した計測面の間の音波の伝搬を表します．この図を用いる理由を説明します．

音響ホログラフィは，二つに大別されます．一つは遠距離ホログラフィであり，二つ目は近接場音響ホログラフィです．

通常私達が聞いている音は，音源から距離が離れており，音源からの伝搬波を聞いています．この伝搬波を用いて音源位置を特定する手法が遠距離音響ホログラフィです．ただし，音源の振動・放射・散乱については，音源近傍の情報が重要となるため，遠距離ホログラフィでは正確に捉えることができません．これに対し，近接場音響ホログラフィは，近接場の音（エバネッセント波：音源近傍の振動から音に変わる付近の音）の情報を取得することにより，伝搬の初期に放射面の近傍で打ち消しあう音の情報も計測可能であるため，空間的な分解能が高くなるという特長を持っています．本例では，この近接場の情報を用いて，音源面，および放射する方向への音の測定・解析を行う原理を説明します．

ここで，音波の3次元空間内の伝搬について，音速をc[m/s]，音波の角振動数をω[rad/s]，波長をl[m]とすると，音圧$p(x, y, z, t)$は波動方程式に従って変化します．

$$c^2\left(\frac{\partial^2}{\partial x^2}+\frac{\partial^2}{\partial y^2}+\frac{\partial^2}{\partial z^2}\right)p-\frac{\partial^2 p}{\partial t^2}=0 \tag{3-51}$$

$p = Pe^{j\omega t}$とすると，位相を含めた複素振幅Pはヘルムホルツの方程式を満たす必要があります．進行方向の距離当たりの波数をkとすると，

$$\left(\frac{\partial^2}{\partial x^2}+\frac{\partial^2}{\partial y^2}+\frac{\partial^2}{\partial z^2}\right)P+k^2P=0 \tag{3-52}$$

この解は，x，y，z方向に分けて$P = P_0\exp\{j(k_x x + k_y y + k_z z)\}$という形式をとる必要があり，これを上式に代入すると，

$$k_x^2+k_y^2+k_z^2=k^2 \tag{3-53}$$

k_x，k_yを物体表面内の波数とするとk_zが物体振動によって放射される物体表面とは垂直方向の音波の波数です．

ここで，$k_x^2+k_y^2 \leq k^2$であるときは，$k_z^2 \geq 0$となるので，k_zは実数となります．

つまり表面内の波数が小さい（波長が長い）ときには音波はz方向に伝搬でき，その方向の振動的伝搬の様子は，$P_0\exp[j(k_z z - \omega t)]$であり，時間的には角振動数$\omega$，周期$T = 2\pi/\omega$[s]で観測され，空間的には波長$\lambda = 2\pi/k_z$[m]で変動します．

これとは異なり，$k_x^2+k_y^2 > k^2$のとき，つまり表面に沿う波長が短い場合はk_zは虚数となって，z方向の振動的伝搬の様子は，$P_0\exp[-|k_z|z]\exp[j\omega t]$であり空間的には波のような変動が観察されず，表面から遠ざかるに従ってすぐに減衰します．これをエバネセント波（evanescent wave）と呼んでいます．この現象を，放射音の計測による音源特定という立場からみると，近距離で音を計測してエバネセント波を捉えない限り，音源表面における波長の短い振動を再現できないことがわかります．遠距離からでは音源表面での波数が小さい

波長の長い振動分布しか計測できません.

さて，ここで図3-31に示すように，計測面上の多点での音響計測信号から，音源とみなす平面上の音源分布を逆算する方法を考えます.

音源面での微小面積 dS_1 から計測面での微小面積への伝達関数は，前述のヘルムホルツ方程式のグリーン関数として得られます．ヘルムホルツ方程式（3-52）は，特に音源の存在を意識してはいなくて，ある波動があったときに，それが時空間の中を伝搬する法則を示しています．音源からの音波の伝搬をこの方程式を利用して知るには，式の右辺に音源相当の項をいれた式を解くことになります．ここで，前述の1自由度振動系でのインパルス応答と畳み込み積分の概念を利用します．ヘルムホルツ方程式の右辺に，座標原点に時刻ゼロでの時間空間的インパルス $\delta(x,\ y,\ z,\ t)$ を入れたときの解を求めます．これは点音源からの音響放射を意味するので，球座標を用いると次の式で与えられます.

$$P = -\frac{1}{4\pi r}\mathrm{exp}(jkr) \qquad (3\text{-}54)$$

図3-31の音源面の微小部分と計測面の座標をベクトル形式で $\boldsymbol{r}_1$, $\boldsymbol{r}_2$ と書き，音源面から計測面へと向かう音波の伝搬距離を同様に $\boldsymbol{r}_{12}$ と書くことにすると，この $\boldsymbol{r}_{12}$ が音響放射の式中の $\boldsymbol{r}$ に対応します．単位インパルスに対する応答を表現しているわけですから，これはインパルス応答ととらえて次の形式で書いておきます.

$$\begin{aligned} h_{12}(\boldsymbol{r}_{12}) &= -\frac{1}{4\pi|\boldsymbol{r}_{12}|}\mathrm{exp}(jk|\boldsymbol{r}_{12}|) \\ &= -\frac{1}{4\pi\sqrt{(x_2-x_1)^2+(y_2-y_1)^2+z_2^2}}\mathrm{exp}\left(jk\sqrt{(x_2-x_1)^2+(y_2-y_1)^2+z_2^2}\right) \end{aligned} \qquad (3\text{-}55)$$

計測面のある一点（座標 $r_2 = x_2e_x + y_2e_y + z_2e_z$）に固定して上記のインパルス応答を書くと,

$$h_{12}(x_1, y_1) = -\frac{1}{4\pi\sqrt{(x_2 - x_1)^2 + (y_2 - y_1)^2 + z_2^2}} \exp\left(jk\sqrt{(x_2 - x_1)^2 + (y_2 - y_1)^2 + z_2^2}\right) \tag{3-56}$$

計測面のその点の音圧は，音源面の各微小部分から到達する音圧の足し算になります．音源面の各微小部分の音源強度を S_1 とすると，次式で表されます．

$$p(t) = \int_{-\infty}^{\infty} S_1(x_1, y_1) h_{12}(x_2 - x_1, y_2 - y_1) dx_1 dy_1 \tag{3-57}$$

さらに，音源面の微小部分を y 座標が y_1 である横線上のものだけに限ると，

$$p(t) from\ y_1 = dy_1 \int_{-\infty}^{\infty} S_{1y1}(x_1) h_{12}(x_2 - x_1) dx_1 \tag{3-58}$$

と書けます．これはインパルス応答の畳み込み積分（コンボリューション）の式の t を x_2，τ を x_1 で置き換えたものになります．

この両辺をフーリエ変換すれば，

$$P(\omega)_{from\ y1} = S_1(\omega) H_{12}(\omega) \tag{3-59}$$

という音源強度の $y = y_1$ に沿った線上の空間フーリエ変換と，音源面から計測面への伝達関数の掛け算となります．

従って，y 座標を y_1 に固定せず，すべての y に対して計算すると，上式は音源面での２次元空間フーリエ変換をした $S_1(\omega)$ と，相対距離 z さえ決まればいつでも同じ値の伝達関数 $H_{12}(\omega)$ との積で計測面上の音圧が得られることになります．

$$P_{x2,y2}(\omega) = S_1(\omega) H_{12}(\omega) \tag{3-60}$$

そこで，今度は計測面での音圧分布から逆に音源と想定する面上の音源強度分布 $S_1(x_1, y_1, \omega)$ を逆算できます．

さてそのときに，伝達関数 $H_{12}(\omega)$ の中で面の間の距離による変化を決めている波数 k の値に注目しましょう．音源面方向への波数 k_x，k_y が大きいと，つ

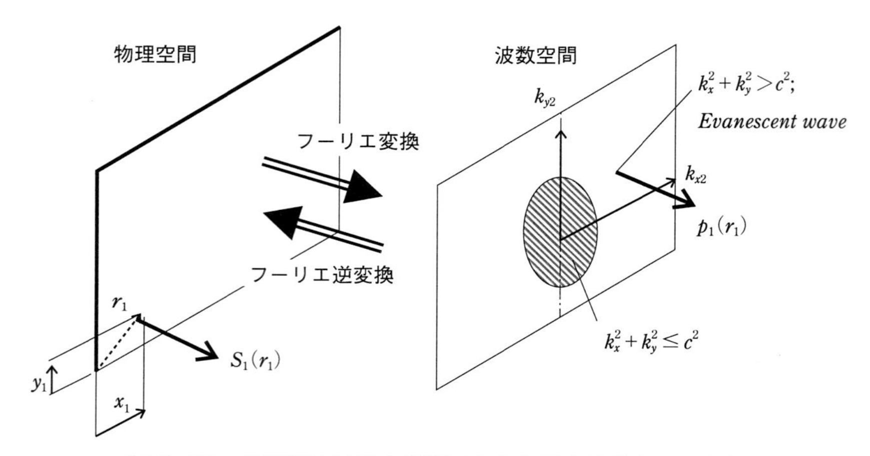

図 3-32 音響強度波数空間信号から物理空間分布への変換

まり音源面内の振動波長が短いと，エバネセント波しか放射されませんが，計測面を音源近傍にとればこれも計測できます．計測面上の音圧スペクトラム $P_{x2,\,y2}(\omega)$ から音源の時間関数に戻すときには，エバネセント波の領域に入る波数（周波数）までを含めた逆フーリエ変換をすることになります（**図 3-32**）.

3. 2. 2 信号波形の特徴からの理解

（1）伝達関数の位相からの波動伝播速度推定

対象となっている構造中を伝播する振動の伝播速度を知ることができると，その波に対する構造の影響を知ることができます．例えばタイヤ表面を伝わる振動が曲げ波であれば，トレッドの曲げ剛性を変化させることが振動特性の調整に役立ちます．他方，その振動がタイヤ内圧によってピンと張っているスティールベルトという弦の振動であれば，トレッドゴムは剛性ではなく質量や減衰として影響を及ぼすことになります．この速度を伝達関数の位相から推定する方法と応用事例を説明します.

周波数 f[Hz] の振動が，加振源 S から l_1，l_2[m] だけ離れた点 R_1 と R_2 で観測

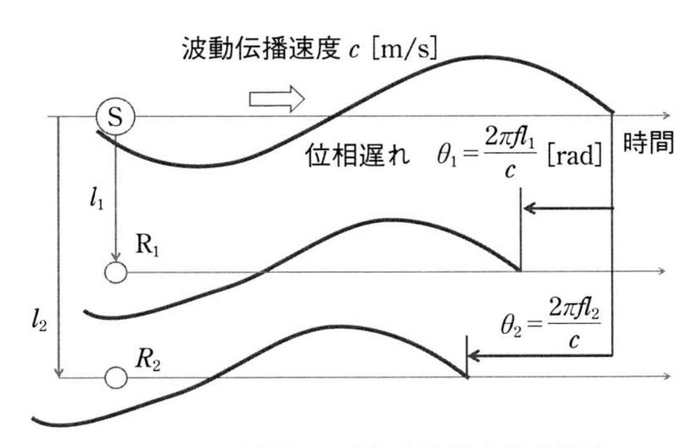

図 3-33　波動の到達時間差と位相遅れ

され，S ⇒ R_1，S ⇒ R_2の伝達関数H_1，H_2の位相がθ_1，θ_2[rad]とします（**図3-33**参照）．

伝播速度をc[m/s]とすると，加振源Sから点R_1とR_2へ到達する時間T_1，T_2[s]を考慮すると次式の関係になります．

$$T_1=\frac{l_1}{c},\frac{T_1}{T}=\frac{\theta_1}{2\pi}\Rightarrow\theta_1=\frac{2\pi T_1}{T}=\frac{2\pi fl_1}{c},\theta_2=\frac{2\pi fl_2}{c} \qquad (3\text{-}61)$$

従って，振動の周波数fと距離lが既知ならば伝達速度cが推定でき，逆に周波数と伝達速度が既知ならば加振源位置が推定できます．

図3-34はタイヤのトレッド上の1点を加振したときの，トレッド上の他の点との振動伝達関数の位相遅れ周波数特性です．およそ400Hz以上の周波数領域では，周波数の増加に伴ってほぼ単調に位相が遅れていく様子が見てとれます．これは式（3-61）を使って説明した加振源から観測点への一方的な波動伝播が支配的であることを示しています．他方，200Hz以下の周波数領域では位相が急激に変化しています．これは，波動が距離とともに単調に減衰せず，反射波や周上を反対に回ってくる波と直接波の干渉により，その地点での合成された波動の振幅が共振点前後での位相変化のように急激に変化するためです．周波数に対する位相遅れの程度は，加振点に近い部分（最下図）で緩く，遠方になるに従って速くなることも式（3-61）と対応しています．サイドウォール上の3点を最上図で見比べると，トレッドから離れるに従ってわずかに遅れ

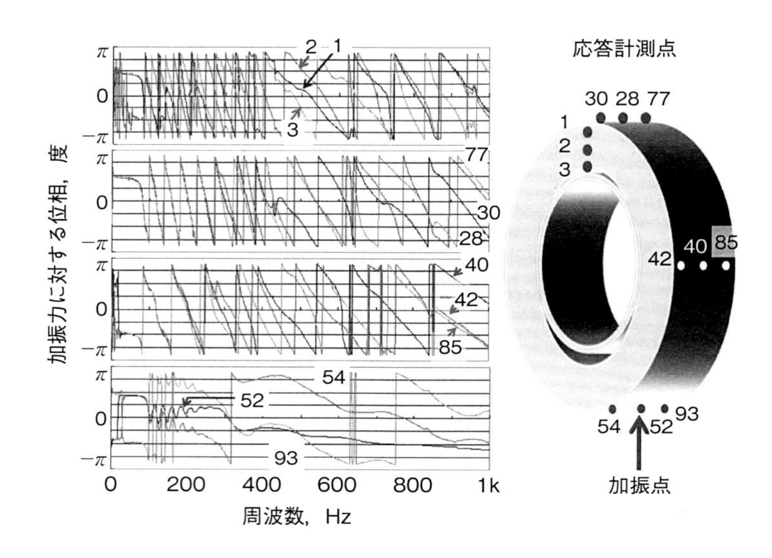

図 3-34　タイヤ上伝播による振動波の位相遅れ

が増しています．サイドウォールの振動エネルギーは主として近傍のトレッドから伝えられていることも，この位相遅れの違いで推察できます．さらに，600Hz 近辺の狭い領域で位相が急激に変化し，それがトレッドの中央と肩で異なる様子からは，トレッドの幅方向の共振現象の存在が疑われます．

トレッド上の振動伝播速度は，位相情報からは200Hz 近辺で100m/s のオーダーであることが分かります．タイヤは高周波を除けば空気圧（大気圧との差）によって形状を保つ張力構造と言われています．そうであればトレッド振動は弦振動の様相を呈すはずです．弦を伝わる振動速度は，張力を T[N]，線密度を ρ[kg/m] とすると，$c=\sqrt{T/\rho}$ [m/s]です．実用上よく使われる空気圧 200kPa ではトレッドの周方向張力 $T \fallingdotseq 12$kN であり，典型的なトレッド周方向線密度 $\rho \fallingdotseq 1.2$kg/m ですから，$c=100$ [m/s] となり，加振実験での位相推移と対応します．

（2）共振周波数付近での位相の急激な変化の利用

構造物の耐久試験のために，共振周波数での加振を使えば，非力な加振機で

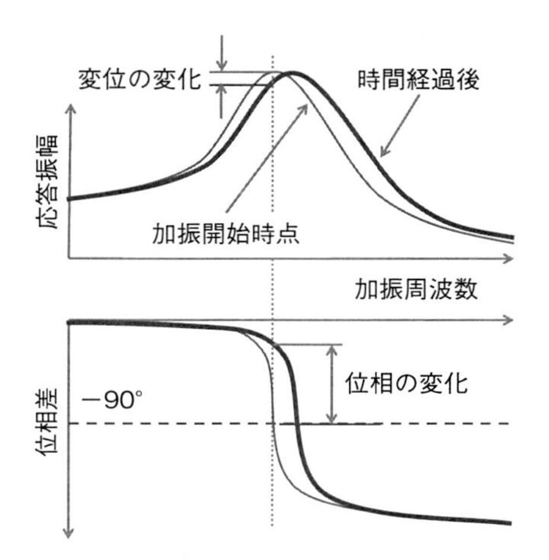

図 3-35　共振点での位相急変を利用する加振制御

も大きな振幅を得ることができ，狭いスペースに置け，経済的です．しかし，構造物は温度や経年変化で共振周波数が変化しますから，それを追尾する必要があります．共振点では加振力と応答変位は90度の位相差があり，減衰がよほど小さくない限り，共振点付近では振幅よりも加振信号と応答の位相差のほうが鋭い感度となります．そこで，この位相差を最初に合わせておき，それ以後は元の値を自動的に保つ制御を使います（**図3-35**）．

日常生活ではFM放送の受信機で使われます．FM（周波数変調 Frequency Modulation）放送では，せいぜい20kHz以下の周波数fしかもたないバンド幅の狭い音響信号波形で，それの1000倍以上のF＝100MHz付近の搬送波（carrier）の周波数を変化させた電波を送信します．受信機ではアンテナと同調回路によって回路内にこの電波と同じ波形の電流を取り込みます．この搬送周波数に同調したLCR共振回路の出力は，FM変調の度合いに応じて共振周波数の上下に変動します．すると共振点前後での位相変化に応じて，この共振回路の電圧が変化します．この変化は搬送波ではなく取り出したい音響信号になります．ここで，共振点での90度位相遅れをゼロに戻すために，補償用コンデンサC_2を加えておきます．これと元々の信号の掛け算をし，さらに時間平

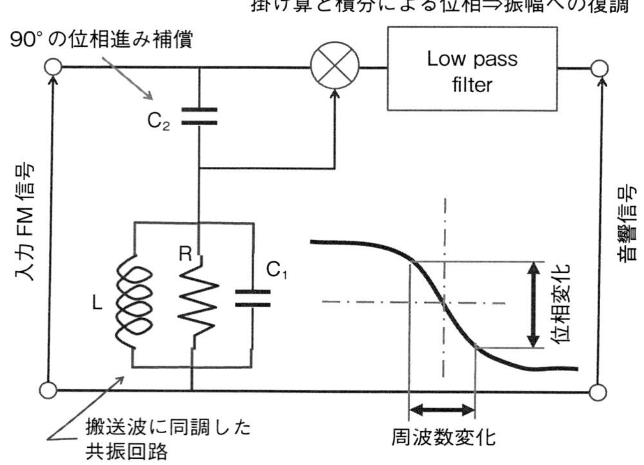

図 3-36　FM 変調波の位相変化検出による復調の原理

均をローパスフィルタでします．元々の信号どうしの掛け算はサインの２乗で，一周期を平均すると定数になるので交流回路では消滅し，位相変化成分だけが残る仕組みです（**図 3-36**）．

放送に限らず，回転変動を検出するときにも，回転パルス信号はFM変調を受けているので，これと似たような考え方で有効な信号を取り出します．

（3）相反原理を使う推定

構造の中に加振源が複数存在し，着目する観測点まで各加振源から似たような振動が伝達してくる場合，それぞれの伝達経路の特性を実験的に計測することは難しい作業になります．例えば，多気筒エンジンの燃焼加振力によるシリンダーブロック振動の場合，個々の気筒の燃焼により生ずる振動は，回転速度が高まると燃焼の起きる時間間隔が短くなって，互いに重なり合います．各気筒単独で燃焼をさせることができればよいのですが，そのような運転を実現することは困難です（**図 3-37**）．

この問題を解決する一つの方法が相反原理の応用です．具体的には，エンジンをモータリング運転し，シリンダーブロック上の観測点の位置を加振します．

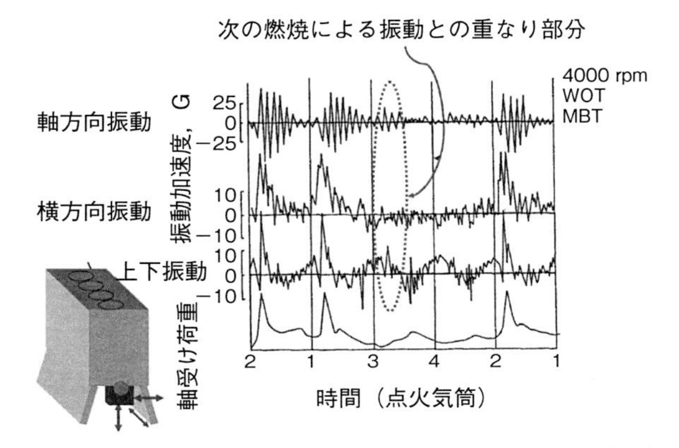

図 3-37　互いに重なる各気筒での燃焼による振動波形

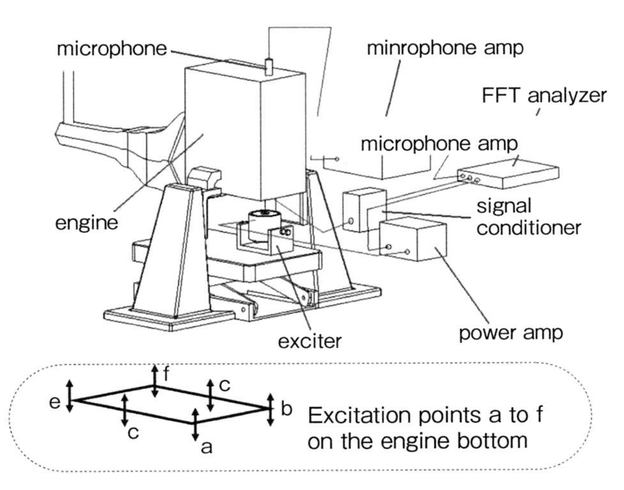

図 3-38　相反原理応用による燃焼⇒振動の伝達関数計測

この位置の振動から燃焼室圧力への伝達関数を測定することになります（**図3-38**）．この関係を少々説明します．燃焼圧による燃焼室の拡張収縮を圧力という一つの指標で表すことにし，これを相反原理に用います．これが成立することは，閉じた空間の表面上での振動ベクトル $\mathrm{q}(x,\ y,\ z,\ t)$ の面積分が，空間

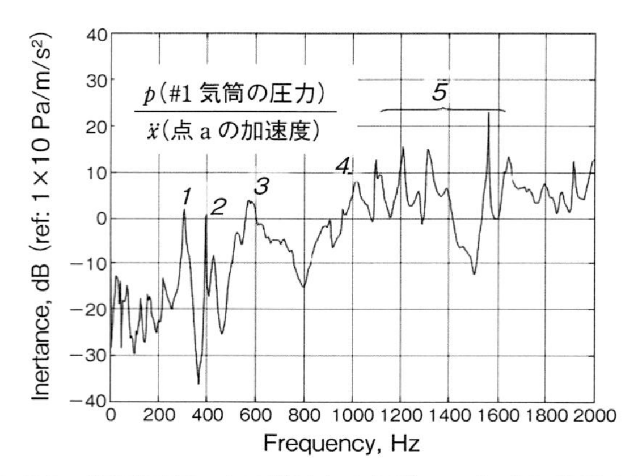

図 3-39　相反原理による燃焼から振動への伝達関数推定例

内のベクトルの発散の体積分に等しいというガウスの定理（次式）によって保証されます.

$$\iint \mathrm{q}\cdot \mathrm{n}dS = \iiint div\mathrm{q}dV \qquad (3\text{-}62)$$

ここに，nは面に垂直な単位ベクトルです．この式の右辺は燃焼室の体積変化に他ならず，これによって燃焼室内の気体は断熱変化を起こし，次式のように圧力変化を招きます.

$$p = -\gamma\left({}^{\Delta V}\!/\!_{V} \right) P_0 = -\left({}^{\gamma P_0}\!/\!_{V} \right) \iint \mathrm{q}\cdot \mathrm{n}dS \qquad (3\text{-}63)$$

上記のような関係があるので，逆方向では振動応答に代わって圧力を計測すればよいのです（**図3-39**）.

（4）ケプストラムを使う推定

実際の自動車運転条件での加振力の波形を知ることができれば，それを受ける構造物の振動設計に役立ちます．加振源からの直接波はそれに近い存在ですが，観測点には構造物内で剛性や密度の不連続な場所からの反射波が混入してきます．この反射（エコー）を除去する信号処理にケプストラムが使われます．それは反射波が重なる現象を，**図3-40**のように反射を表すパルス列が入力波

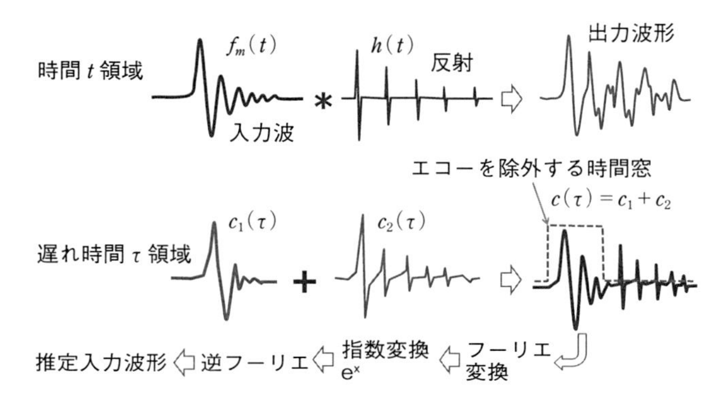

図 3-40　ケプストラムによるエコー除去と原波形の回復

に畳み込まれるコンボリューション（図中の＊印）であると考えることから始めます．

コンボリューションされた出力波形をフーリエ変換すれば，入力波 $f_{in}(t)$ とインパルス応答 $h(t)$ のフーリエ変換の積 $F_{in}(\omega)H(\omega)$ となります．この対数をとると，$\log F_{in}(\omega)+\log H(\omega)$ と足し算の形となります．これを逆フーリエ変換すると時間の関数となり，ケプストラムと呼ばれます．エコーの繰り返しはケプストラムの横軸（qufrency 遅れ時間 τ）の高い時間帯（high time）に現れ，直接波信号は低い時間帯に現れます．ここで高い時間帯の信号を切り取る（Lifter と呼ぶ）作業をすれば望みがかないます．時間軸上の波形に戻すには，ケプストラムを計算したプロセスと逆の計算をします．つまりそれを肩に代入した指数関数，逆フーリエ変換です．これは通信網の節点での反射による電話音声の劣化防止などにも使われていました．

自動車の振動騒音解析では，エンジンの振動信号から燃焼圧力波形を逆算した例が報告されています（**図 3-41**）．これは，エンジン回転が低く，燃焼間隔が時間的に開いている場合で，高速回転での有効性は未知です．

上の例で，$t<0$ でゼロとなるインパルス応答のフーリエ変換 $H(\omega)$ は，実数部と虚数部が等しくなるものの，入力のフーリエ変換 $F_{in}(\omega)$ は一般には複素数となります．つまり絶対値と位相の二つを扱う複素ケプストラムとなりま

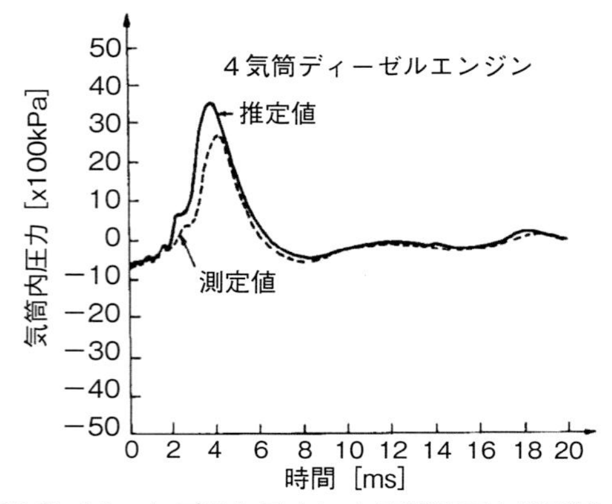

図 3-41 ケプストラムによる燃焼圧力波形推定

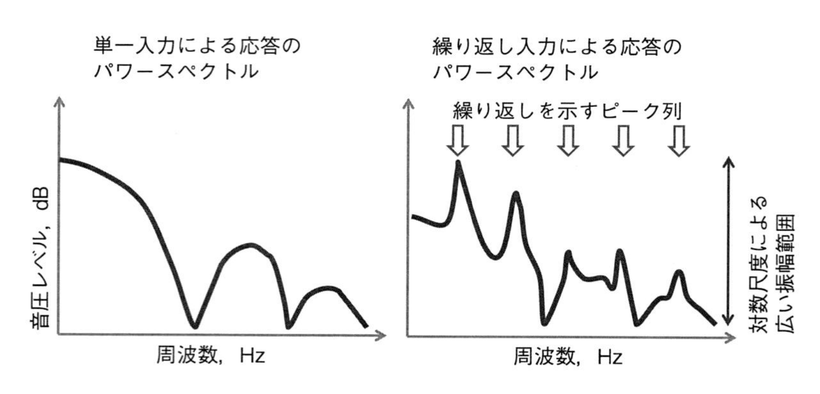

図 3-42 パワーケプストラムによる回転速度推定

す．このやっかいな複素量を扱わずに，逆にエコーのような繰り返しの周波数を知る目的でケプストラムを使う場合があります．**図 3-42**の左側は単一パルスの入力，例えば路面上の突起乗り越しやエンジンのバルブの着座，による振動のパワースペクトルです．大きな山は振動の共振を表していますが，減衰振動なので鋭いピークとはなりません．入力パルスが次々と加わるとき，その応答のパワースペクトルをある時間にわたって平均すると，同図右側のようになります．構造物の共振を表すなだらかなカーブの上に，繰り返しの周波数を示す櫛の歯状のピークが現れます．

このようなパワースペクトラム（縦軸はdBで対数尺）のフーリエ変換をすると，つまりケプストラムを計算すると，繰り返しのピークがある特定のτに出現します．これが入力パルスの作用する時間間隔に相当するので，車輪やカム軸の回転速度を知ることができます．この方法の良いところは次のとおりです．

1）複数のスペクトラム上のピークを使うので，誤差に強い．

2）対数尺を使うので，ダイナミックレンジを広く使え，高次のピークも漏らさず使える．

この方法は，エンジン音の計測から回転速度を推定する騒音規制，手の届かない位置にある機器の故障診断などに用いられます．ただし，パワースペクトラムを使うので，位相情報は失って，時間軸に戻しても自己相関関数が得られるだけであり，元の波形は得られません．

$$x(t)=\frac{a_0}{2}+\sum_{n=1}^{\infty}\left(a_n\cos\frac{2n\pi t}{T}+b_n\sin\frac{2n\pi t}{T}\right)$$

$$a_n=\frac{2}{T}\int_{-T/2}^{T/2}x(t)\cos\frac{2n\pi t}{T}dt,\ b_n=\frac{2}{T}\int_{-T/2}^{T/2}x(t)\sin\frac{2n\pi t}{T}dt \tag{3-64}$$

回転速度は，これらのフーリエ級数の項のなかで，大きな値を持つ係数a_n，b_nを持つ次数nを見つけることで推定されます．しかし，上記の式のように無限大のnまで使うわけにはいきません．そこで対象とする機械，例えばエ

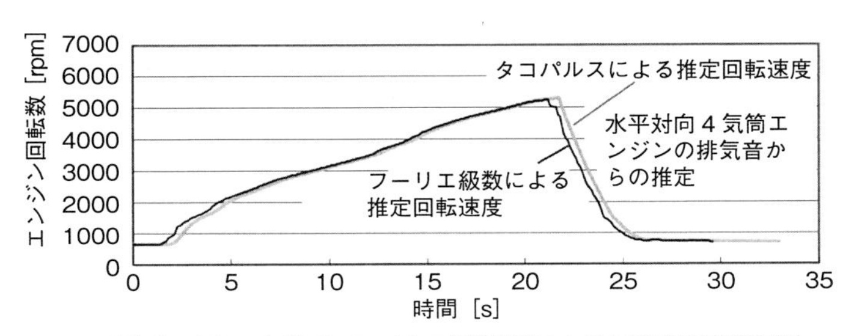

図 3-43　少数のフーリエ級数項による回転速度推定例

ンジン，の気筒数や予想される回転速度範囲，回転速度の上昇率から使うべき少数の項を予想するベイズ予測が用いられます．つまりフーリエ解析を全ての周波数ではなく，ごく限られた周波数範囲で行い，計算負荷を小さくすることになります．**図3-43**は空吹かし中の水平対向4気筒エンジンの排気音からの推定例です．

（5）ヒルベルト変換を使う振幅変動解析

噛み合う歯車対のどこかの歯が一つあるいは複数の歯に傷がついているとします．あるいは転動するボールベアリングのどれか一つあるいは複数のボールのサイズが他のボールと異なっているとします．すると軸受の振動には**図3-44**のように振幅がゆっくりと変化する波形が現れます．これは，AM変調を受けたラジオ局の電波に似ています．

この波形のピーク（左側の図中の丸印）を次々と滑らかな曲線でつなぐことを考えます．これを包絡線と呼び，この包絡線が高くなる時と前述の傷のある歯車が噛み合った時が対応すると推察されます．図に描いた破線は直観に頼って描いたものであり，確かな値は原波形のピークという離散点しかありません．

ここで，振動波形とは円運動をする点の軌跡を，横から眺めたものと考えられることを思い出しましょう．右側の図は縦軸が実数，横軸が虚数を示す位相平面です．図中のP点が実数軸上を往復する様子を，時間軸をこの位相平面に対して垂直に立てて見たものが左側の波形に相当します．このP点に対応

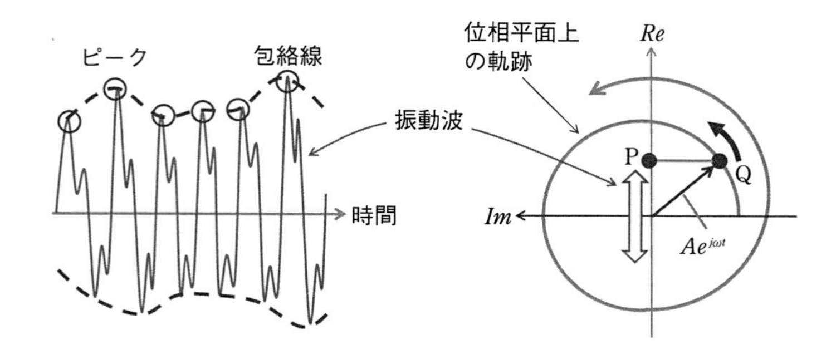

図3-44　波形包絡線の位相平面上での解釈

するＱ点を考えましょう．原点からＱ点までの距離が，振動の瞬時振幅に相当するようにＱ点を選ぶのです．すると，左側の波形に対応してＱ点は原点周りに円に近い軌跡を描きながら回転をします．

Ｑ点の位置を $Ae^{j\omega t}$ と表示すると，瞬時振幅は A という時間的に連続した値となるので，波形のピーク値という離散値よりも解析的に扱いやすくなります．Ｑ点の座標は，振動が一つの周波数成分だけで構成されていれば，サインとコサインの関係から定められますが，実測される波形は必ずしもそうではありません．ここで登場する数学的手法がヒルベルト変換です．

ヒルベルト変換は次の積分変換で定義されています．

$$
\begin{aligned}
H[x(t)] &= \tilde{x}(t) = \int_{-\infty}^{\infty} \frac{x(\tau)}{t-\tau} d\tau \\
&= -\frac{1}{\pi} \lim_{\varepsilon \to 0} \int_{\varepsilon}^{\infty} \frac{x(t+\tau)+x(t-\tau)}{\tau} d\tau
\end{aligned}
\tag{3-65}
$$

フーリエ変換では $e^{j\omega t}$ を x に掛け合わせて積分し，その x が $\sin\omega t$ あるいは $\cos\omega t$ とどれだけ似ているのかを算出します．ヒルベルト変換では双曲線関数 $1/t$ との相似性を算出することになりますが，ここでは詳細説明を省略します．包絡線を求めるためのＱ点の虚数軸座標を得るには，次の関係を利用します．

$$
\begin{aligned}
&H[\sin(t)] = -\cos t,\ H[\cos(t)] = \sin t \\
&H[\exp(jt)] = -j\exp(jt)
\end{aligned}
\tag{3-66}
$$

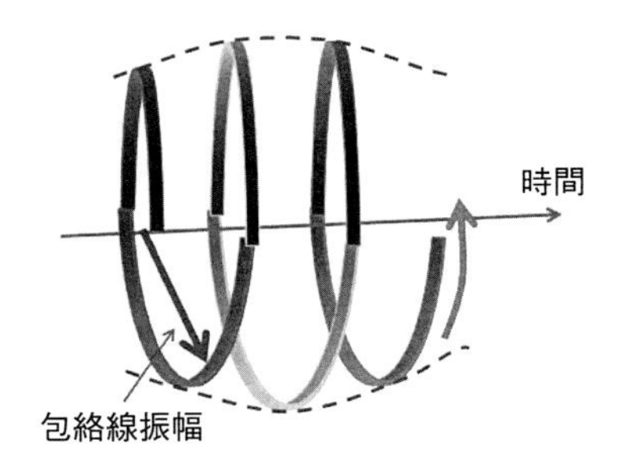

図 3-45　ヒルベルト変換による解析信号の概念図

つまり，ヒルベルト変換 H は90度の位相進みを与えますから，実数の波形（図3-44の左側）の値を構成している各周波数成分について，周波数によらず90度位相進みの位置であるQ点が決まります．

この軌跡を立体的に眺めると**図3-45**のようなスパイラル曲線となります．この曲線で示される信号のことを解析信号（analytic signal）と呼びます．いったん解析信号が得られれば，そこから包絡線振幅の変動がわかるので，傷のある歯車の数や位置などの情報が得られます．

騒音レベルの定義

音圧：p [N/m²] とすれば、音波の粒子速度 u と通過する音波の単位面積当たりパワー W は

$u = p/\rho c$　[m/s]

$W = pu = p^2/\rho c$

人間の可聴最小音圧 $P_o = 2 \times 10^{-5}$ Pa に対するパワー：W_o

音圧レベル：$SPL = 10\log(W/W_o) = 10\log(p^2/p_o^2) = 20\log(p/p_o)$ [dB]

これに，周波数重みのA特性をかけたものが「騒音レベル」といい単位はdB(A)デシベル・エー，あるいはホン．

図3-46　騒音レベルの定義

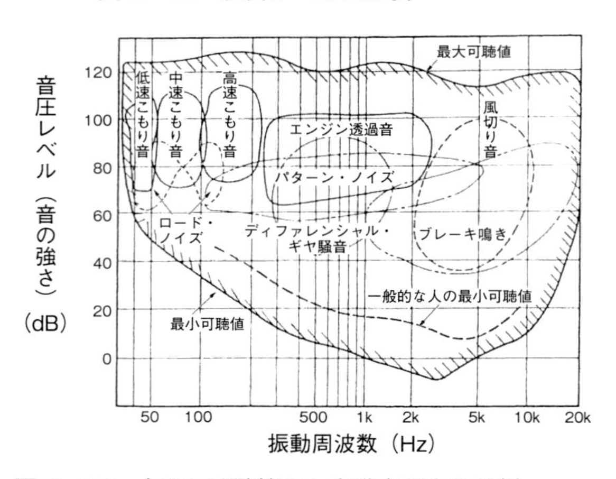

図3-47　人間の可聴範囲と自動車騒音の関係

3.3　騒音対策原理

3.3.1　騒音を測る尺度

人間が聴きとることのできる最小の音圧は2×10^{-5}[Pa]でこれが基準音として使われます．聴覚は音圧振幅そのものでなくパワWに関係するので，p^2の比をとります．さらに人間の感覚は刺激の対数にほぼ比例しているので，**図3-46**のSPLのように「音圧レベル」を定義しています．同図のような人間の聴力の周波数特性を考慮した周波数重みを加えたものを「騒音レベル」と言い，dB(A)などと記して用いられています．

図3-47の周波数特性は，被験者に様々な周波数の音を聴かせ，1kHzの音と同じ大きさに聞こえるレベルを記録した結果です．大きな音の場合は周波数に対してほぼ平坦な特性を示します．小さな音では周波数に対する変化が大きくなり，1k～5kHzの間で感度が高くなります．1kHzで40dBを通る等感度曲線がA特性に対応し，B特性，C特性はより大きな音に対する感度に対応します．「うるささ」はA特性とよく対応します．

3.3.2　遮音理論

騒音の車内侵入を防ぐ手段が遮音です．固体と空気の音響インピーダンスの比に応じ，壁の振幅は入射波粒子速度に比べて減少し，反対面の空気の振幅も小さくなります（**図3-48**，**図3-49**）．壁全体の高次曲げ振動数領域では，各

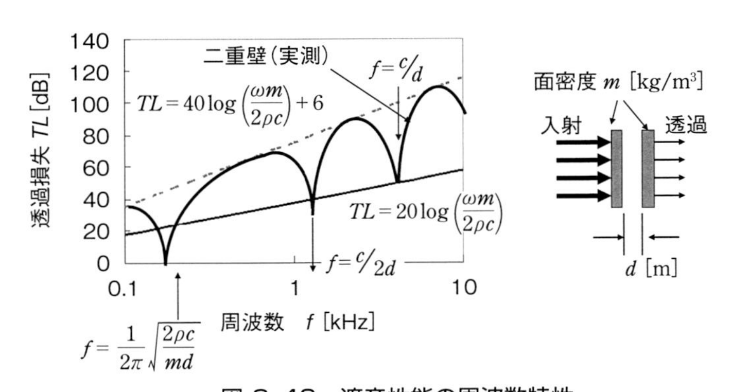

図3-48　遮音性能の周波数特性

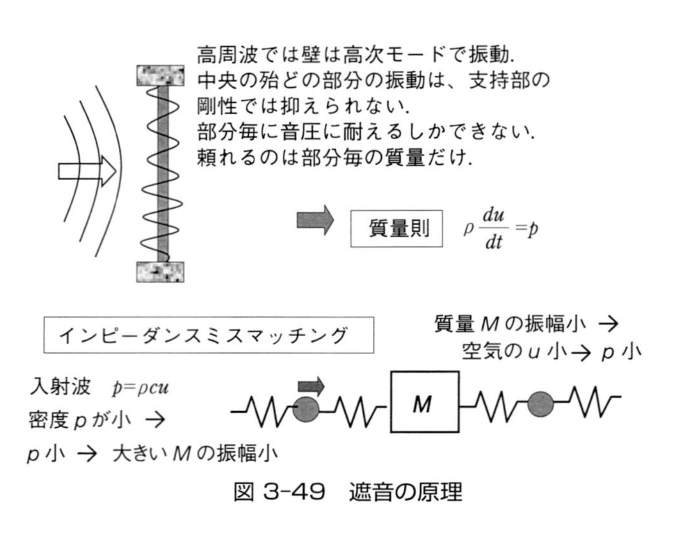

図 3-49　遮音の原理

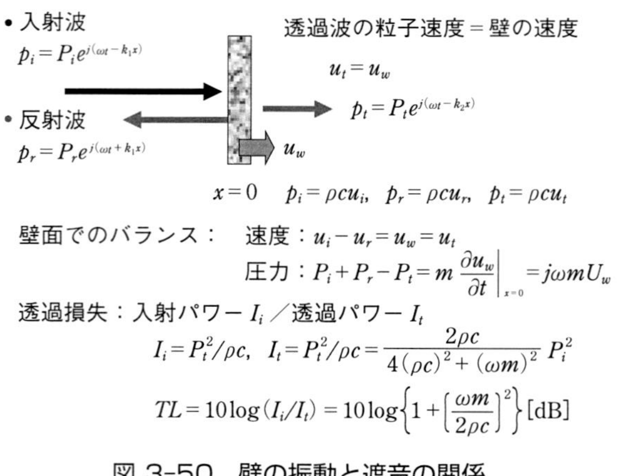

図 3-50　壁の振動と遮音の関係

部分が独立に振動する様相を呈し，弾性は関係なく慣性力だけが入射音圧とバランスする「質量則」（図中の *TL* の式）が支配します．二重壁では掛け算で効果が出ますが，中間層の共鳴周波数では低下します．この低下原因は，一旦壁を通過して出て行った音波が次の壁で反射して戻り，そのときに第一の壁の振動を強める位相になっているためです．往復の伝播距離が波長に等しいときに生じます．

伝播経路に壁がある場合，入射波と透過波の差圧によって壁（質量）が加速度運動をします（**図 3-50**）．質量が大きければ運動をしにくく，その結果透過側の空気は加振振幅が下がり，遮音性能が高くなるわけです．透過損失 Transmission Loss を表す式の中の"1"はもう一つの項に比べて無視できます．

3.3.3　吸音理論

吸音材の多くは繊維質（ガラスファイバーなど）や連続した空洞（スポンジ）で構成されます．高周波で効くので耳障りな騒音に効果があります（**図 3-51**）．しかし低周波で効果を出すには厚みが必要になり，車内スペースに問題がでます．遮音材に比べて軽量なので，ある程度の騒音進入を許した上で吸音で対策する音響設計をとります．耳に到達するまでに吸音材に当たる音の量と回数が多くなるよう貼付位置を選びます．

吸音材に用いられる多孔材料は，空気の音響振動に対して流体抵抗を示し，熱エネルギーに変換します．これがいくつかの吸音のメカニズムの一つです．

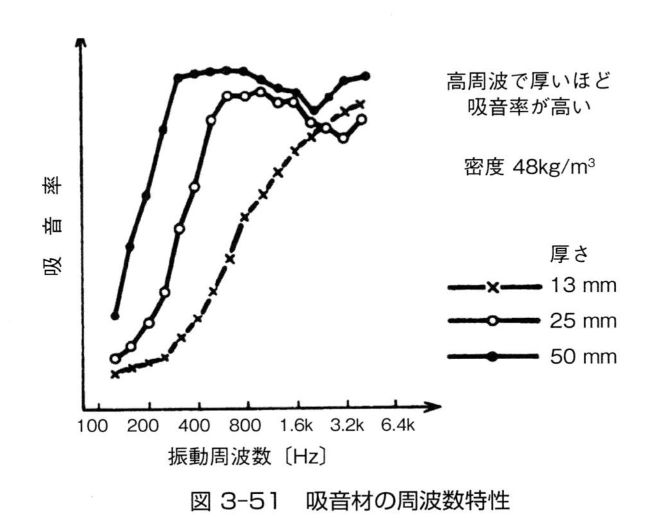

図 3-51　吸音材の周波数特性

壁の近くでは反射波との重ね合わせによって音波の粒子速度が落ちるため，吸音材が貼付された壁際（その音波の1/4波長以内）では効きが悪くなります（**図3-52**）．このため，エンジンフード裏などは背後に空間を設定して金属パネルに取り付けることもあります．汚れは効果を減少します．自動車の軽量化のためには，重い方が有利な遮音材よりも，軽量な吸音材を使った設計への転換が

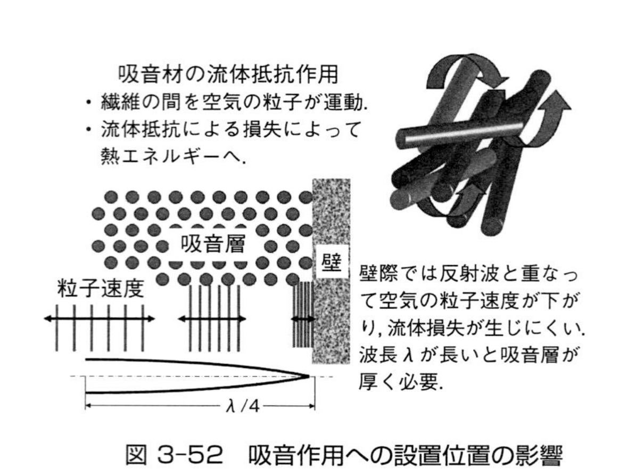

図 3-52　吸音作用への設置位置の影響

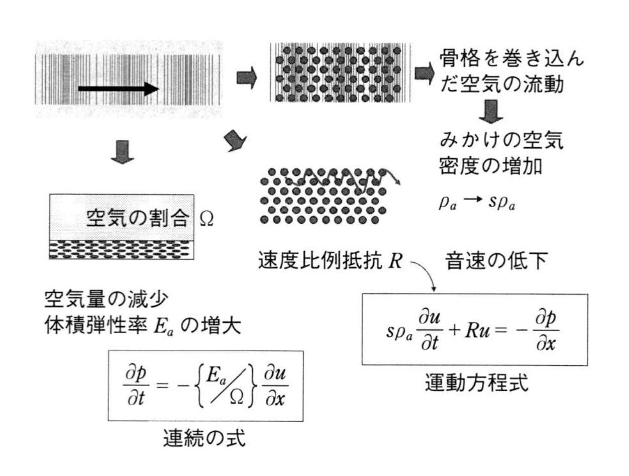

図 3-53　多孔質吸音材内部の減衰機構

行われつつあります．

ここで，もう少し吸音材の働きについて説明をします（**図3-53**）．吸音材の性能を予測するための数理モデルには大きく分けて２種類あります．一つは多孔質材料がやんわりとしていて空気が主体の場合です．多孔質材料は空気の流動によって振動しますので，空気の波動には多孔質材の質量効果が含まれ，重い空気という扱いになります．多孔質材料内を空気を流すには抵抗が働くので，速度比例抵抗 $\boldsymbol{R}$ も考慮します．多孔質材料の占有体積分だけ空気が減るので，体積弾性率が減少します．これらを考慮して波動方程式を作ります．そして，材料の両端での音圧および粒子速度の比を計算すれば吸音率を求められます．もう一方の現象モデルは，多孔質材をつたわる弾性振動を加えたものです（**図3-54**）．エンジンフードの裏面に装着する吸音板のように，比較的密な材料に適用すべきモデルです．それぞれの波が異なる速度で伝播する複雑な現象を示します．

薄い多孔質吸音材では吸音力が低い低周波音に対しては，壁に振動板をとりつけ，この板の構造振動減衰を利用する吸音方式が使われます（**図3-55**）．会議室や劇場では見栄えの良い板を設置したり，残響室の低周波側の残響時間を調整する例もあります（**図3-56**）．

グラスウールなどの繊維材料はむきだしでは飛散の問題があり，スポンジ状

弾性多孔質材と空気の両者が音波を伝えるモデル
（Biot のモデル）

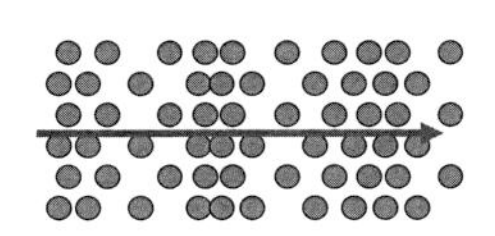

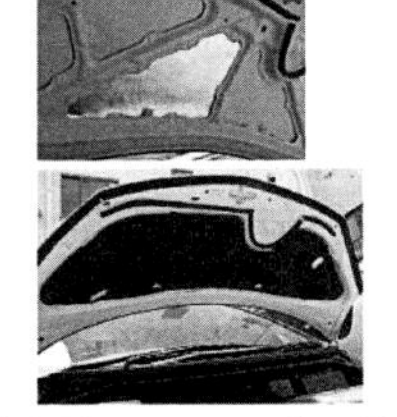

図 3-54　多孔質吸音材の構造振動伝播モデル

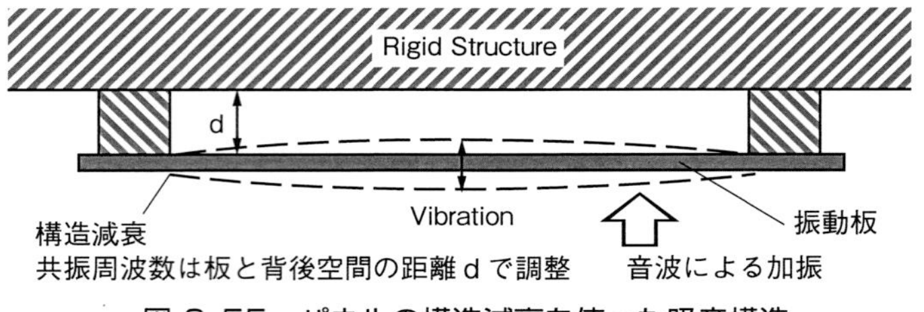

図 3-55　パネルの構造減衰を使った吸音構造

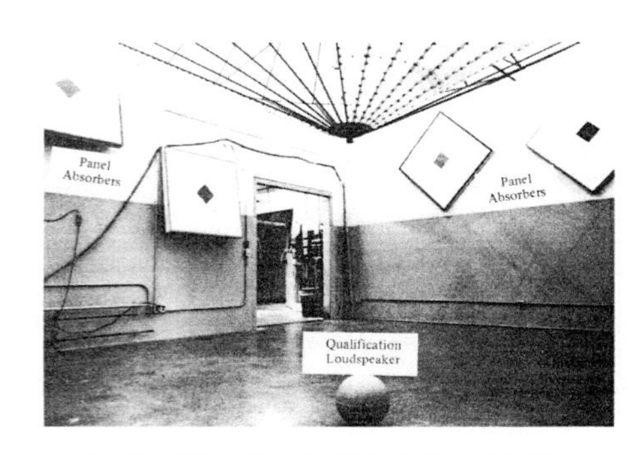

図 3-56　パネル吸音構造の使用例

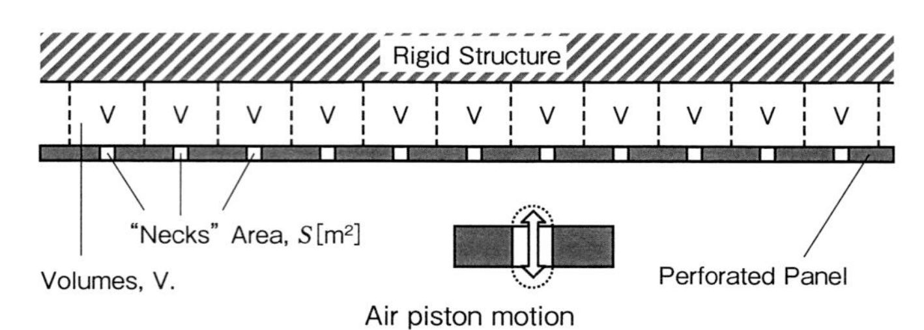

図 3-57　多孔パネル吸音材の原理

の柔軟プラスティックには経年劣化があります．そこで使われる吸音構造に多孔パネルと背後空間で構成するヘルムホルツ共鳴器があります（**図 3-57**）．

パネルに設けた小孔部分では面積が狭いので到達した音波が集中して粒子速度が高くなります．従って，小孔部分の空気は加速による慣性力が強く作用する質量として，ピストン運動の効果を示します．その背後の空間は，この空気ピストンにより圧縮拡張を受ける空気ばねとして働きます．その共鳴周波数は次式で与えられます．

$$f=\frac{c}{2\pi}\sqrt{\frac{S}{VL_e}} \quad [\mathrm{Hz}] \tag{3-67}$$

ここで，S：小孔面積，V：背後空間体積，L_e：小孔等価長さ．

空気ピストンは周辺の空気も巻き込んで動くので，等価長さという表現をしますが，小孔を直径とする半球が両端についた程度の長さとされています．共鳴周波数の近くでは室内側からこの構造を見ると，インピーダンスが極端に小さくてピストン運動に伴う減衰になります．従って，反射が返って来にくくなる作用が生じます．

3.3.4　放射効率の低下

細い弦だけが振動してもバイオリンは大きな音を出せません．広い面積の胴が振動するので，大きな音響パワーを放射します．この発生音圧と振動速度の比を放射音響インピーダンスと呼びます．

半径 a の球の表面が速度振幅 Ua，角振動数 ω で振動すると，半径 r の地点では**図3-58**の式のような音圧 p と粒子速度 u が生じます．この p と u の比は，

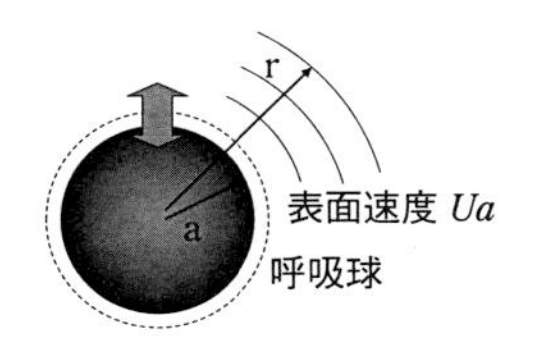

$$p=\rho c\frac{jka}{1+jka}\frac{a}{r}U_a e^{-jk(r-a)}$$

$$u=\frac{1+jkr}{1+jka}\left(\frac{a}{r}\right)^2 U_a e^{-jk(r-a)}$$

$k=\omega/c$：波数

$p=zu,\ z$：放射インピーダンス

$$z=\frac{k^2a^2+jka}{1+k^2a^2}\rho c=r_a+jx_a$$

$z/\rho c$：規準化放射インピーダンス

実数部 r_a が実質の放射パワーを生む

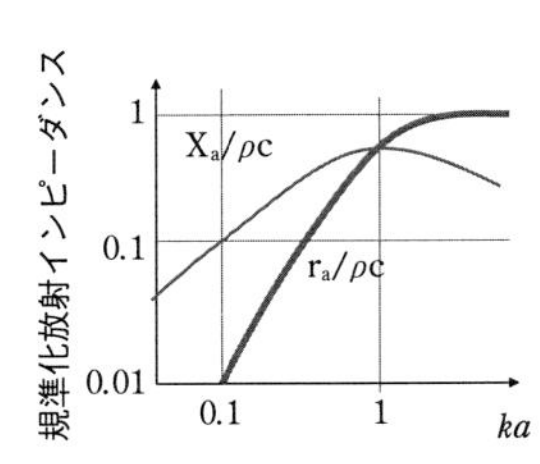

図 3-58　呼吸球の音響放射効率

電気回路でのインピーダンスに相当します．インピーダンスの実数部は抵抗値で，パワーを消費します．音のパワーが消費されるということは放射されて行くことを意味するので，放射効率が高いことにつながります．高周波ほど，呼吸球の半径が大きいほど放射効率は高く，$ka = 1$ 近辺で効率100％に近くなります．

従って，振動振幅の低減がそれほど望めないときには，音響放射面を小さくするか，あるいは振動モードを細かくして実質的な音源寸法を小さくする設計をすべきです．

式で書かれると上のような説明を飲み込まなくてはいけないのですが，感覚的にはしっくりこないでしょう．その場合は**図3-59**をご覧ください．

図3-59では小さい球面が半径方向に振動した場合，それに伴って運動する流体の挙動を考えます．半径方向に広がると同時に，流体は周方向にも広がる必要があります．この周方向運動は，外側の空間にはなんの仕事もしないので，音の放射には役立ちません．しかし，流体は運動をするので，慣性力による反力を加振源に返し，質量として運動エネルギーを入れたり出したりします．

ここまで，意識的に数学をあまり使わずに説明をしてきましたが，それでは本当の理解ができませんので，小球面からの音響放射を極座標で表現した波動方程式（3-68）から出発して説明します．

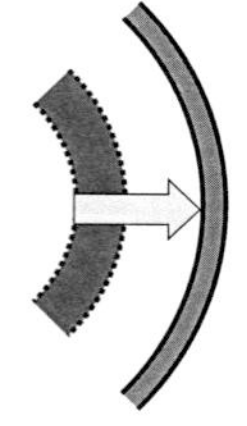

図 3-59　小音源の放射効率が低い原因

$$\frac{1}{r^2}\frac{\partial}{\partial r}\left(r^2\frac{\partial\phi}{\partial r}\right)+\frac{1}{r^2\sin\theta}\frac{\partial}{\partial\theta}\left(\cos\theta\frac{\partial\phi}{\partial\theta}\right)+\frac{1}{r^2\sin^2\theta}\frac{\partial^2\phi}{\partial\varphi^2}=\frac{1}{c^2}\frac{\partial^2\phi}{\partial t^2} \quad (3\text{-}68)$$

ここで，r：半径，φ：方位角，θ：天頂角，ϕ：速度ポテンシャル．

無指向性の場合は左辺の第一項だけになり，

$$\frac{1}{r^2}\frac{\partial}{\partial r}\left(r^2\frac{\partial\phi}{\partial r}\right)=\frac{1}{c^2}\frac{\partial^2\phi}{\partial t^2} \quad (3\text{-}69)$$

この解は，

$$\phi=\frac{A}{r}e^{j(\omega t-kr)}+\frac{B}{r}e^{j(\omega t+kr)} \quad (3\text{-}70)$$

で１項目が外に向かって出ていく音波，２項目は外から入ってくる音波で，通常第２項目は無視できます．球面上の粒子速度を v_0 とすると，このポテンシャルから次のように，音圧が導かれます．

$$p=\rho\frac{\partial\phi}{\partial t}=\rho c\frac{jkr}{1+jkr}v_0e^{j\omega t} \quad (3\text{-}71)$$

この原理を使って，身近にあるスピーカーの周波数特性を説明します（**図３-60**）．スピーカーの音響放射板は外周を支える板ばねと箱の中の空気のばねで

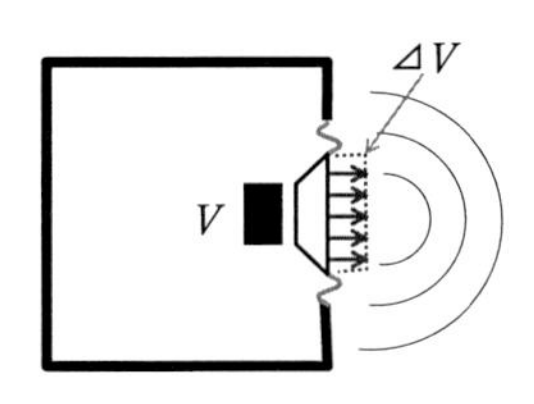

構造系の振動系に，音響系の質量 m_a と減衰 c_a が付加している
k_a：空気ばね
V：箱容積 , S: 放射板面積
P：大気圧，r：比熱比，m：運動部分の質量，m_a, c_a：振動板が加振する音波の音響的等価質量と等価インピーダンス

等価電気 - 力学モデル

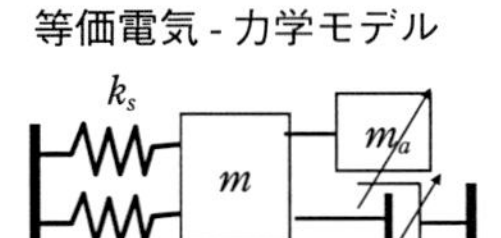

$$p=\gamma P\frac{\Delta V}{V}$$

$$\Delta V=Sx=S\int udt$$

$$k_a=\frac{F}{x}=\frac{pS}{x}=\frac{\gamma pS^2}{V}$$

図 3-60　スピーカーの音響放射モデル

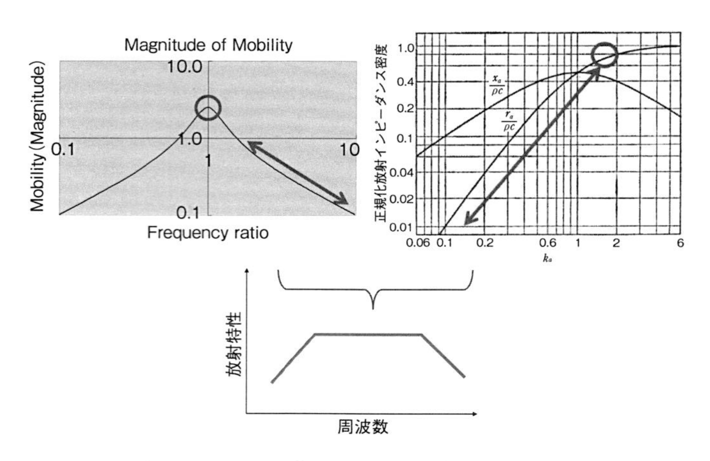

図 3-61　スピーカーの音響放射周波数特性

並列に支持された質量として振動します．空気のばね定数は，断熱圧縮の式から図中の k_a として計算できます．

この振動系の固有振動数は非常に低い周波数（例えば100Hz以下）に設定されていますから，通常の音声は共振周波数を超えた領域で使われます．従って，加振力（コイルからの電磁力）に対する振動速度振幅は周波数が上がるほど小さくなる右下がりの周波数特性になります．他方，音響放射効率は周波数とともに，$k_a = 1$ の近くまで上昇します．この両者が拮抗して，機械的共振点と音響放射効率が飽和する点の間ではフラットな特性が得られるのです（**図3-61**）．

3.3.5　回折しにくい音にする

音響学の教科書では回折（diffraction）と散乱（scattering）は最後の部分に配置されていますから，この現象を理論的かつ定量的に説明できるまで理解している設計者は少ないでしょう．しかし，現実には回折現象をうまく利用している設計があります．

例えば，圧縮空気を使ってボルトを締結したりドリルを回したりする工具です．仕事をした後の用済み空気を太い口から放出すると，サイズの大きい渦が発生するので，比較的低周波数の騒音が放射されます．ホイヘンスの原理で説明するように（**図3-62**，**図3-63**），波長の長い低周波の音では，角を曲がったあとも広い範囲に音波の影響が強く残ります．遮蔽が効きにくいということになります．そこで，空圧工具の空気放出口を多数の小孔にすると，サイズの小さい渦が発生するので騒音の周波数は高周波となり，遮蔽しやすくなります．

同様に，V6またはV8エンジンの排気管を，両方のバンクで独立にしないで，排気管の途中で連絡をするバランスチューブで結合すると，排気吐出口から放

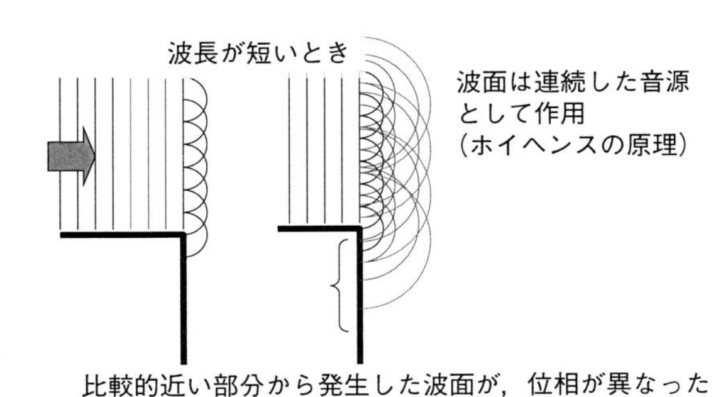

図 3-62　波面上の仮想音源からの角を曲がる波動伝播

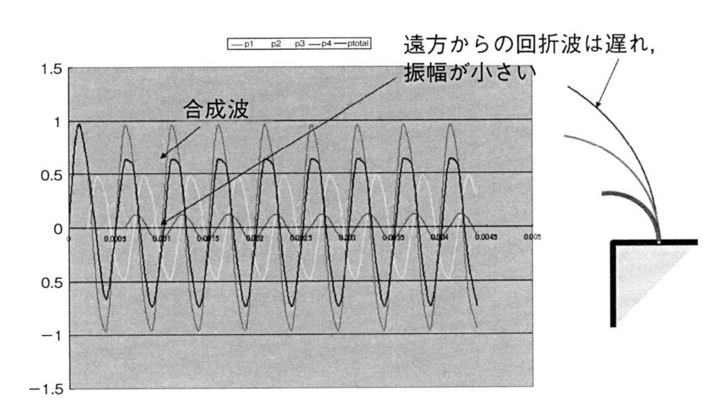

図 3-63　波の干渉による回折波の振幅減少

射される音の基本周波数成分は2倍になりますから，回折しにくくなって遮蔽効果が上がります．もちろん，この設計は低周波でのマフラーの消音性能が出しにくいことへの対策でもあります．

3.3.6　聴覚のマスキング効果

複数の音が同時に耳に入るとき，片方の音によって他方の音が聞こえにくく

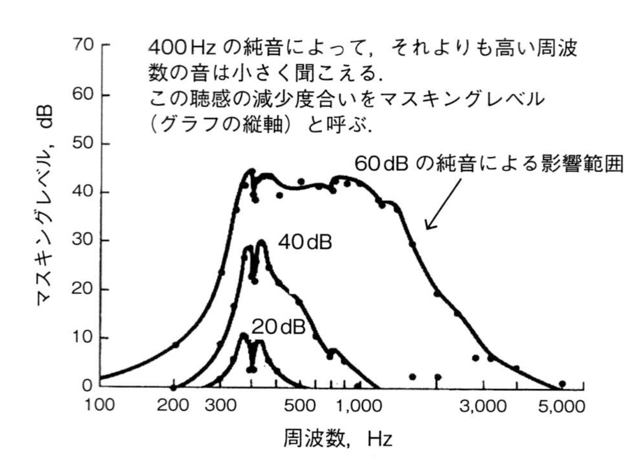

図 3-64　マスキングの周波数特性

マスキングの積極利用

- ロードノイズの利用：車格に注意
- ギアーノイズ（400 Hz ～ 2 kHz）の目標設定
- 米国でエアコンの音を模擬した睡眠導入用の音源：Sleeping Mate

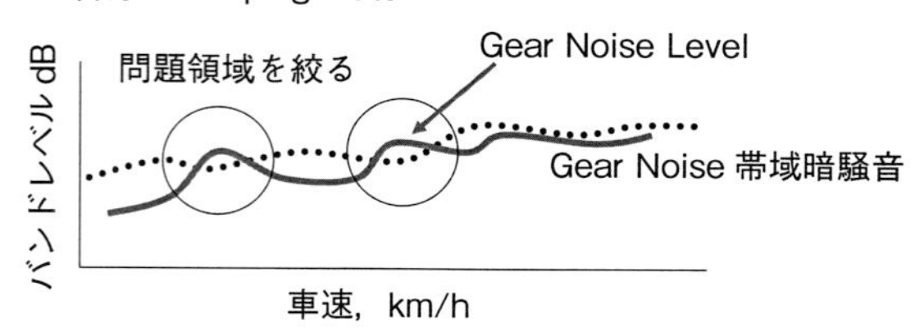

図 3-65　マスキングの積極利用の例

なる現象をマスキングと言います（**図3-64**）．基本となる音よりも高い周波数の領域でマスキングが生じやすいことをグラフが示しています．基本音（この場合400Hz）の近傍の狭い領域でマスキング効果が下がるのは，二つの音がビート（うなり）を起こすのが感知されるためです．

マスキング効果は音質設計や音響ファイル圧縮に用いられます（**図3-65**）．

対策方法事例集

設計時点で思い出すべき振動騒音技術の定石

振動制御の定石とはなんだったのでしょうか？　いわゆる振動解析の教科書を見ても，似たりよったりの「解析手法」ばかりが載っていて，問題解決という観点から制御手法を導き出す記述の仕方にはなっていません．英和辞典はあっても和英辞典がない状態であると言えます．そこで，次項では振動制御の定石を，個々のハードウェアに固定される“事例集”ではなく，「設計原理」で整理して「逆引き辞書」作成の糸口にしてみます．

4.1　振動騒音問題の12分類法

効率的に振動騒音防止設計をするには，問題を分類することが有益です(1)（**図4－1**）．

図4－1の質問の答え「Yes」「No」の組み合わせは14通り（カテゴリー）あり，それぞれのカテゴリー毎に，よく使われる標準解がありますが，ここではいきなり標準解を使うよりも理論から解を探すという方法を解説します．

・次のような質問に答えることにより、問題を分類

1. 振動問題か音響問題か？
2. 周期性の有無？
3. 連続的または間欠的現象？
4. 周波数は一定？
5. 対象は剛体か柔軟性あり？
6. 系から系への伝達問題？
7. 主観的な評価を含むか？

⇒ 7×2＝14のカテゴリーに分類される

問題解決の定石

図4-1　振動騒音問題の7分類

$$Y(\omega)=H_{man}(\omega)\{H_{machine}(\omega)F(\omega)+G(\omega)Y_{initial}(\omega)\}$$

$$H_{machine}(\omega)=\left(\frac{1}{K}\right)\frac{\varphi_i\varphi_o}{1-\left(\omega/\omega_r\right)^2+j2\zeta\left(\omega/\omega_r\right)}=\left(\frac{1}{M\omega_r^2}\right)\frac{\varphi_i\varphi_o}{1-\left(\omega/\omega_r\right)^2+j2\zeta\left(\omega/\omega_r\right)}$$

$\varphi_i\varphi_o$ ➡ 局所パラメータ：入力点、応答点のモード関数

$M\omega_r^2\left\{1-\left(\omega/\omega_r\right)^2+j2\zeta\left(\omega/\omega_r\right)\right\}$ ➡ グローバルパラメータ：

⬇

入力点の等価質量，入力振動数と固有振動数の比，減衰比によって決まる

図 4-2　伝達関数を構成する局所指標とグローバル指標

4.2　伝達関数を中心に据えて対策を考える

機械というシステムの振動騒音応答 $Y(\omega)$ は，初期条件 $Y_{initial}(\omega)$ で与えられたエネルギが徐々に固有減衰振動的に発現する $G(\omega)Y_{initial}(\omega)$ と，強制入力 $F(\omega)$ による機械の応答 $H_{machine}(\omega)F(\omega)$ の和となります（**図 4-2**）.

図 4-2の二番目の式は，機械の伝達関数を等価ばね定数 K，等価質量 M，加振振動数 ω と固有振動数 ω_r の比，入力点および応答点でのモード振幅 φ_i，φ_o で記述しています．このうち，モード振幅は局所的な特性，それ以外は構造全体の特性を表していますから，振動騒音問題を解決するときには，この両者の違いを心得て設計改善をする必要があります．片持ち梁の振動問題を**図 4-3** に例示します．このように，振動騒音問題を入力と応答間のどこの部分で改善を図るかを，著者独自の方法で12項目に分類しました（**図 4-4**）.

4.3　発明手法 TRIZ による解決案創出の例

これら12項目の中の代表的事例を以下の項で解説します.

4.3.1　入力の改善

（1）加振力の立ち上がり波形制御

自動車では加速開始のときの前後加速度ように過渡状態での評価が大切です.

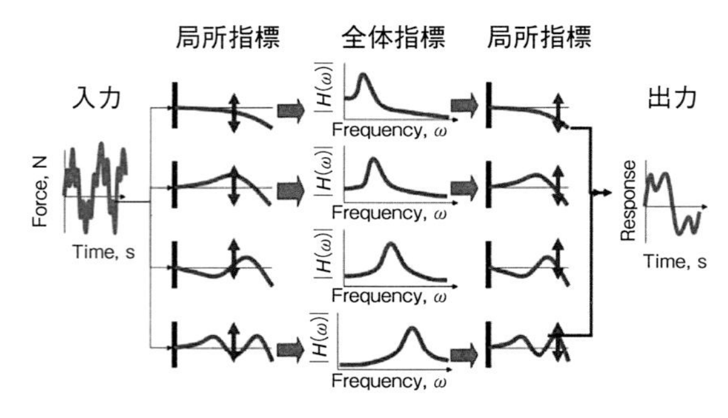

図4-3　局所指標とグローバル指標を考慮した設計改善の考え方

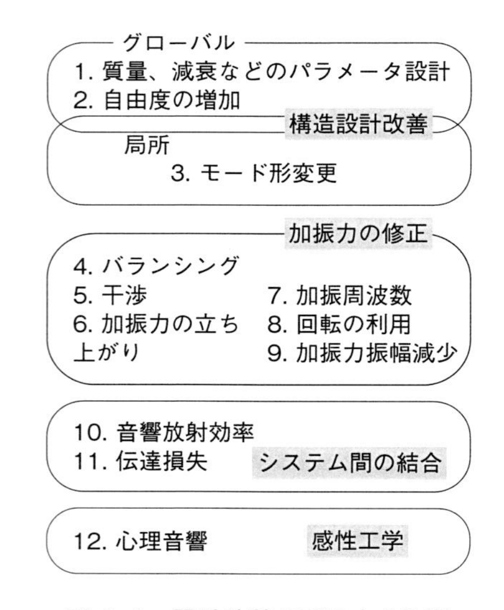

図4-4　設計改善の考え方12種

図4-5はディーゼルエンジンの出力トルクの立ち上がりを望みの時間関数に整形するための研究結果を示しています(2)．エンジントルクは連続的に制御できず，1サイクルごとの各気筒での燃焼制御で離散的に制御されることがポイントです．これを念頭において，アクセルペダル操作に対するエンジンの燃焼

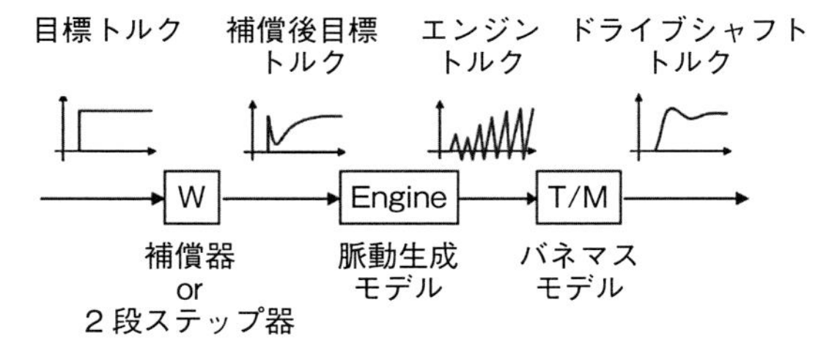

図４-5　ディーゼル車の運転性改善のためのエンジントルク立ち上がり波形整形の例

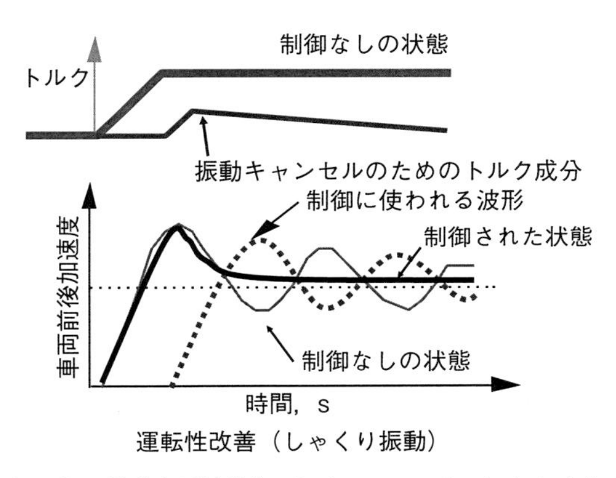

図４-6　再加速時の車両前後振動低減のためのエンジントルク立ち上がり制御の例

トルク立ち上がり遅れを見込んだ補償を含めて指令をだすアイデアを示しています．

（２）加振力どうしの干渉の利用

ガソリンエンジン乗用車が惰行から再加速をするときに，前後方向に10Hz前後で激しい振動をすることがあります．これは「しゃくり振動」とも呼ばれていて，乗り心地に悪影響がでます．この振動の感性評価実験の結果によると，振動の継続は至って嫌われるが，振動波形の最初のピークは許容されます．そこで，**図４－６**のように，通常のトルクの立ち上がりに加えて，半波長だけ遅れた振動を生ずるトルク成分を出すと，前後振動は問題がなくなります(3)．

（3）加振力の周波数変更

純粋の電気自動車では，内燃機関の発する音がないために，モーター動力を車軸に伝達する歯車箱から放射される騒音が目立ちます．車両搭載スペースを小さくした小径で高速のモーター回転を減速して使って，かつギアノイズを抑制するには，通常の歯車設計製造技術では歯数を大きくして噛み合い率を上げます．すると，加振力周波数が高くなり，歯車箱共振を引き起こし，高周波騒音を放射します．これは少々の歯車箱構造変更では避けることができないので，歯数を極端に少なくして共振を避けた成功例があります[4]．ただし，歯車の設計と製造技術が十分に高いことが必須です．

4.3.2　剛性向上設計

グローバル指標の中の等価剛性Kを向上すると，伝達関数が押しなべて小さくなり，振動騒音の振幅が減少します．伝達関数は，強制振動での加振周波数での応答しやすさを示しますが，連続した加振ではなく，構造物に大きな短時間の荷重Fが作用して歪エネルギがたまり，除荷後に固有振動となってエネルギを放散する問題の場合にも，この等価剛性Kの増加は役立ちます．すなわち，蓄積する歪エネルギの大きさは荷重点の変位をxとすると，次の式のように，Kに反比例するからです．$(1/2)Kx^2 = F^2/(2K)$

（1）エンジン主軸受剛性向上によるクランク軸振動低減とエンジン騒音改善事例

燃焼による荷重が作用した後に，エンジン構造に自由減衰振動が生じて燃焼騒音が生ずる問題に，この剛性向上設計は巧みに活用されています．排気量２リットル前後の４気筒エンジンでは，燃焼圧力が50気圧ほどになって，ピストンを介してクランク軸に加わる荷重は３トンにも達します．クランク軸は曲げ変形を起こし，軸受けを倒してシリンダーブロック下部を変形させます．シリンダーブロックの剛性を向上すると，そこに蓄積される歪エネルギだけでなく，クランクに蓄積される歪エネルギもその変形抑制により減少します．これを具現化して，1kHz 前後でのエンジン放射騒音を低減する構造が**図４－７**のベアリングビームです．

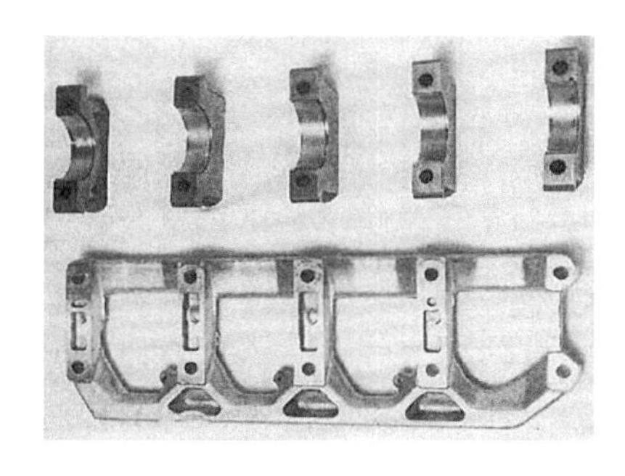

図 4-7　エンジン主軸を連結して軸受の倒れを防止するベアリングビーム構造の例

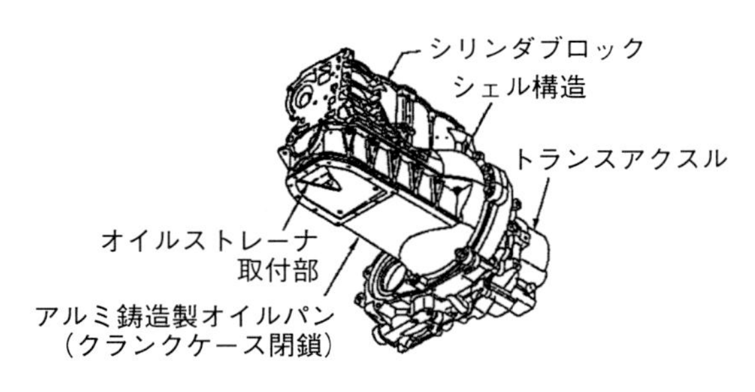

図 4-8　エンジン・変速機を一体に連結して卵の殻状構造とした軽量アルミ合金製高剛性構造の例

（2）トータルシェル構造によるエンジン音質向上事例

個々の機械，例えばエンジンや変速機の振動特性が優れていても，組み合わせた全体構造として振動騒音問題が生ずることはよくあります．従来のエンジンではオイルパンが剛性小の薄板であったために，エンジン下部が蓋の開いている箱のように大きな振幅で振動をしていました．さらに，変速機は上部だけでエンジンと結合部していたため，パワープラント全体としての剛性が十分でありませんでした．そのために，250～800Hz に固有振動モードが多数存在し，燃焼加振力によって励起され，加速時の車内音質が「粗い」「ごろごろする」という低い評価になっていました．

これを少ない重量増で大幅に改善した事例が**図 4－8** のトータルシェル構造

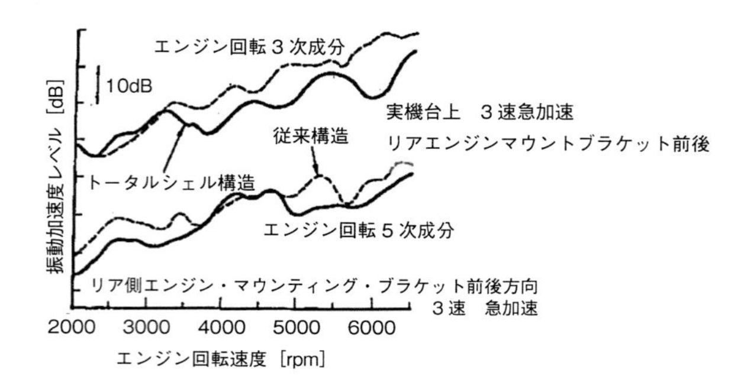

図 4-9　図 4-8 の構造による振動低減効果

です(5)．アルミ鋳物製オイルパンによってエンジンと変速機を結合し，パワープラントが卵の殻のような一体的シェル構造になっています．この具現化である日産SR型エンジンは，高速回転まで滑らかな音質で運転でき，特に欧州で高い評価を受けました（**図4－9**）．

（3）ストレッチ法によるスペースフレーム構造車体の剛性向上

剛性を高くすると言っても，重量には制限があります．そこで，剛性が不足することは覚悟をして，まずは軽く作ることから出発し，試作・実験の結果を見て，剛性不足を最小の補強で回復していくストレッチメソッドがときどき採用されます．私が指導をした学生のレーシングカー開発プロジェクトで使った例が**図4－10**です．乗員の乗るスペースと前輪サスペンションを含む車体前半を，立体トラス（スペースフレーム）構造として設計試作しました(6)．実走行前のシャシダイナモ上での実験モード解析の結果，ねじり剛性が不足していることが判明したので，下部の図に○印をつけたコーナー部分だけに補強をし，最小限の重量増で剛性を確保しました．

（4）トポロジー最適化によるエンジン支持バルクヘッドの軽量化と剛性確保

上記車両の後部には，エンジンを搭載していますが，軽量化のためにエンジンも車体構造の一部として使っています．

この機能を果たしながら，かつ防火壁としても機能させるために，バルクヘッド２枚でエンジンを挟み，それらがスペースフレームを結合する構造となっ

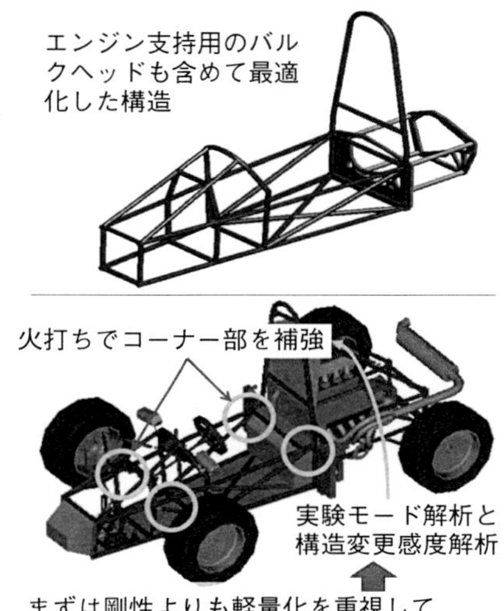

図 4-10　ストレッチ法で最適化したスペースフレーム車体の例

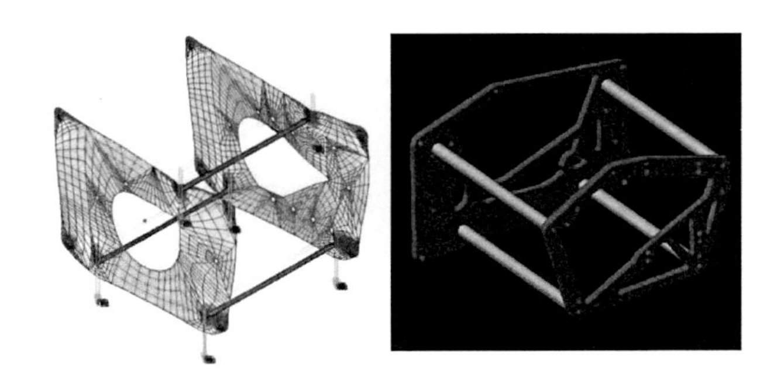

図 4-11　エンジン支持バルクヘッド（最適化前（左図）最適化後（右図））

ています（**図 4-11**）．バルクヘッドは一枚の鋼材から削りだしますが，できるだけ削って軽量化を果たすため，トポロジー最適化を行いました（**図 4-12**）．

まず，削りを全く入れない状態で全く同一の形状と寸法の有限要素メッシュを作り，応力分担の小さな要素を構造から仮想的に外していくソフトウェア

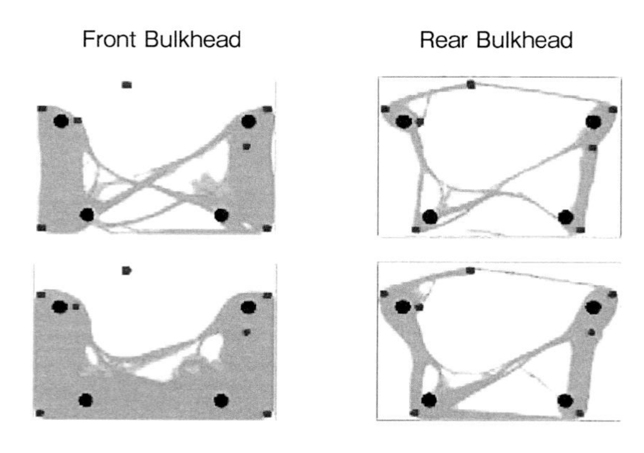

図4-12 バルクヘッドのトポロジー最適化の経過

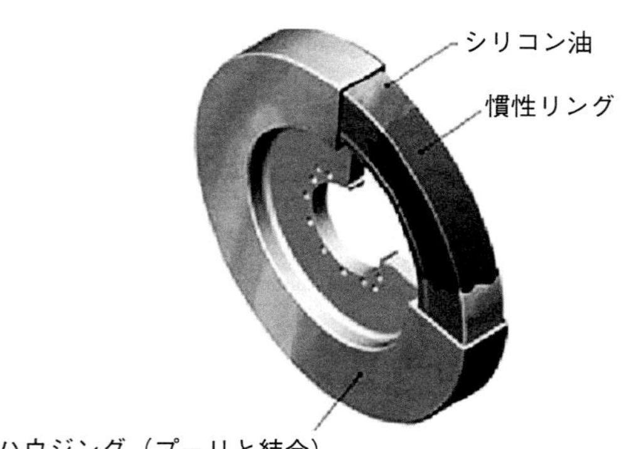

図4-13 クランクねじり振動に対する粘性減衰器

Optishapeを活用しました．その結果，図4-12中の色が塗られた部分だけを残す設計案が得られ，さらに切削の容易さや実用性を考慮して図4-11右側の最終案に到達し，重量を半減しつつ必要剛性を確保しました．

4.3.3 減衰増加設計

自動車用エンジンは回転速度が大幅に変化するので，クランク軸のねじり共振を避けることはできません．4気筒エンジンでは500Hz内外で共振します．

図 4-14 F18 戦闘機垂直尾翼パネル振動抑制用圧電アクチュエータ

ねじり振動振幅は，前端部のクランクプーリで最大になるので，ここに減衰器（**図 4-13**）を取り付ける事例が多数あります．

減衰器の内部には慣性リングがあって，薄いシリコン油を介してプーリから粘性力によって連れまわされています．クランク軸がねじり振動をしても，慣性リングの回転角速度はほとんど変化せずにクランクプーリとは相対速度変化を生じます．これでシリコン油の粘性に振動減衰作用をさせることができます．

航空機の外板には軽量化のために薄い軽合金が用いられています．尾翼は主翼による撹乱や，ジェット流からの強い圧力変動で，外板が振動で疲労することがあります．この振動抑制のために圧電素子を貼り付け，振動エネルギを電気エネルギに変換して消費させ，軽量コンパクトな減衰システムを構築している例もあります（**図 4-14**）．これは，外力がランダムであって，垂直尾翼外板の固有振動の多数が励起されるということから，減衰に頼らざるを得ないという事実からの選択です．

4.3.4 質量増加設計

小さな質量が振動抑制には大きな質量として効果を発揮する設計事例を紹介

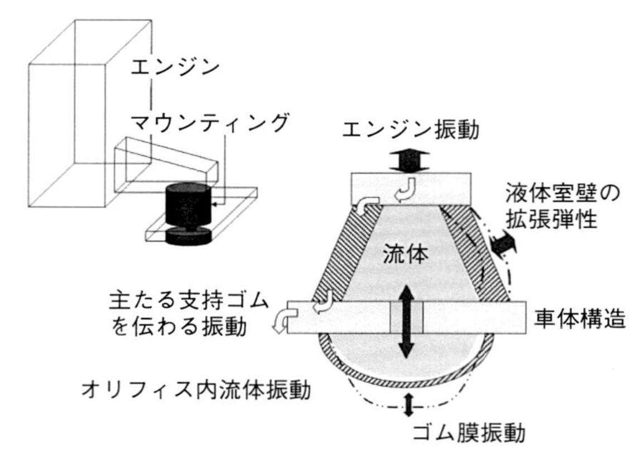

図4-15 断面積比によるオリフィス内流体速度増幅を利用した流体封入マウント

します(4).

自動車用エンジンは，内部でピストンを往復運動させたり，変動トルクを出力したりで，それらの反動でシリンダーブロックが上下振動とローリング振動をします．防振効果を十分とるためには，エンジンを支持するマウントの減衰はできるだけ小さいことが望まれます．防振はエンジンの燃焼の周波数が対象なので，通常は20Hz以上の周波数領域が対象となります．

他方，足回りからの振動や衝撃によってエンジンとマウントには振動エネルギが蓄積され，それが車体に徐々に吐き出されてブルブルとした振動を継続させます．これは10Hz内外の周波数です．

そこで，エンジンマウントには10Hz近傍の周波数で選択的に大きな減衰を持たせたいわけです．これを実現する装置が液体封入マウント（**図4-15**）です(7)．エンジンの重量は主たる支持ゴムで受け持ちます．この支持ゴムがエンジン振動を受けて伸縮すると，内部の流体がオリフィスを通って別室との間を往復運動します．液体室の断面積に比べてオリフィス断面積がきわめて小さいので，オリフィス部分の液体流速や加速度はエンジン振動の速度や加速度に比べてきわめて大きくなります．つまり，オリフィス部分では流体の慣性力が大

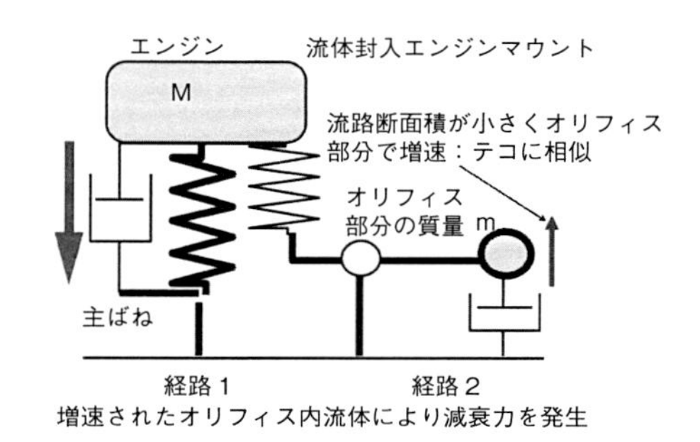

図４-16　流体封入マウントの力学モデル

きくなって，流体を押し引きする圧力が大きくなります．この圧力は流体室の断面積全体にかかるので，大きな減衰力としてエンジン振動を抑制します．

この作用は，断面積の比率をテコのアームの比率として使う力学モデル（**図４-16**）で説明されます．

このように，テコあるいはテコ相当のメカニズムを使えば，小さい質量で大きな慣性効果を利用できます．

4.3.5　自由度の増加設計

構造物の固有振動数近辺で運転をすることが避けられない場合，構造物の自由度を増して対処をする動吸振器（ダイナミック・ダンパ）が有効です．

例えば，車体前端近傍に搭載されたエンジンがアイドリング運転をし，20Hz 近辺の加振力を車体に伝えると，車体にはその周波数領域に曲げやねじりの固有振動があるので，共振をします．エンジンの回転速度や車体の固有振動数を大きく変えることは現実的ではありません．そこで，ラジエータを車体に対して弾性体で柔軟に結合して，一つの振動系を追加します（**図４-17**）．

この振動系の固有振動数を車体の固有振動数に近く設定します．すると，車体前端の運動とラジエータの運動が同じ位相となる車両全体での第一モードと，両者の位相が逆になる第二モードの二つが，ほんの少しの振動数間隔で現れます（**図４-18**）．この二つの振動数間では第一モードの応答と第二モードの応答が逆位相になるので，それぞれの振幅絶対値が等しい振動数では互いにキャンセルして振幅がほとんどゼロとなります．

ラジエータの質量は車体に比べて小さくても，車体先端では車体の有効質量が小さいので，うまく上記の効果を出すことが可能になります．

4.3.6　モード形状調整設計

複数のシステムの結合効率を下げることで，所望の性能を得る設計法もあります．これをモード形状調整で実現した例が**図 4-19**に示した「こもり音」の

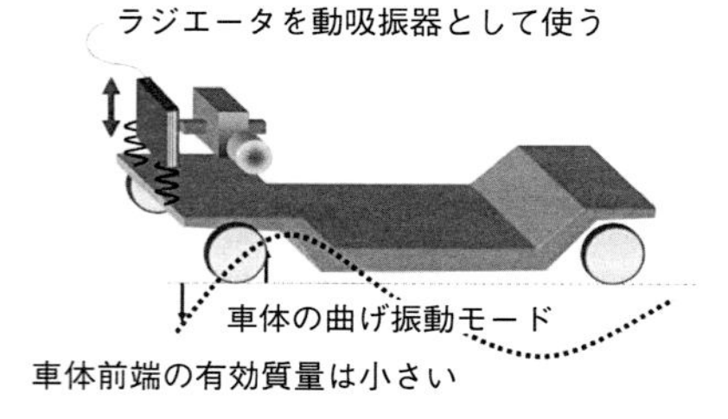

図 4-17　車体振動制御用動吸振器としてのラジエータの利用

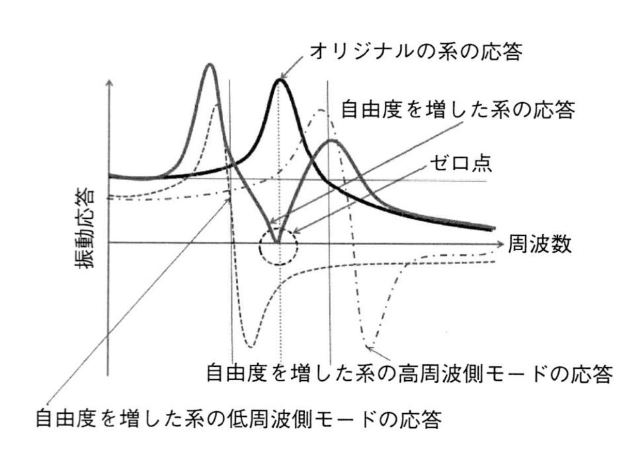

図 4-18　自由度増加（動吸振器）による振動低減効果の原理

低減です．こもり音は耳を圧するような低周波音で，車体構造共振，車室内空洞共鳴，パワープラント構造共振などが原因となります．この中で，30Hz 近辺で発生する低速こもり音は，車体のフロアーパネルとルーフパネルの振動位相がともに車室内を圧縮するような関係にあると大きくなります．この位相関係を調整すれば，低速こもり音は相当に改善されます．

4.3.7　音響放射効率低減設計

音を放射する構造表面の振幅が大きくても，その音の波長に比べて音源（つまり同位相で振動する面）の寸法が小さければ，音響放射効率が小さくなるので問題が改善されます．実例のエンジンのシリンダーヘッドカバー（**図 4-20**）は，ゴム系の材料（図中記号１，４）を使って柔軟にし，振動伝達速度を落と

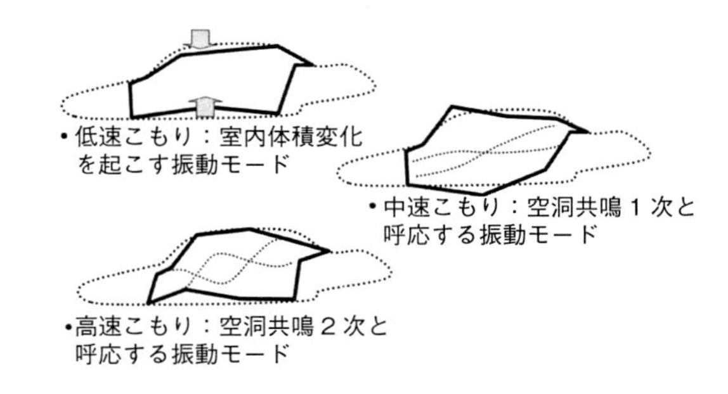

図 4-19　車体振動モード調整によるこもり音低減

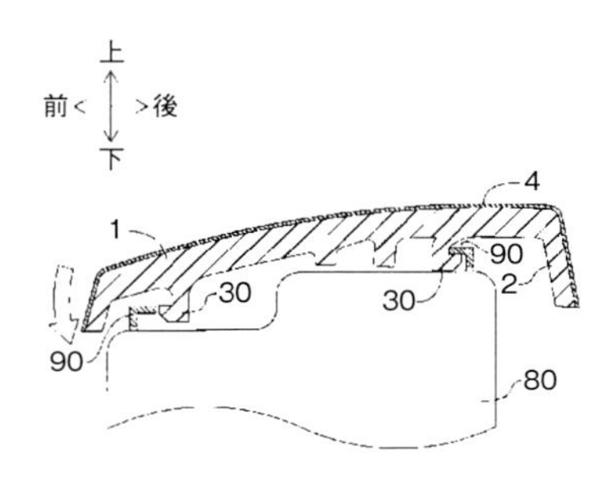

図 4-20　柔軟なシリンダヘッドカバーによる音響放射効率低減設計事例

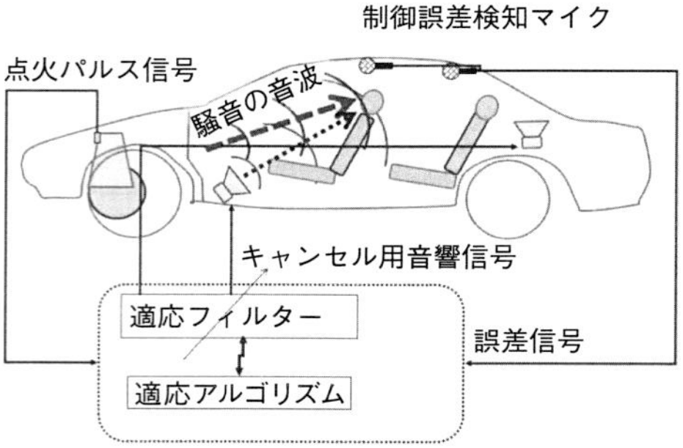

図4-21　アクティブ騒音制御システム概念図

すことにより，表面の振動モード波長を短くするアイデアです．

4.3.8　アクティブ振動騒音制御

加振力や．構造の変更では所望の効果を得られない場合，アクティブ振動騒音制御を考えるべきでしょう．**図4-21**に示したアクティブこもり音制御は，エンジンのトルク変動やピストン往復運動による上下加振力によるこもり音を低周波から高周波まで劇的に下げる性能を発揮します（**図4-22**）[8]．

こもり音はエンジンと同じ規則正しい周期的成分を持ちます．そこで，その回転信号から正弦波音を作り出し，その振幅と位相を調整すれば，特定位置でのこもり音を消すことが可能です[7]．

しかし，気温や乗員の占める空間の変化などによる車室内音場の大きく急激な特性が変化に合わせた適応制御が必要となります．適応制御を説明することは紙面の制約から付録にゆずります．

さらに，ある特定の位置だけでなく，広い空間で音を消すには，元々の騒音の波面と制御用に出す音の波面ができるだけ重なっている必要があるので，スピーカ配置に工夫が必要です．

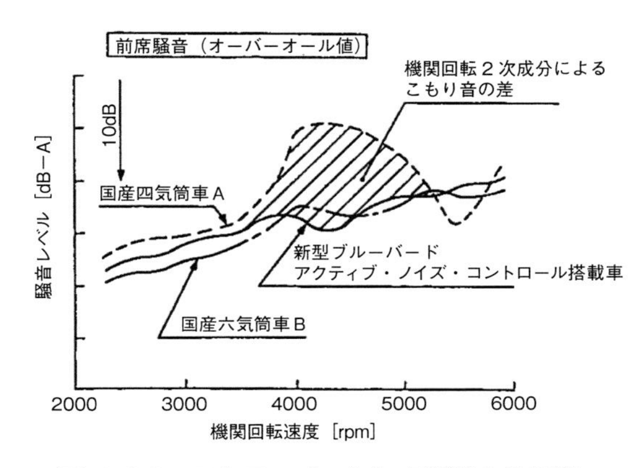

図4-22　アクティブこもり音制御の効果例

4.4　振動をフィードバック制御システムと考えての解決案創出

この項で述べる内容の概念を紹介します．物体，例えばエンジン，が空間に浮いているとします．これに加振力Fを加えるとニュートンの運動法則，つまり$F=ma$のように加速度aが現れ，そのまま放置すると速度が上昇し，変位は限りなく増加して彼方へ飛び去るでしょう．そこで，せめて速度だけでも抑制したいので，どこか動かないところとエンジンをダンパーで接続します．そうすると減衰力が相対速度に比例して発生し，徐々に速度が減少します．ここではダンパーは特にセンサーを用いることなく，速度比例のフィードバックをかけてエンジンの速度を制御していることになります．ここでさらにエンジンをばねで固定点に接続します．すると今度は変位に比例した復元力が発生し，変位の限りない増大を抑え，最終的にはオリジナルの位置に戻してくれます．これは変位フィードバックに相当します．このように振動系をフィードバック制御系として考えると，アクティブ制御技術を使うなど設計者の視野が広がります．

4.4.1　自由度振動系でのパラメータ操作

（1）**ダンピングの増加**：振動問題が際立つのは，構造や音響系が共振を起こすときです．ダンピングは共振周波数の近傍では最も効果の大きい方法と言えます．これをアクティブ制御に応用するシンプルな方法は，前項で述べた「速度フィードバック」です．これは特に難しい制御理論を用いなくても安全に振動エネルギーを減衰してくれる信頼のできる方法です．理由は次の計算を試みれば明白です．振動の１周期（時刻０～T）に失われるエネルギーE_dは，減衰力とそれが作用する質点の速度を掛け合わせたパワーを，０～Tにわたって積分したものです．

$$E_d=\int_0^T f_{da}\dot{x}dt=\int_0^T c_a\dot{x}\dot{x}dt=\int_0^T c_a\dot{x}^2 dt \qquad (4-1)$$

積分される関数$c_a\dot{x}^2$は常にプラスの値をとりますので，積分の結果も常にプラス．つまり振動系のエネルギーは確実に減っていくことになります（**図4-23**）．

この速度フィードバック制御では効果が十分でない振動は，共振周波数から離れている周波数領域の加振力による強制振動です．また，１自由度振動系の状況を変位xと速度$\dot{x}$の二つの変数を座標軸とする２次元の状態平面で表すことができます（**図4-24**）．

できるだけ早く振動を抑えるためには，原点の方向に状態を近づける必要が

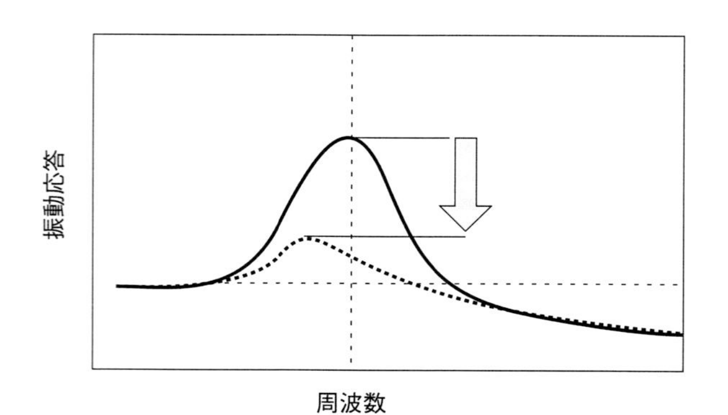

図4-23　ダンピングの増大による効果

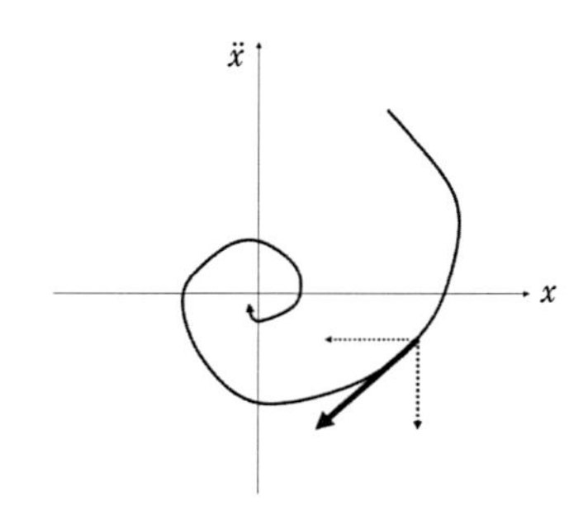

図 4-24　位相平面上で表現した振動の減衰

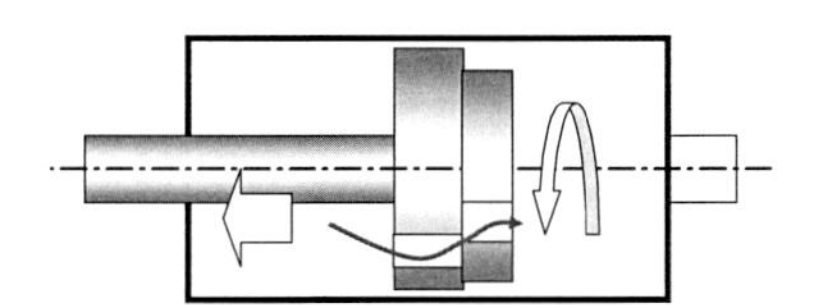

図 4-25　可変オリフィスダンパー

あります．当然，変位 x に比例する制御力が有効になる場合もありますので，この速度比例減衰だけでは最適なアクティブ制御というわけにはいきません．

減衰を操作する具体的な手段としては，次のようなものがあります．

a. 自動車用サスペンションのショックアブソーバ内のオリフィス断面積をピエゾ素子スイッチにより変化させる可変ダンパー（**図 4-25**）．

b. 二つの流体室を結ぶオリフィスに電極を設け，高電圧を負荷することにより，電気粘性流体の粘性を増減して振動制御を行うエンジンマウンティング（このオリフィスを単なる減衰用としてでなく，流体質量として利用する場合は，この項の具体例にはあてはまりません）．

c. 電磁石を利用したダンパー（**図 4-26**）．

これは磁場の中をコイルが運動すると，単位時間当たりに横切る磁束に比例した反力が生じる原理を応用したもので，速度比例減衰が自然と得られます．この場合は，磁束・コイルのインダクタンス・負荷回路のインピーダンスをコ

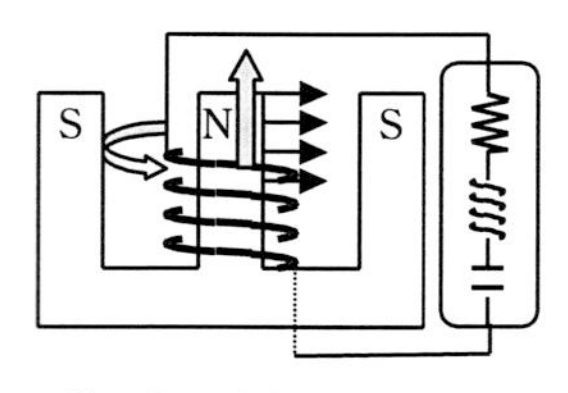

図 4-26 電磁ダンパー（振動周波数に電子回路を同調すると性能が向上）

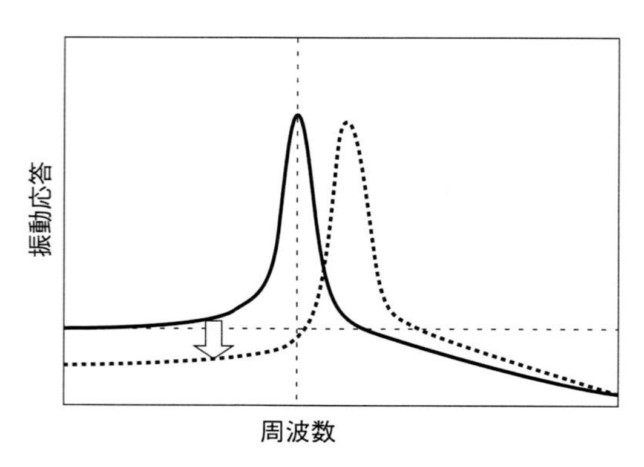

図 4-27 剛性増大効果

ントロールすればよいことになります．

（2）**剛性の増加**：共振周波数よりも低い周波数の加振力を受ける系には減衰は効果が期待薄です．この低周波数領域は「スティフネス・コントロールド領域」とも呼ばれているように，剛性向上が最も重要です．操縦安定性の向上に車体静剛性の向上が役に立つのは，操縦安定性の現象が数 Hz 以下の低い周波数領域の現象だからです（**図 4-27**）．

アクティブ制御では変位フィードバックをかければ実現ができます．フィードバックループの $\boldsymbol{k}$ を $\boldsymbol{k} + k_a$ に増加させます．ただし，この制御力が振動系に注入するエネルギーは，$-\int_0^T k_a x\dot{x}dt$ です．ここで $x\dot{x}$ はプラスにもマイナスにも符号が変化します．状態平面の第1と第3象限ではネガティブフィードバックによって振動エネルギーを減らすことができますが，第2，第4象限では

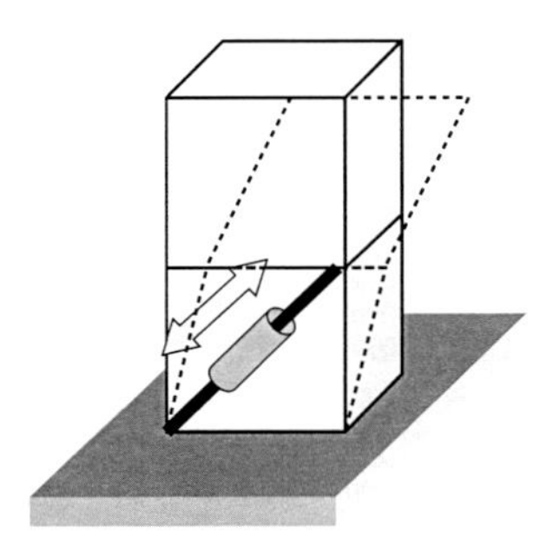

図 4-28　建造物のテンドン（筋）による振動制御

逆の効果になってしまいます．従ってフィードバックゲイン k_a を，その符号を含めて変えていくアルゴリズムが必要となります．この剛性操作による振動アクティブ制御の例としては，トラス構造建築物の耐震制御を目的として，「筋かい」にあたるメンバーをアクチュエータとして働かせるものが提案されています（**図 4-28**）．

（3）**剛性の低下**：1自由度の振動系の制御であっても，加振力が質点に直接働く場合ではなく，基礎の振動がスプリングとダンパーを介して質点に働く場合もあります．いわゆる防振問題です．防振のためには，できるだけ共振周波数を下げて，基礎の振動をばねで吸収して質点に力が伝達しないようにすることが求められます．そのためにはばね定数が小さいことが必要ですが，他方質点を支持して所望の位置に保持する機能を果たすためには，そうもいきません．そこで，所定の位置に保った状態ではばね定数が低く，そこから外れると急にばね定数が高くなる非線形のばね特性が問題解決の鍵となります．

パッシブ振動制御では「皿ばね」の利用が定石です．曲げと軸方向の二つの変形に基づく復元力が相殺するS字型の力－復元力曲線の変曲点を利用する設計法です（**図 4-29**）．パンタグラフや卓上ライトの自在リンクなど，リンクとばねを組み合わせると，重力とばね復元力のバランスによって，自重を支えつつその位置からは小さな力で変位できる，等価的に低いばね定数を生み出す機構も定石として利用されています（**図 4-30**）．

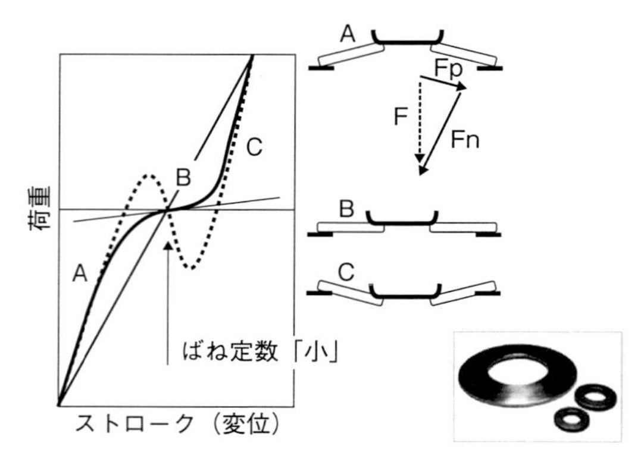

図 4-29　皿ばねによる支持荷重維持と剛性低下の両立

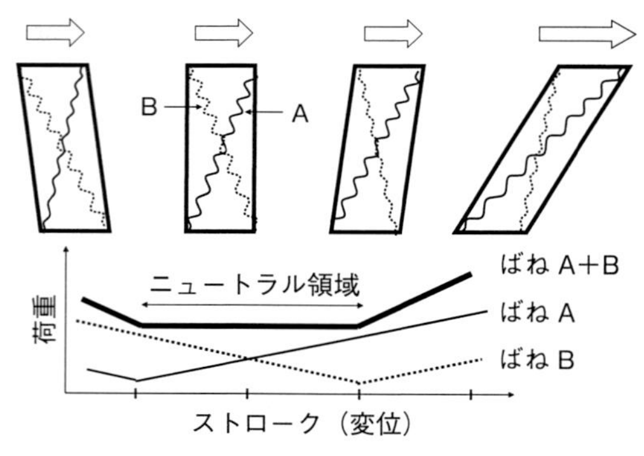

図 4-30　パンタグラフによる剛性の低下

アクティブ制御で剛性低下を狙う場合においても，ネガティブとポジティブの両方のフィードバックを利用する知恵も役立つでしょう．また，単純な変位フィードバックではない，バックラッシュを持たせた非線形フィードバックもパッシブ制御の延長としての設計案です．

（4）質量の増加：共振周波数以上の周波数領域では振動振幅を支配するのは質量で（**図 4-31**），このことから「マス・コントロールド・リージョン」と呼ばれています．振動エネルギーが振動速度の２乗に比例する一方，変位は速度

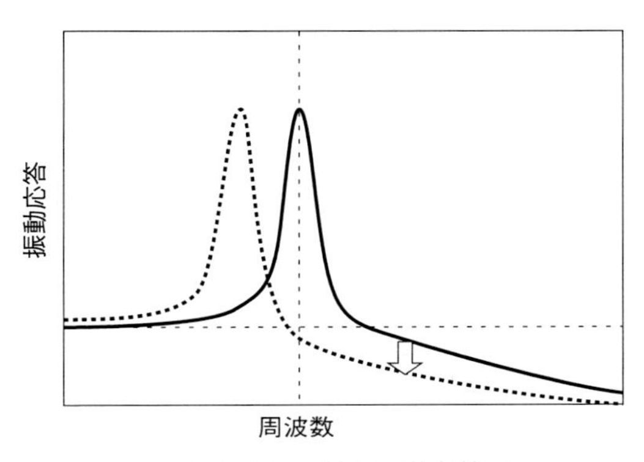

図 4-31　質量の増大効果

に対して周波数の逆数をかけたものになります（$x = \dot{x}/\omega$）．従ってよほど大きなエネルギーを有するシステムでない限り高い周波数では変位が問題となりません．ここで問題となるのは加速度振幅となります．

a. フライホイール：応用例の第一はエンジンのフライホイールでしょう．フライホイールよりも車輪側の駆動系とはクラッチのばねやトルクコンバータの流体という柔らかいばねでつながっていますので，常用回転速度ではマスコントロール領域で作用しています．このときは，時々刻々作用するトルクを極慣性モーメントで割った値が回転角加速度になっています．圧縮比が大きくトルク変動の大きいディーゼルエンジンでは特に大きい極慣性モーメントが求められます．このフライホイールには，単に振動振幅を下げて快適性を増すのみならず，爆発・膨張行程で運動エネルギーを蓄積し，それを次の排気・吸気・圧縮行程での仕事に用いる作用を受け持っていることは言うまでもありません．また，発進時などでのクラッチミートの際にも，エンジンの出力トルクの微妙な制御がなくてもエンジン回転が急速に変化することを抑え，運転性を確保しています（**図 4-32**）．

b. ギア比による等価慣性の増大：パワートレイン中のギアによって，エンジン側の回転速度は車輪側の回転速度よりも高く設定されています．このため，

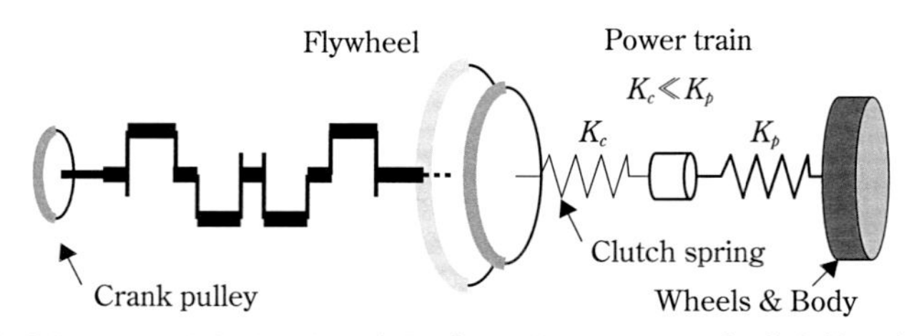

図 4-32　フライホイールによるパワートレインへの振動変位入力低減

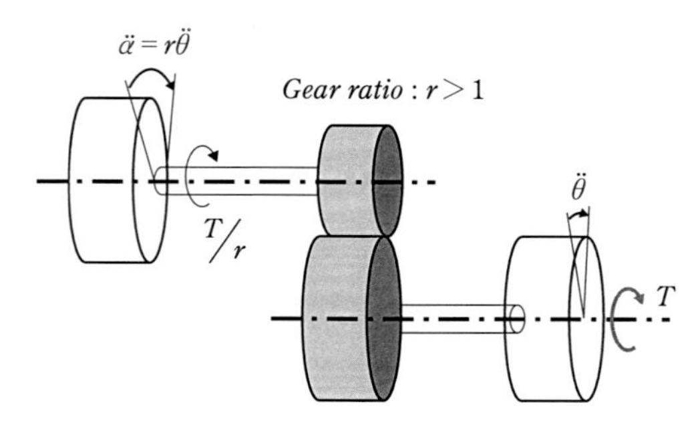

図 4-33　ギア比による等価慣性モーメントの増大

車輪側から見たエンジン側の極慣性モーメント I_{pe} は，ギア比を r としたときに，$I_{pe}r^2$ となって単体での値よりも大きな値として振舞います．これがフライホイールの質量効果をより高めている要因で，アクティブ振動制御においても考慮すべきことです．ぜんまい仕掛けにより駆動されるオルゴールでは，音を発生するためにローターにピンを植え付け，そのピンが片持ち梁のようなリードをはじきます．はじくたびにローターが速度変動を起こすのはあまり好ましいことではありません．しかしここに巧妙な仕掛けがあります．うちわをその軸周りに回転するように支持したものです．ローター軸に歯車で結合されてはるかに高い速度で調速装置が回転します．調速装置自体は軽いものですが，ローターから回転変動を与えようとすると，ギア比だけ大きいトルクを必要とします．また，調速装置の回転速度変動幅はローター軸よりもギア比だけ大きいので，その分も掛け算で利きます（**図 4-33**）．

（5）モード形状の利用による等価質量の増大：次の応用例は，クランクプー

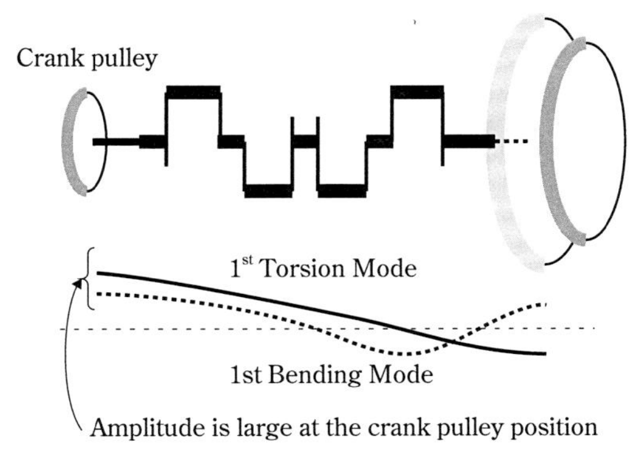

図 4-34　振動モードの腹に設置することによる有効質量の増大例

リの極慣性モーメントによるクランク軸ねじり振動の制御です．クランク軸のねじり振動モードでは先端部分の振幅が最大です．従って，小さな極慣性モーメントの増減でも，モード質量には大きな効果を及ぼします（**図 4 -34**）.

（6）可変質量システム：この例はまだ実用化されているとは言えませんが，歴史的な機械システムから容易に想像がつきます．ジェームス・ワットの蒸気機関に使われた調速機の逆の使い方として，質量を回転方向振動制御に利用するのです．軸方向のスリーブを動かし，雨傘の骨に似たリンク機構を利用して回転する質量の回転半径を変化させます．極慣性モーメントを時間的に変化させるわけです．トルク変動に対応して極慣性モーメントを変化させれば，出力としての軸回転速度変動を制御できることになります．このような質量効果は単純明快ですが，他方で固有振動数を低下させていることも忘れてはいけません．高い周波数での防振効果が増す一方で，周波数の低い領域で共振が近づいているかもしれません．

（7）付加流体質量の利用：持ち運んだり，支持したりするのに利く質量は小さいが，振動に利く質量は大きくしたいものです．このような効果を持つものが，振動物体の周囲にあって一緒に運動する付加質量（attached mass）です．上記のオルゴールの調速装置は空気抵抗が大きく，ぜんまいが強い復元力でローターを回転させようとし，回転速度が高くなると急激に大きな空力抵抗を示

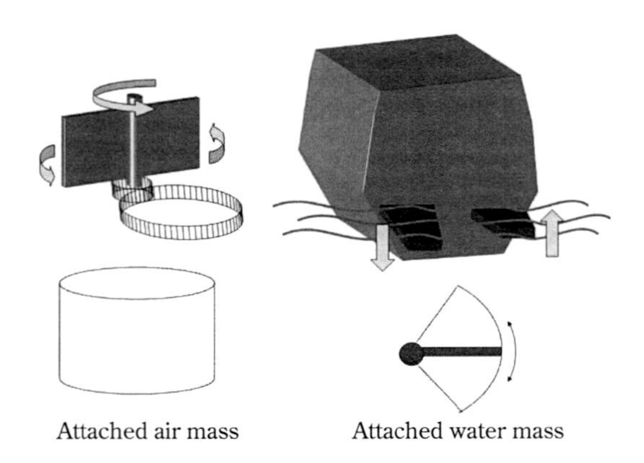

図 4-35 付加流体質量の利用 左：オルゴールの調速装置（回転板）を包む円筒部分の空気，右:船舶のローリング防止板の揺動とともに運動する水.

して速度の過上昇を抑制し，一方で回転速度が遅くなると抵抗が非常に小さくなって演奏の持続時間を延ばせます．このような抵抗作用のほかに，調速装置が空気を巻き込んで運動していることにも注意を要します（**図 4-35**参照）．自動車ではトルクコンバータ内の流体運動がこれに相当します．この流体がクランク軸に付加質量として作用し，回転速度変動を小さく抑えています．

4.4.2 自由度の増加

1自由度のシステムでは減衰，質量，剛性ともに一つの要素しかなく，しかもそれぞれの効果は劇的とは言えません．そこで，自由度を増加させることを考えます．加振点においては，各共振の間に必ず「反共振点」が存在します．これは共振を乗り越えるごとに，加振力と応答との間の位相が反転することにより，隣の共振に対する応答と位相が180度ずれて，相互に打ち消しあうからです．

これに着目したアイデアが動吸振器（ダイナミック・ダンパ）です．この応用設計法として３つの例を示します[11]．

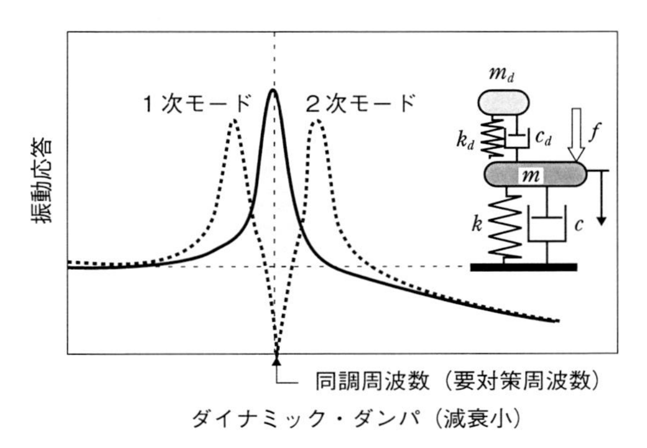

図4-36　減衰小のダイナミック・ダンパによるノッチフィルター効果

（1）減衰の小さいダイナミック・ダンパを，加振力の周波数にピンポイントでチューニングする方法：

図4-36中の矢印に示した周波数が反共振（またはゼロ点とも呼ぶ）になって主たる質量の振動がほとんど完璧に抑えられます．しかし，チューニングが外れる，あるいは加振力が変化すると，反共振を挟んで鋭い共振が二つあるので，注意が必要です．

（2）ダイナミック・ダンパの減衰を適切な値に設定し，二つの共振ピークの高さを揃え，できるだけフラットに近い周波数応答とする設計法：

この最適減衰は主質量とダイナミック・ダンパの質量比の関数として定式化されています（**図4-37**）．

（3）運転条件により減衰を切り替える設計法：

加振力が回転機械によって生ずるアンバランス力などのように，問題となる加振周波数がスイープして変化する場合には，その周波数に合わせて減衰を切り替えることにより，1自由度の共振曲線→チューンされたダイナミック・ダンパ→1自由度の共振曲線　というように応答の小さい状態だけを選んだ運転をすることができます（**図4-38**）．

（4）てこによりダイナミック・ダンパの質量を小さくする設計

てこの比率を適当に設定すると，運動の大きい端部にある質量に作用する慣

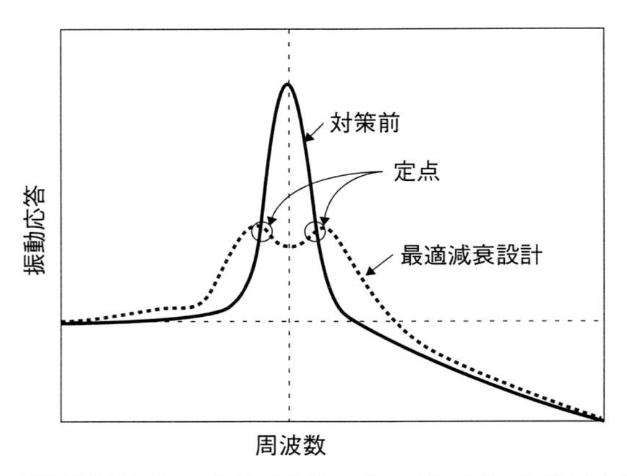

図 4-37　最適減衰を有するダイナミック・ダンパによる最大振幅抑制効果

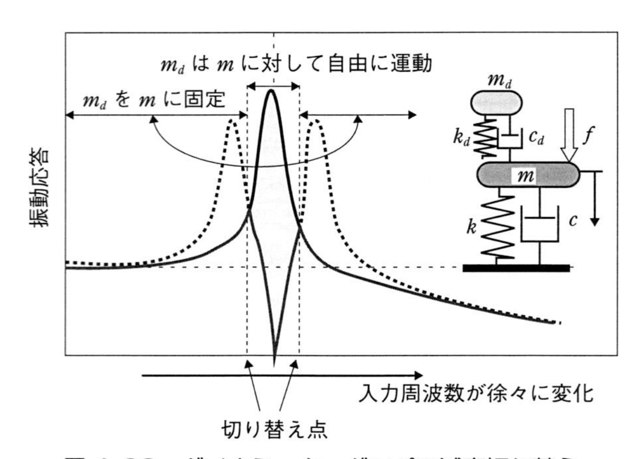

図 4-38　ダイナミック・ダンパの減衰切り替え

性力は他端に対して大きな力として作用します．また，てこには運動の方向を変える機能もあります．これらを利用した振動制御装置が流体封入エンジンマウンティングです（**図 4-39**参照）．

流体封入エンジンマウンティングでは，エンジンの荷重を主として厚いゴム壁で支えます．エンジンが振動すると，主室内に封入されている流体が圧力変動を受けて，狭い通路（オリフィス）を通ってもう一方の部屋との間を往復し

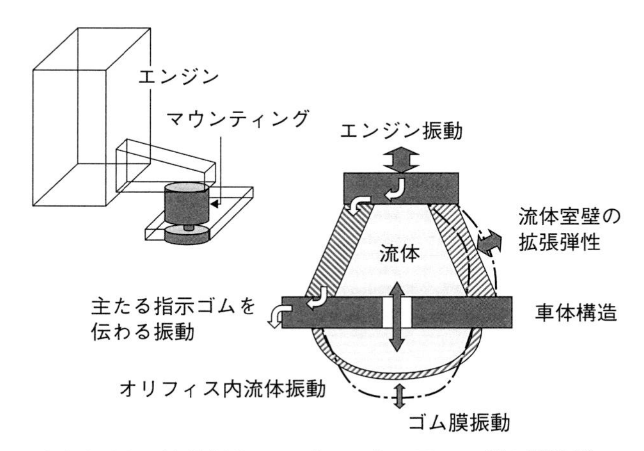

図 4-39　流体封入エンジンマウンティングの構造例

ようとします．もう一方の部屋の壁の一部はやわらかいゴム膜で構成されていますので，内部の流体の「平均」圧力は大気圧とあまり変わりません．そこで，オリフィス内部の流体には主室と大気圧の差に相当する圧力が作用し，加速度運動をすることになります．ここでオリフィス内の流体の体積速度は主室の体積変化率にほぼ等しくなります．そこで，オリフィス内流体の絶対速度は，エンジン振動の速度に対して，主室の断面積（エンジン振動の方向とは直角方向の面）とオリフィス断面積の比率だけ増幅されます．この面積比がちょうど「てこ」の役割を果たします．一方，パスカルの原理で作用する圧力は面積の大小を問わず変化しません．従って，細いオリフィスを大きな主室と組み合わせることにより，全体重量の増加を低く抑えて振動制御に使える質量を稼ぐことができます．なお，エンジン振動が加わっても，主室を構成するゴムの壁がふくらむと，上記の体積変化そのものがオリフィスの体積速度になることにはなりません．これを主室の拡張弾性といい，オリフィス内流体による質量とエンジンとをつなくばねに相当します．

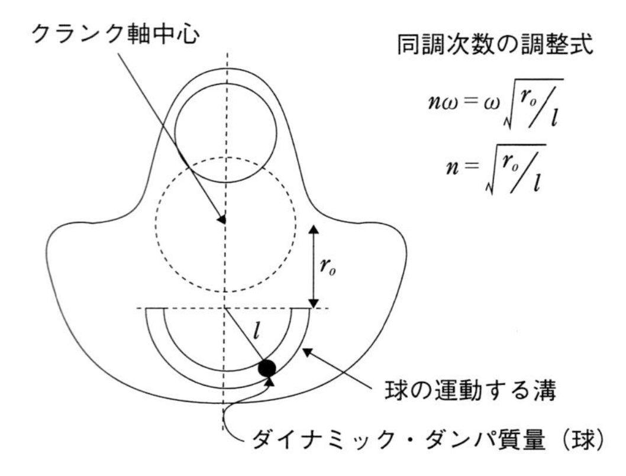

図 4-40　回転速度に追従するダイナミック・ダンパの例（遠心力による復元力の活用）

4.4.3　ダイナミック・ダンパのチューニング周波数を回転速度に追随させる設計

回転軸のねじり振動を制御するダイナミック・ダンパには，固定した共振に対してチューンさせるのではなく，回転軸に作用する回転次数成分に対してチューンさせることが求められることもあります．今，回転軸の角速度を Ω[rad/s] とし，強いねじり加振力がその n 次成分，つまり $n\Omega$[rad/s] であったとします．そうするとダイナミック・ダンパの固有振動数 $\omega = n\Omega$ とする必要があります．固有振動数は一般的な表現をすれば，$\omega = \sqrt{k/m}$ ですから，ばね定数 k を回転速度の２乗に比例して発生できれば目的が達成できます．これにはよく知られた遠心力の利用をすればこの条件が満たされます．そこで，大型ディーゼルエンジンのクランクシャフトのカウンターウェイト部分に，円弧状の溝を掘り，その溝の中を運動する球を質量として入れる設計例があります（**図 4-40**）．この図の場合，溝の円弧中心のクランク軸中心からの距離 r_o と，円弧半径 l との比率を選びます．

4.4.4　モードシェープの操作

強制振動応答のコンプライアンスは，次の式のようにモード毎の応答の重ねあわせとして表現されます．

$$G(\omega)=\frac{X_j(\omega)}{F_i}=\sum_{r=1}^{N}\frac{\varphi_{ri}\varphi_{rj}/k_r}{-(m_r/k_r)\omega^2+j(c_r/k_r)\omega+1} \qquad (4-2)$$

ここに，添え字i，j，rは入力点，応答点，モード番号を意味し，m_r，c_r，k_rはr次モードのモード質量，モード減衰，モード剛性，$\varphi_{ri}\varphi_{rj}$はr次モードシェープでの入力点，応答点の値です．

式中の分子の意味するところは，同一の周波数，モード質量，モード減衰，モード剛性であったとしても，入出力点のモードシェープの値が小さければ応答が下がり，極端な場合は応答をゼロにすることもできるということです．

（1）モードシェープの直接操作

a. 振動制御反力を得られるようにモードを修正する設計：これを梁の振動が支持構造へ伝わることを防ぐ制御に応用するとすれば，**図4-41**のような考え方になるでしょう．パッシブ制御であれば，支持位置をずらすとか，あるいは梁の長さを延長して，支持位置をモードの節とする設計法を用いるでしょう．アクティブ制御設計では，このモードシェープによるノーダルマウントと等価の設計法を用います．それには，梁の延長部が梁の中央部にあたえる反力相当の力をアクチュエータによって実現すればよいです．この原理の自動車への活用例としては，FR高級車のリアーエンジンマウントメンバーでの振動騒音対

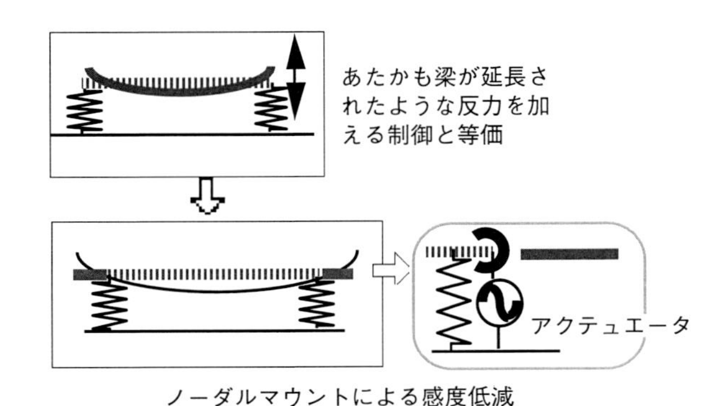

図4-41　アクティブに反力を加えることと等価なノーダルマウント設計の例

策があります．V6エンジンにはピストン・クランク軸系に発生する偶力により，クランク軸を味噌すり運動する傾向があります．トランスミッション後部のリアーエンジンマウントはこの影響を強く受けます．左右のサイドメンバーを結合するリアーエンジンマウントメンバーは，梁としての高さが最低地上高で限定され，スパンは車体骨組み構造で決められていますから，一次の曲げ振動固有振動数を200Hz以上に保つことは困難です．また，マウントのばねを柔らかくし過ぎると，発進時の振動や不整路での過大変位などの問題がでます．そこで，編み出されたのが図4-41のように支持位置を両端から内側にずらした構成とする設計案です．

（2）アクティブ振動を前提として曲率の大きい位置を作る設計：スキーの経験者には釈迦に説法ですが，ターンを楽にするには，体をターンの内側に傾け，描こうとするシュプールの曲率に合わせて，スキー板が適度に曲がることが望ましいのです．また，ギャップを乗り越えるときなどには，一時的にスキー板が雪面から離れるときに起きた曲げ振動が，着地までの間に収束するとその後のスキーのコントロールがしやすいです．特にスキー板の先端部分が雪面を捉えないと，安定性が欠け，逆にターンでスキー全体を浮かせて回転しようとしたときに先端が雪面に残ると，転倒につながる恐れもあります．このためには，スキーブーツからの入力に対してある程度のすばやい応答は確保しつつ，柔軟性を持ち，かつ振動を早く減衰させるということが要求されます．自動車のサスペンションと似たところもあります．そこで，スキー板全体としての剛性は振動とはある程度切り離して設定し，早く収束させたい大振幅の振動，つまり

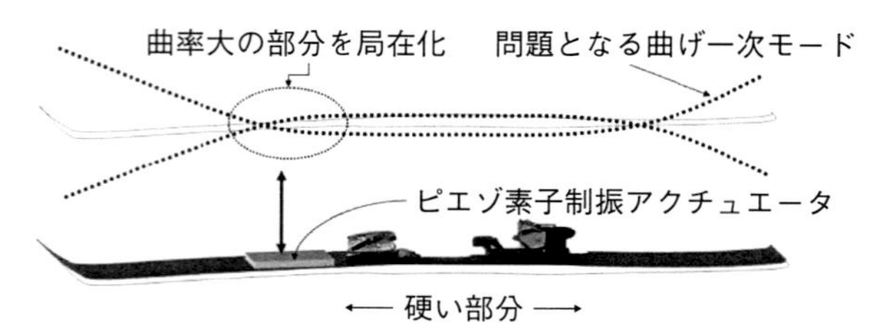

図4-42　アクティブ制御を前提としたスキー板の振動モード設計例

曲げ一次モードだけを選択的に減衰させることが望まれます．著者が研究に協力したことのある米国の有名スポーツ用具メーカーK2スポーツ社では，スキー板の曲げ振動の曲率が大きくなる部分をビンディングの直前に集中させ，そこにピエゾ素子を接着して振動エネルギーを電気的エネルギーに変換して減衰を行っています．こうすることにより，ピエゾ素子の使用量を減らすことができます．このときに，一次モードを選択的に減衰させるために，スキー板の振動モードを工夫したほかに，電子回路の固有振動数を一次モードの周波数（約18Hz）に合わせていることが重要です．板の製造ばらつきも幾分ありますが，それ以上に電子回路の温度に対する感度を考慮することが大切です（**図４-42**）(9)．

4.4.5　モードシェープミスマッチの利用

（１）防振のためのモードシェープミスマッチ：エンジン横置きのFF車では，エンジンマウントでの防振効果が十分でなく，パワープラントの振動が車体の曲げやねじり振動を引き起こすことがあります．この場合は，10～20Hzの周波数領域にあるパワープラントの剛体振動モード（６自由度）と，同じ周波数領域での車体の弾性振動モードをよく比較し，エンジンマウントの動的剛性配分と組み合わせることにより，対策することが有効です．つまり，複数のエンジンマウントから車体への入力モードと，車体振動モードをベクトルとしてみたときに，そのベクトルの矢印先端相互の距離がなるべく離れるようにすることになります．アクティブに実現するには，エンジンマウントのどれかを操作して，剛体振動モードを変化させればよいはずです．このとき，必ずしもアクティブに，かつ動的に制御力を加える必要はありません．エンジン回転速度などの情報により，マウントの硬さを変更するセミアクティブ制御でも効果を得られます．詳しくは，石浜ほかが発表した論文（機械学会論文集C編）(12)を参照してください（**図４-43**）．

（２）減衰増大のためのモードシェープミスマッチ：遮音壁は重いほど効果が大きいとされています．これは高周波では壁の振動モードが複雑であり，さらに壁の各部分にそれぞれ関連の薄い音波が入力するというような状況が発生し，

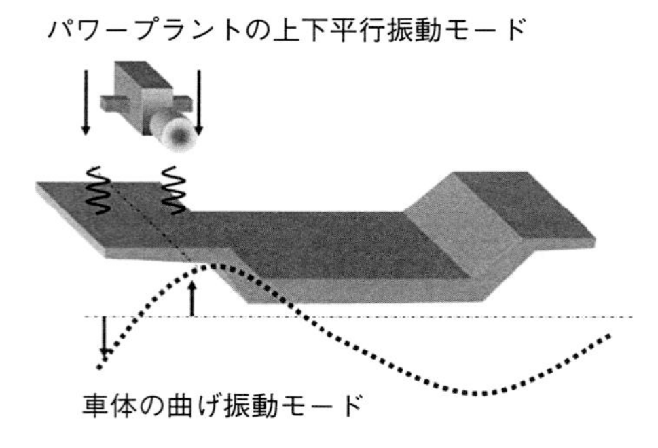

図 4-43　マウント上のエンジン振動モードと車体振動モードのミスマッチによる設計例

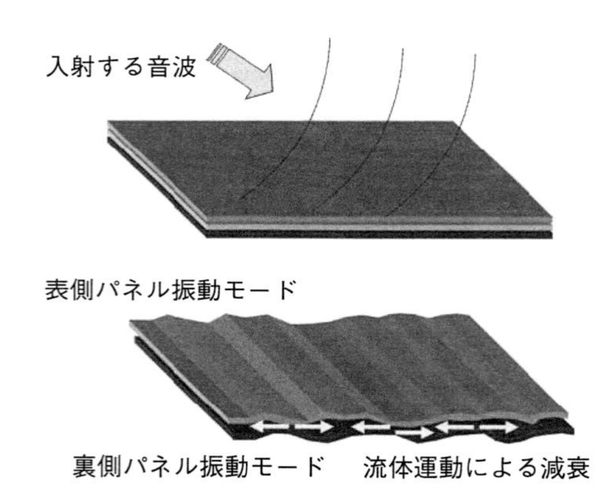

図 4-44　壁間の流動を減衰に利用した二重遮音壁の原理

もはや壁の剛性には期待できず，個々の位置での質量のみが頼りになるためです．しかし，それでは軽量化を必要とする乗り物での遮音には向きません．そこで，壁を二重構造として遮音を２回繰り返すことで，質量を２倍にする足し算ではなく，掛け算によってはるかに高い効果をあげようとする設計がなされてきました（**図 4-44**）．建築によく使われる二重の窓です．しかし，乗り物にあっては，二重壁のそれぞれ片方の厚みが薄くなり，かつ，材料も減衰の小さい金属で構成される場合には，板としての固有振動が励起されて（共振して）

その振動数での遮音が極端に悪化します.

そこで，二重壁の間に挟まれる流体の流動による減衰により，この共振による遮音の落ち込みを防止する設計例があります．通常の遮音であればこの流体は空気ですが，空気のもつ粘性は液体に比べて小さいので，自動車での設計例ではエンジンのオイルパン内にさらにそれとほぼ同形状のパンを浮かべ，潤滑油の薄膜を二重壁の間に形成しています．この例の場合は，単なる遮音だけでなく，エンジン本体構造から伝達される振動によるオイルパンのパネル振動の抑制にも効果を発揮します(10).

この効果を発生させるためには，二重壁間の流体が，壁に平行な方向に流動しなければなりません．両方の壁が同じモードで振動すると，この流動は期待できません．そこで，両者の振動モードがわずかであっても異なるように設定します．振動モードはパネル面上の質量分布と剛性分布によって決まりますので，これらの位置関係を両パネルで違えておくことが原理です．なお，建築物の場合に問題となる二重壁間の空洞共鳴現象は，自動車ではあまり問題とはなりません．その理由は空洞の幅，つまり壁間の距離が短いので，共鳴周波数は問題とならないほどの高周波数になることと，一様な幅の部分が少ないからです.

参考文献

(1) Noise and vibration design by the TRIZ method: Masao Ishihama, International Journal of Vehicle Noise and Vibration 5(3) January 2009

(2) Design and evaluation of output profile shaping of an internal combustion engine: Hiroki Yamaura, Masao Ishihama, Kazuhide Togai, SAE Paper 2014–01–1683

(3) Nissan's New "High-Drivability" Vibration Control System: Toshiro Abe, SAE Paper 891157 (1989)

(4) 機電一体構造を有する新開発電動パワートレインのモーターノイズ低減技術開発：山本和志，平野芳則，金堂雅彦，新井和彦，自動車技術会論文集，2016年 vol.47 no.6

(5) Shell-shaped Power Plant for Improved Passenger Compartment Sound Quality: Hirohiko Shibuya, Akio Kinoshita, Hirofumi Aoki, Masao Ishihama, JSAE Review

1989年 10月
(6) Optimization of Super-Lightweight Space-Frame Vehicle Structure: Masao Ishihama, Shingo Iizuka, Kazuo Tanahashi, Aki Higeuchi, Mayumi Fukuda, SAE Technical Paper 2003–01–1709, 2003
(7) 自動車におけるアクティブ制御の実用例：石濱　正男，計測と制御，37巻８号，1998年
(8) 自動車のこもり音アクティブ制御について：石浜正男，木下明生，電子情報通信学会技術研究報告 巻：91号：389(EA91 72–79)，1991年12月
(9) Human Body Vibration Mode on an Indoor Ski Vibration Simulator: Masao Ishihama, International Modal Analysis Conference, #134, 2000.
(10) 薄空気層によるエンジンカバー放射音の低減：石濱　正男，林　健司，自動車技術会論文集，2011年１月 vol.42 no.1
(11) 動吸振器とその応用：背戸一登，コロナ社，2010年
(12) 流体封入エンジンマウントの振動伝達位相制御による車両振動低減手法の研究：石浜正男ほか，機械学会論文集 C編58巻551号，1992年

定石はずれの誤解事例から学ぶ振動騒音技術・全70例

知識は，その獲得方法によって頭脳に刻み込まれる深さや，活用度合いが異なると言われています．例えば，他人から聞く，努力して読解する，教えられたとおり実行して成功する，自分でおかした失敗を自ら解決する，自ら発明する，などです．最後の二つは印象が強く，残りの人生に大きな影響を与えるそうです．また，ナポレオンは「これこれをしなさい．ちゃんとやればこういう利益が得られる．しかし，それを外れるとこれこれの不利益をこうむる」と部下に指示を出し，失敗の例示もしたそうで，これが彼の成功の秘訣と言われています．これらのことに鑑み，この５章では失敗事例の紹介から，逆に理論を学び直すような説明をします．

なお，失敗事例の殆どは著者自身の経験ですが，友人・知人が公表した経験も含まれます．ただし，これらの友人・知人は失敗のまま終わらせず，根本的解決に至っていることを申し添えます．

章の構成は，次の３編に分けてあります．

設計編：　振動騒音全般，騒音，振動，振動と騒音の連成

実験解析編：　振動騒音全般，騒音，振動，振動と騒音の連成

予測計算編：　騒音，振動

5.1　設計編

5.1.1　振動騒音現象全般での例

（1）部品の仕様に出力値（振幅など）だけを指定

自動車の補機類を車体に取り付けたときに，この補機の発生する振動や騒音が問題になることがあります．完成車メーカーの設計者は，補機の製造会社に対して，振動騒音面で何らかの仕様を提示することになります．そのときに，補機単体での振動騒音の大きさを仕様として提示することがあります．これは良い方法でしょうか？　**図5-1**はドアーウィンドウガラスの昇降用モーターの振動騒音仕様を決める場合の概念図です．

よく犯すミスとして，補機単体の振動騒音レベルを指定することがあります．例えば，ドアガラス昇降用のモーターの仕様を完成車メーカー設計部のあなたが，モーター製造会社の担当者に提示する場合です．モーター単体で所定の回転速度で運転をしたときの騒音を，無響室内に置いたモーターからある距離のところで評価した騒音レベルを指定したとしよう．しかし，実車でのモーター騒音はモーター単体から放射されているばかりではなく，むしろドアー構造から放射されている割合が大きそうです．従って，モーターは加振源として考える必要があります．

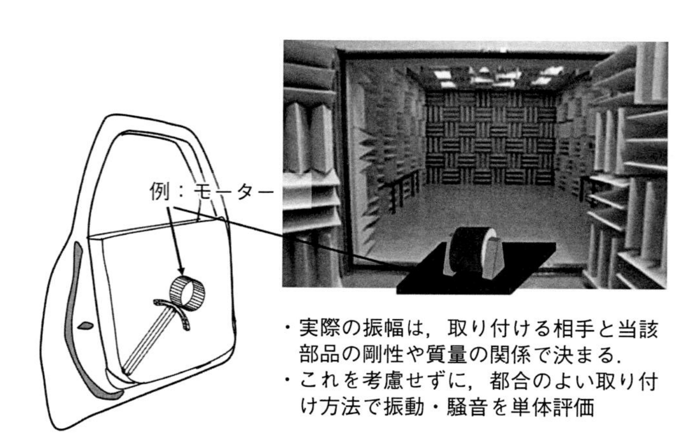

図5-1　部品の仕様に出力値（振幅など）だけを指定する契約ミス

それでは，モーター単体を運転したときのモーターのドアーへの取り付け部分の振動を，x，y，z 各方向で計測すればよいだろうか？　これも怪しい方法です．なぜなら，ドアー側の取り付け部がモーターに比べて非常に重く，そして硬い場合には，装着時にはモーターとドアーはほとんど振動せず，騒音放射は少ないでしょう．

つまり，モーターに加わる加振力はまずモーターという構造物（小型であれば剛体と考えてよい場合が多い）に加わり，それを運動させようとするが，あいにくドアー構造に接続されているので，その運動は制約を受けます．ドアー構造はモーター内部の加振力周波数の領域では固有振動数を持つことがあるから，その動特性は周波数によって異なります．この関係を，加振力を F[N]，モーターおよびドアー構造モーター取り付け部のインピーダンス（加振力 / 応答速度）を Zm[Ns/m]，Zd とすれば，そこでの振動速度 V[m/s] は $V = F/(Zm + Zd)$ で与えられます（詳細は付録1参照）．

従って，完成車メーカーはドアーの振動インピーダンスを考慮の上で，モーターメーカーに対して，F と Zm の二つの値を指定するべきです．ここで，Zd は共振周波数付近で小さな値となるから，そこではその共振のモードを考慮し，モーターから伝達される力によって振幅が大きくならないように，取り付け方向や剛性分布を変えて，モードの振幅分布を調整するような設計が必要になります．

（2）周波数領域でフィルター設計が万事可能という誤解

アクティブ制御技術を使い，音で音をキャンセルする場合や，騒音源の中の問題とする成分を消した試聴音を合成する場合に生じたミスの例です．消したい対象の音の伝達経路の伝達関数を$H(\omega)$として，それに対抗する音を発生するスピーカーから音の評価点までの伝達関数を$\hat{H}(\omega)$としたとき，後者を前者にできるだけ近づける必要があります．そこで信号源からスピーカーへの途中にフィルターを挿入して$H(\omega)$を近似的に実現します（**図5－2**）．

このとき，$H(\omega)$のゲインの周波数特性さえ近似できればよいと考えることがこの場合のミスとなります．ミスの背後には，音が発生して後になってから受音点に届くという因果律（Causality）を忘れてしまうことがあります．伝達関数はインパルス応答関数のフーリエ変換で得られます．インパルス応答関数の値は，因果律によって時刻がゼロ以前ではゼロである必要があります．このような座標の片側半分だけで値を持つ関数は，その値の半分を正負側に同位相で持つ偶関数と逆位相で持つ奇関数の和で表されます（**図5－3**）．

偶関数のフーリエ変換はコサイン成分（実数成分）だけとなり，奇関数のそれはサイン成分（虚数成分）だけとなり，その絶対値は等しい．このような実数と虚数成分の関係を，制御用のフィルターは持つ必要があります．しかし，こういう原理を忘れてしまうことがあります．そして，周波数に対するゲインだけが適正なフィルターを使って試聴音の合成やアクティブ制御をすると，おかしな結果となります．

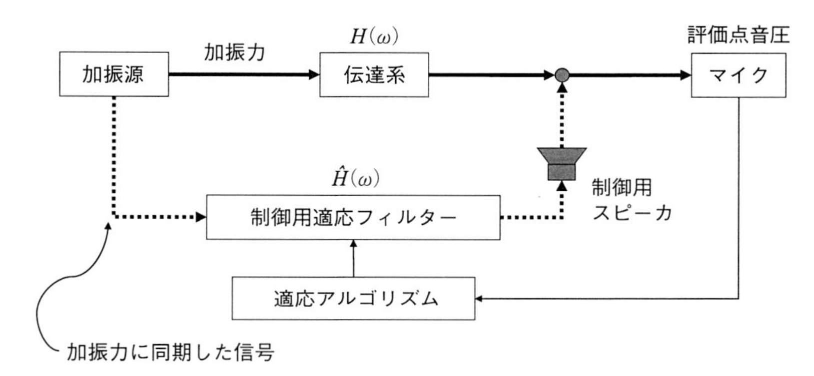

制御対象の伝達系 $H(\omega)$ を模擬した適応フィルターを使って，
制御用スピーカを駆動する例.

図 5-2　アクティブ騒音制御システムのブロックダイアグラム例

・制御対象：物理的な振動・音響システム

- 入力が作用してから振動や音が生ずる
- Causal system：インパルス応答 $h(t) = 0$ for $t < 0$

$$h(t) = h_e(t) + h_o(t)$$

$$h_e(t): \textit{even function},\ h_o(t): \textit{odd function}$$

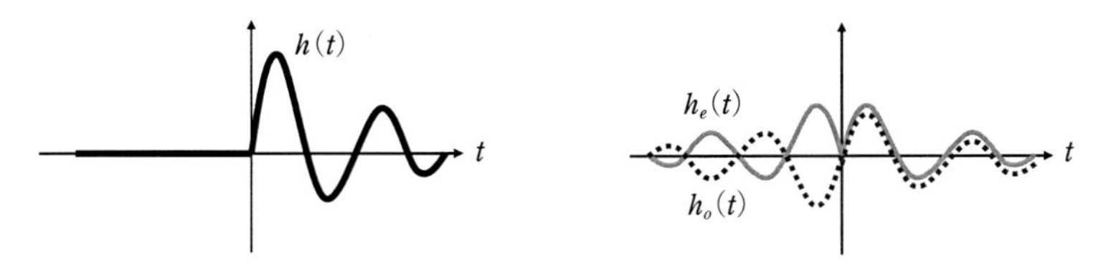

図 5-3　因果律を満たすインパルス応答は同振幅の偶関数と奇関数の和で表現される

（３）吸音（減衰）または遮音（防振）の片方だけで済むという誤解

これはある船舶の発電システムからの騒音が，船内および船外の水中に伝達されることを防止する設計での勘違い事例から学んだレッスンです．発電システムを収納する部屋内には音波が行き交い，部屋全体に音響エネルギーが満ち満ちています．ここから船舶の他の部屋に壁を通して音響エネルギーが流れ出していきます．そしてさらに，船舶の構造振動にエネルギーが変換され，水中に伝播したり構造内で減衰されたりします．船舶の機能に必要なことは，船舶内の部屋での音圧を下げて乗員乗客の環境を良くすることと，水中への無用な音響放射を小さくして機雷の誘爆や生物への悪影響の可能性を下げることです．発電システム室は周囲を壁と天井・床で囲まれ，外との音響的なつながりはそれらの他にはエンジン吸気（兼室内空気の換気）ダクトと排気管のみです．設計者は従来型の船舶での発電システム室内の音響データと他の部屋の音圧レベル要求値から必要遮音度を求め，質量則に基づく遮音量の式から壁・天井・床の厚みを計算しました．設計者の推算では壁を標準的な厚さにすればよいということになりました．

ところが，試作状態での他の部屋の音圧は目標性能をはるかに超えてしまいました．なぜでしょうか？

遮音度を与える式は，壁ではね返した音波はそれっきり戻ることはないという前提に基づいています．しかし，発電システム室は壁から反射された音は，他の壁に入射したり，そこで再び反射して戻って来たりするので，壁を厚くしても入射する音響パワーが上がります．使った式の遮音度とは入射音響パワーと透過音響パワーの比を意味していますから，入射パワーが増えれば透過してくる音響パワーが増えることはあたりまえです．

この関係は，自動車のエンジンから放射された音が車体のダッシュパネルに入射し，その大部分は反射されてエンジンルーム内に戻るものの，またどこかで反射されて再びダッシュパネルに入射される様子（**図５－４**）をみれば察しがつくでしょう．エンジンルーム内の吸音がなければダッシュパネルへの入射音響パワーは高くなります．音響エネルギーの大きさを，容器にたまっている水の水位（ポテンシャルエネルギー）でモデル化した図５－４がそれを表現しています．目標達成には，壁よりも音源側の吸音力や壁構造振動に対する減衰を増やすなどのエネルギー散逸が必要です．遮音の効果を得るには，入射側に吸音処理をしておくことが必要です．

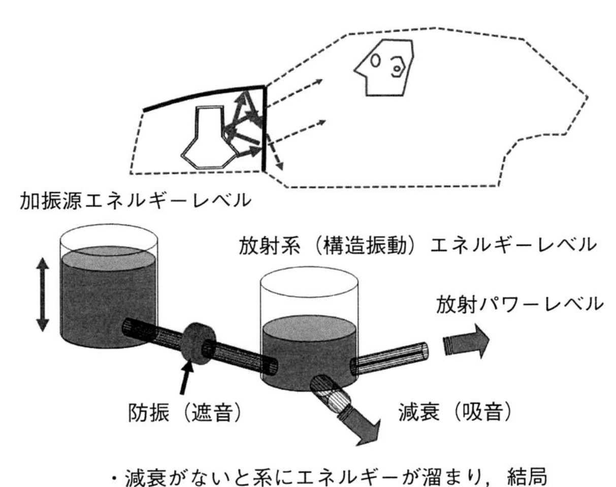

図5-4　減衰がないと遮音ができないという原理

（4）内力と外力の混同

日本は地震の多い国です．自宅が古い木造家屋であると，耐震性が心配になりますが，図面が十分に描かれていないし，図面通りに建設されているかもわからない．こういう心配事を加振実験によって解消しようという先生がいました．その構想では，加振機を二階の床に置き，加振棒を柱に当てて建物を揺すり，共振周波数と応答振幅をとることによって，地盤からの加振に対する建物の応答を推定することになっていました．一人あるいは二人で持ち運べる加振機を家庭用電力で動かしてこれが実現できるのであれば，便利でしょう．

しかし「待てよ」ということになりました．加振機から二階の床には反力が加わるので，いくら壁を加振棒で押したところで，その反対方向に床に加わる加振力で，水平方向の力はキャンセルされるでしょう．もちろん，壁は加振力によって曲げ変形を受け，そこから床も天井にも変形が伝わるでしょう．この計画のように置かれた加振機は構造物に対して「内力」として作用しています．しかし，本来欲しい力は，加振棒から壁に作用する力だけです．

この内力と外力を分けて考えずに構造解析をする場合があります．エンジン構造の振動解析をする場合を考えましょう．**図5-5**，**図5-6**に示すように，ピストンを動かすとその反力はシリンダブロックに返って来ます．これは外力として扱ってよい．他方，燃焼圧力はシリンダーヘッドを持ち上げる一方でクランク軸を押し下げるので上下方向の力は釣り合います．これは内力として扱えます．力はバランスするものの，クランク軸の曲げ振動を引き起こし，その結果として軸受が倒れ変形を起こしてシリンダブロックの変形を招いて高周波振動の初期変位を形成することになります．横方向の反力の作用点は位置が異なるのでシリンダーブロックにローリングモーメントとして作用します．これは内力でバランスすることにはならず，シリンダーブロック全体としてのロール振動を引き起こします．

ピストンを動かすことによりエンジン構造に反作用が働く.
この反作用は外力？　内力？

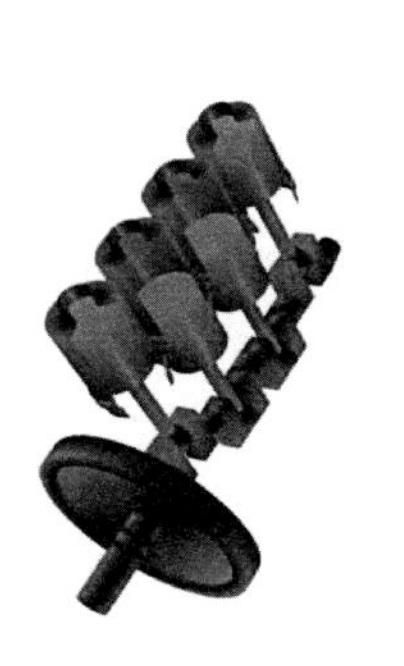

■ 外力は弾性振動だけでなく，剛体運動も生ずる

■ 外力の場合：FEM モデルでの周波数応答計算では，外力が作用する点にのみ加振力を加えればよい

図 5-5　エンジンに作用する外力

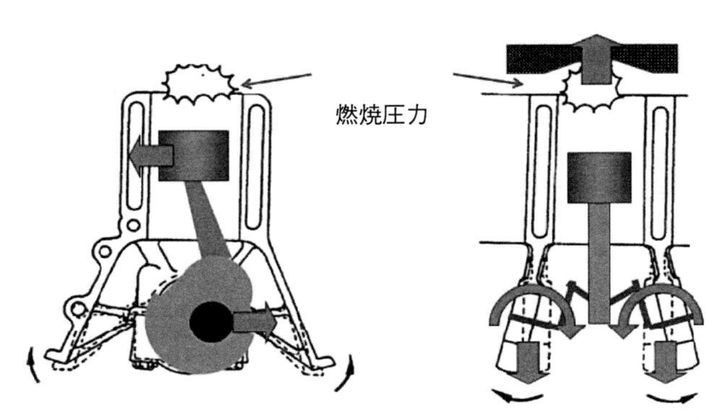

燃焼に起因する加振力は，一方ではシリンダーヘッドを押し上げ，他方クランク軸受けを押し下げるので，上下方向にはバランスがとれている（右図）.

ピストンをライナーに押し付ける力は，クランク軸受けを反対方向に押す力と釣り合うが，モーメントは釣り合わず，外力としてローリングモーメントを加える（左図）.

図 5-6　燃焼圧力によるローリングモーメント（外力作用）とクランク曲げ（内力作用）

5.1.2　騒音現象での例

（5）衝突音は固体振動で生ずるという誤解

機械の運転には部品の衝突を伴うことも多い．エンジンではバルブの着座，カムとバルブの軸，ピストンとシリンダー，チェインとスプロケット，駆動系では歯車の噛み合い，CVTの駒やチェインリンク，ポンプ類，シャシーでは各種リンケージ，車体ではドアーラッチ，各種スイッチ，ワイパーなどです．この衝突による音の発生メカニズムを次のように考える人がいます．それは，「衝突によって構造に初速度が与えられ，その後に発生する自由減衰振動によって空気が加振され，音として放射される．」という考えです．

では拍手はどうでしょうか？　音楽演奏の後のアンコールを求めるときの拍手の音は，演奏者をステージの袖から中央に呼び戻すのに十分な大きさです．しかし，手のひらはそれほどの大振幅の振動をしているのでしょうか？　あるいは，路上で大きな音をたてるアメリカンクラッカーの硬い球はそれほど大きな振動をするのでしょうか？　大きな音を出すには太鼓やドラムの膜ほどに大きな表面積をもつものを大きな振幅で振動させなければならないのに，その球の直径は4 cmほどであって，音の放射面積は大きいとは言えません（**図5－7**，**図5－8**）．

実は，衝突により発生する音は必ずしも物体の振動だけで生ずるわけではありません．衝突する物体は衝突の前には大きな速度で運動をしていて，大量の空気を一緒に動かしています．衝突時には，この空気も相方の物体周辺の空気と衝突します．空気と雖も質量は持っているので運動量もあります．極めて短い時間の間に運動量がゼロに変化するので大きな力が作用します．これが音響パワーの源泉となります．回転翼の通過によって高速の空気流がパルス状に放出され，それが壁や柱に当たるときも似たような音響パワーの発生が起こります．

このような衝突による音響パワーの発生を知らずに，衝突による振動対策だけに走ると，効果がでません．

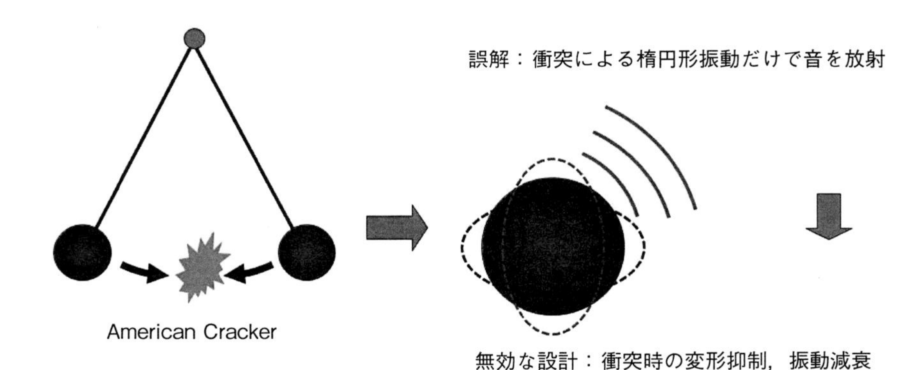

図 5-7　衝突音の発生原因の誤解とその悪影響

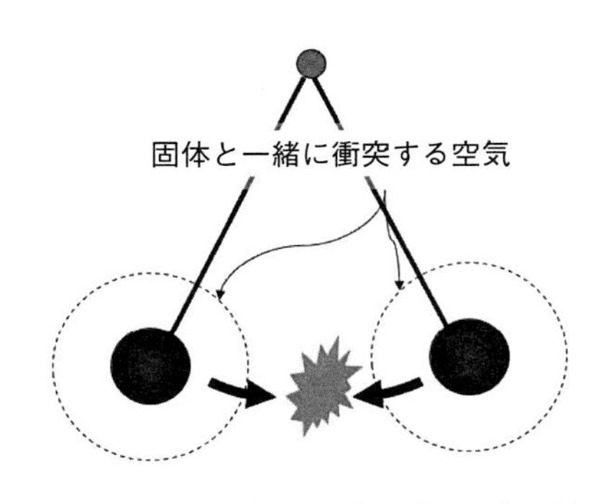

衝突速度 u が付随空気にステップ状に
与えられると仮定

発生音響インテンシティ：$I=\rho cu^2$

発生する音響パワー：$W=\rho cu^2 S$

ρ：空気密度，c：音速：$\rho c \approx 420$ [Pas/m]

衝突速度 $u=1$ [m/s]，衝突面積 0.001 [m^2]，直径 4 [cm] 相当とすると

$W=0.5$ [watt]

これは大きなスピーカの最大音量に近い

図 5-8　付随空気の衝突により発生する音響パワー

（6）音速を超えて音波が伝播するという誤解

膨張行程途中で排気弁が開き，内圧によりガスが排気系にブロウダウンとして噴出します．その後ピストンが排気を強制的に押し出す工程に入ります．この二つの現象による正圧波が下流に向かって伝播します．その管路途中に存在する数多くの音響抵抗急変部分，つまり断面積急変部分で反射され，下流には一部分が伝播します．この反射波と入射波の位相が同じになる位置では，振幅が足しあわされて大きくなり，位相が逆になる位置では打ち消し合って振幅が小さくなります（**図5－9**）．ところで，圧力波を作り出した排気弁のところではどのような反射現象が起きるのでしょうか？

音響技術者は，排気系のような管路を伝播する波動問題を，擬似1次元音響系として単純化して解析することがよくあります（**図5－10**）．つまり，波動の波長に比べて短い寸法は音響計算上無視をし，マフラーや触媒コンバーターは単に断面積が大きくなった部分として取り扱います．このような扱いができる波長 λ［m］はマフラー直径 $\phi\ D$［m］の2倍以上で，当該部分での音速を c［m/s］とすると $\lambda = c/f > 2D$ となる周波数 f［Hz］以下の領域に限定され，通常の4輪車排気系では1kHz以下に相当します．燃焼室はシリンダーの長さが短いので単なる容積（体積ばね）として扱い，弁部分を首とするヘルムホルツ共鳴器として音響計算をします．

しかし，排気弁が開いた瞬間，エンジンの負荷が高い場合には燃焼室内の圧力は大気圧との差が2気圧以上あります．排気弁直後の圧力が大気圧に近いと，その比は3倍近くになるので，排気弁近くでの流速は音速に達します（およそ2倍の圧力比以上で音速に達し，それ以上にはなりにくい）．そうなると，上記の音響系による現象説明やシミュレーションは成立しにくい．高負荷での排気脈動現象は，これを考慮した特性曲線法や，排気を有限体積要素に分割して熱力学モデルを使う方法でシミュレーションすべきです．

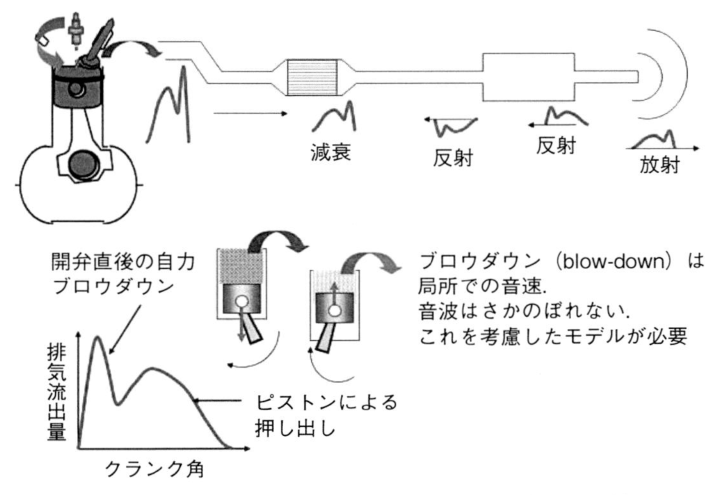

図 5-9　排気脈動の発生源と管路途中での波動の反射

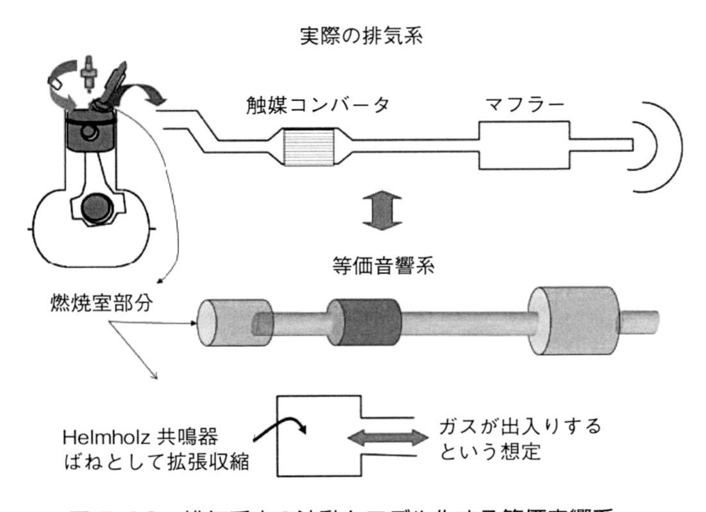

図 5-10　排気系内の波動をモデル化する等価音響系

（7）粒子速度をベクトルとして認識しないこと

著者は積極的に音を発生させて騒音を打ち消すアクティブ騒音制御技術を開発し，1991年発売の日産ブルーバードに量産車として初めて商品化しました．ただし，このときの対象は第2章で説明した「こもり音」であり，エンジン回転速度の2倍の単一の周波数成分をもつ周期的な音であったので，それほど複雑な演算は必要としませんでした．しかし，運転者の耳位置だけでこもり音が消えればよいのではなく，助手席でも後席でも効果がでなければなりません．このように殆どすべての空間位置で制御音で騒音を打ち消すには，騒音の波面と制御音の波面が至る所で重なる必要があります．

波面が重なると言うことは，波面においての音圧振幅が同じであることの他に，粒子速度の方向と大きさも両方の音波が同じ値を持つことです．このように，音は音圧と粒子速度という二面性を持ち，それぞれが瞬間的にポテンシャルエネルギーと運動エネルギーを担っています．しかし，この二面性をときどき忘れてしまうことがあります．そうすると，**図5-11**のように左から右に伝播している制御対象の音波にたいして，その進行方向とは異なる角度で進行する音波でアクティブ制御を試みようとしてしまいます．

同じような誤解の例としては，音響加振にも起きます．例えば**図5-12**の上段は，ロードノイズが大きいときに観察される室内音圧分布を無指向性スピーカーを使って再現し，このときのシャシー振動計測値からマクスウェルの相反原理によって，ロードノイズの加振源を特定する試みです．しかし，無指向性スピーカーの中心位置では粒子速度が強制的にゼロになるので，実走行時の粒子速度分布（下段）は再現不可能です．粒子速度を再現できるように，単純なスピーカーを適切な位置と向きに設定する実験方法の方が合理的です．

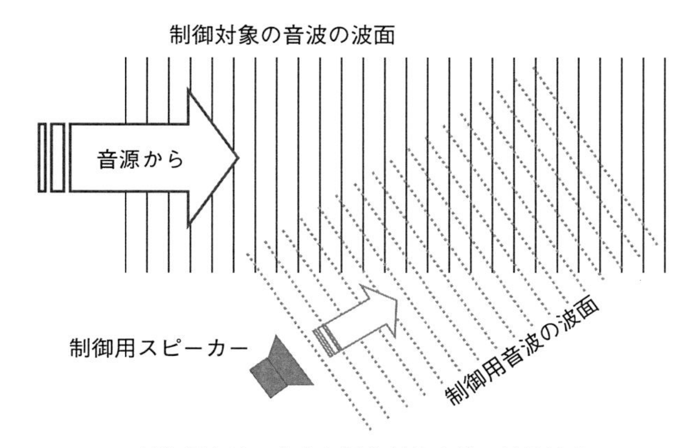

図 5-11　アクティブ騒音制御で重要な波面の合致

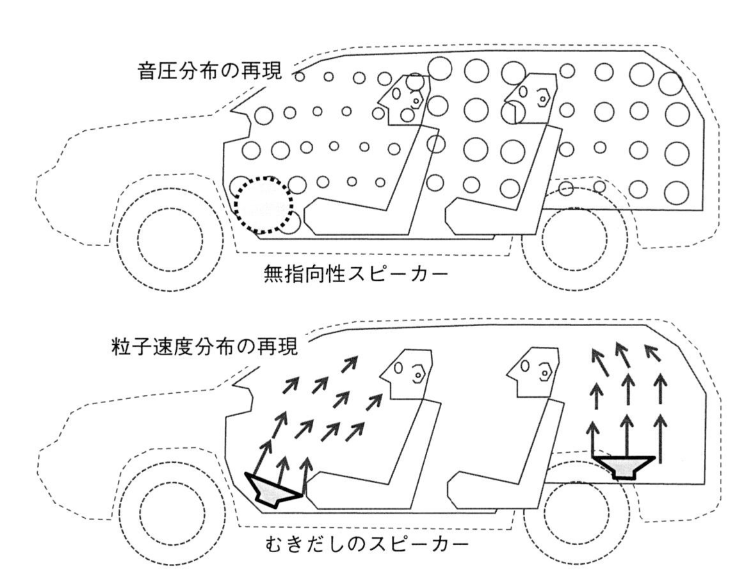

図 5-12　ロードノイズ音場再現による振動源の追及
上段：音圧分布の再現をする方法，下段：粒子速度の再現

（8）モノポール音源とダイポール音源の区別

騒音対策をするときに，音源の種類をよく心得ておく必要があります．その種類分け方法の一つがモノポールやダイポールと言う分け方です．モノポールは点音源のようにある点，あるいはその点を中心とする円や球が膨張と収縮を繰り返す呼吸運動をすることにより，周囲の空気を押したり引いたりして音波を放射する音源です．排気管内の脈動が吐出口から音として放射される場合がこれに相当します．ダイポールはモノポール（極・ポールと呼ぶ）が近接して存在し，二つのモノポールの膨張収縮の位相が逆になっている場合です．空中に存在する小さな板を面に垂直方向に振動させると，表面と裏面近傍の空気は逆位相で膨張圧縮変動をしますから，ダイポール音源となります．

モノポールからの音波は無指向性ですが，ダイポールでは二つの極から等距離のところでは正負の音波が打ち消し合うなど，指向性がつきます．このような性質を騒音対策ではうまく使います．

さて，排気管の途中にアクティブに音を注入し，音源から下流に伝播する騒音を打ち消す設計を考えましょう．**図5-13**のように，単純に音響管から制御音を導入すると，排気管の上流と下流の両方に制御音が進みます．下流側で騒音と逆位相になるように制御音の位相を調整することはもちろんです．このとき，上流側には制御音を流す必要はありません．なぜなら上流側に進んだ制御音は，どこかで反射して戻り，騒音となって下流に伝播するからです．

これを防ぐには，制御音にはモノポール音源とダイポール音源の両者から出る音を，同じ振幅で混ぜて使うことになります．これを簡便に実行する方法は，前項の図5-11のように45度方向から脈動波を注入する方法です．こうすれば，制御側音響管中の脈動波は，排気管にとってモノポールとダイポールの組み合わせとなるからです（**図5-14**）．

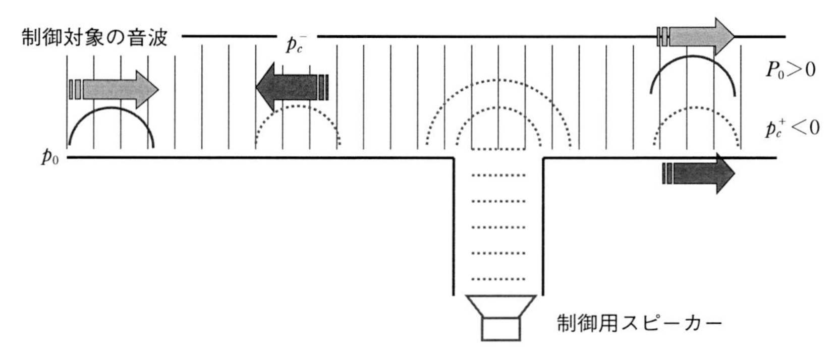

・制御対象の音波（右に進行 p_o）に対し，制御用音波は左右両方向に進行
・左に進む制御用音波 p_c^- は音源近辺で反射し，戻ってきて制御効果を損なう

図 5-13　モノポール音源からの音波は全方向に進む

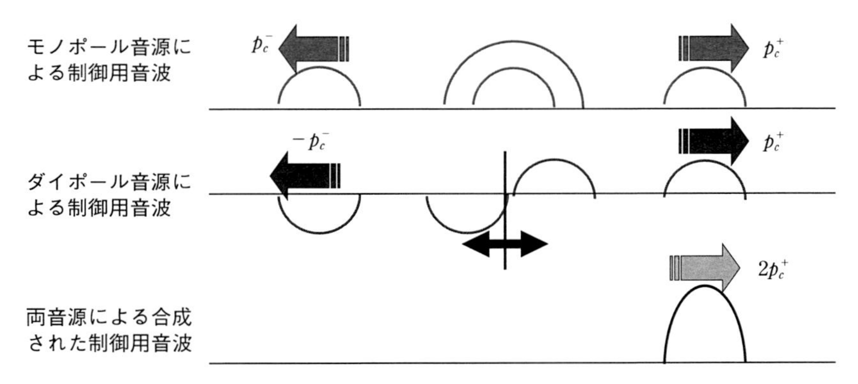

・モノポール音源とダイポール音源の組み合わせにより，右方向にだけ進行する制御用音波を作り出せる

図 5-14　モノポールとダイポールの組み合わせによる音場制御

（9）放射音場を少数のスピーカーで制御可能という誤解

エンジンの気筒数制御やトルコンの低速でのロックアップなどの燃費向上技術に伴い，こもり音が大きくなる問題があります．構造変更ではこの問題解決が困難であるからアクティブ騒音制御が使われています．乗員の着座姿勢はいろいろに変化し，子供から大男まで体格差もあるので，ヘッドレストに独立したステレオスピーカーを装着する設計は，よい案とは言えません．そこで客室内全体の音場を制御することを考えることになります．

アクティブ騒音制御の場合は制御用音源としてスピーカーを使うことが普通ですが，そうでなく騒音の放射面である車体パネルのある部分の振動の位相を変化させ，それ以外の放射面からの音波と逆位相となる音を放射させ，騒音を下げる方法もあり得ます．振動の位相を変化させる方法としては，パネルに小さな動吸振器を取り付ける方法や，あるいは窓ガラスの車体への装着部分の剛性を調整する方法もあります．また，スピーカーを使う場合も，無指向性に近くなるような形態と取り付け方法とするのか，あるいはダイポール音源とする方法とするのかの選択肢があります．

いずれにしても，騒音の波面と制御用音の波面とを極力一致させることが音場全体の静粛性を向上するために必要です．**図5-15**は，非常に単純な場合としてモノポール音源から出ている騒音を，一つのモノポール音源からの制御用音でキャンセルしようとした場合を示しています．制御用音源を騒音源と同一の位置に置くことはできませんので，代表点で騒音をキャンセルするために逆位相の音波を放射します．確かに代表点で騒音をゼロにすることはできますが，それ以外の広い領域では制御できず，むしろ音が大きくなり得ることがわかります．そこで複数のスピーカーを用いる作戦をとります．複雑な放射パターンを持つ場合でも，その音源は複数のモノポール音源とダイポール音源の組み合わせで表すことができます．そのように分解して，それぞれに対して制御用の音源を配置すれば，**図5-16**のように騒音の波面に制御用音の波面に近づけることができます．

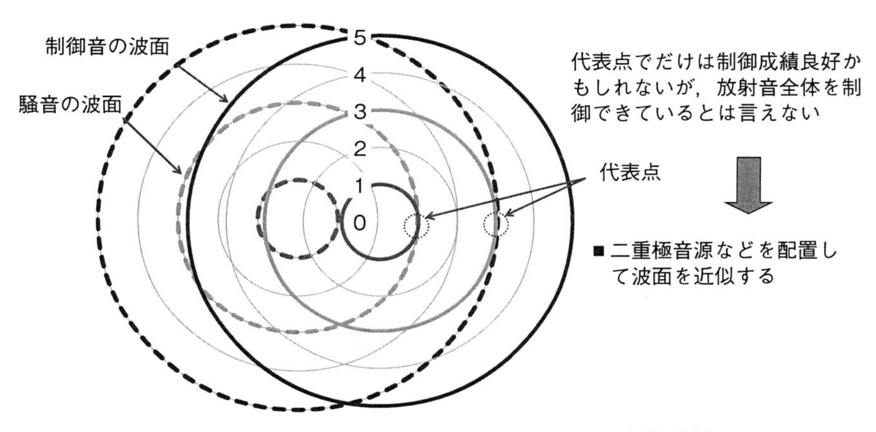

図 5-15 モノポール音源による音場空間の制御成績

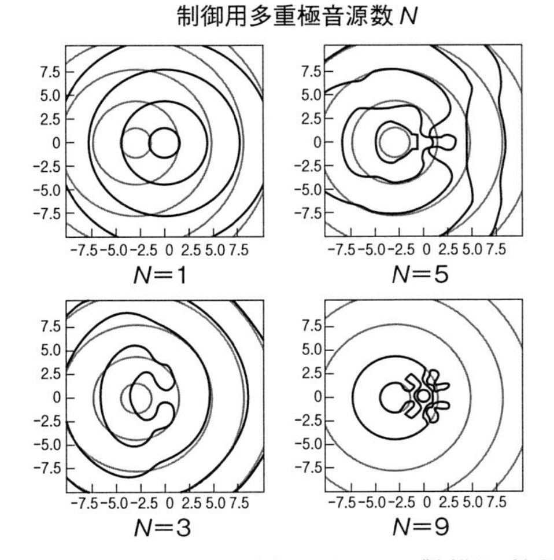

制御対象の音波の波面と制御音の波面の一致させるには，制御対象を多数のモノポール音源とダイポール音源の組み合わせに分解し，その数だけの制御用音源が必要

図 5-16 音場アクティブ制御に使う制御用音源の数の影響

(10) 気体の熱膨張を考慮しない音響設計

排気騒音は燃焼室から間欠的に噴出してくるガスによる脈動成分と，ガス流が排気管や消音器との相互作用により乱れて生ずる空力騒音や吐出口で周囲空気との混合によって生ずる渦によるジェットノイズで構成されています（**図5-17**）．エンジンの容量は「排気量」として仕様に記述されていますが，この量は英語ではpiston displacementと表記されるとおり，幾何学的に決まるピストンの一行程での静的な押し出し体積であって，実際の排気ガス量ではありません．公称２リットルで４気筒エンジンの場合，１気筒当たりの排気量は500［cc］，つまり大きいビール缶の容量です．しかし，高負荷運転のときには，排気弁を通って出ていく排ガスは最高で800℃ほどになりますから，標準状態に対して，圧力が同じとすれば絶対温度比で膨張するとして，約3.7倍に体積流量が増えます．もちろん吸入効率は100%ではなく多くのエンジンでの実力値の80%として，1回当たり排出体積は500×3.7×0.8≒1480［cc］となります．排気管内径を40［mm］とすると断面積は約13［cm^2］となりますから，１回の排気は管内で長さが1.18［m］となり，触媒近くまで達します．脈動により吐出口で生ずる音圧は体積速度に比例しますから，音響パワーは両者の積となって体積速度の２乗に比例します．消音器は体積速度振幅の伝達を音響的に小さくするのですが，ガス温度を下げることが脈動振幅を小さくして騒音を下げるためには有益なことは上記の数値例が示しています．

他方，固体との干渉による空力騒音パワーは流速の６乗，ジェットノイズのパワーは８乗に比例しますので，冷却による体積速度低減はより重要です．

触媒を活性化して排気浄化機能を使うためには，約300℃以上に保温をする必要があります．従って，排気系の温度は騒音制御とともに設計する必要があります（**図5-18**）．

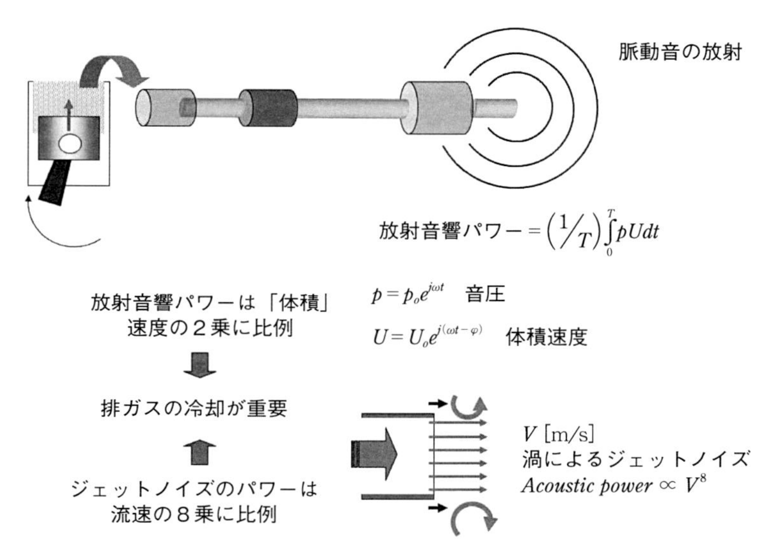

図 5-17　体積流量に依存する脈動音とジェットノイズ

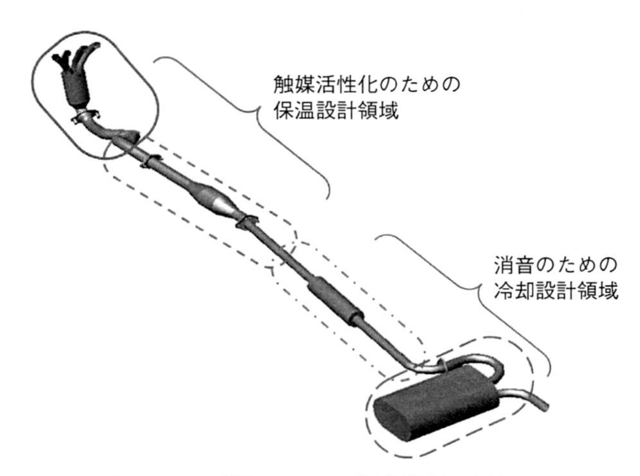

図 5-18　排気システム温度管理の概念

(11) 音源対策を透過損失対策と誤解

エンジンをアイドリング運転したまま静かな住宅地に長時間駐車している車をよくみかけました．排気の吐出口から出ている低周波音が原因のようなので，革靴の裏をそこに当てて断面積の半分を覆うと，大幅に騒音が下がりました．音響理論によれば，消音器内の拡張室から尾管へと断面積が縮小する部分で音波が上流側に反射され，吐出口への音響エネルギーの流れが小さくなることは合理的です．そうであるならば，この車の設計者は尾管の直径を初めからもっと細く設定すべきと考えることはどうでしょうか？

著者は，そのときに排気騒音の低周波成分の音源の変化にまで考慮が及んでいませんでした．別項で説明したように，燃焼が終わって用済みになったガスは，燃焼室内の圧力と排気弁直後の圧力の差に応じて排出流量が決まります．そしてこの体積速度が排気騒音の低周波成分である脈動の振幅を決めます．排気吐出口の断面積を小さくすることは，消音器の性能を変化させる一方で音源の振幅を変化させています（**図5-19**）．この二つを区別しないと，エンジン動弁系の制御や燃焼制御のやり方によっては音源の変化が異なるので，尾管断面変化の効果が異なるでしょう．

同様なことは，スピーカーを音源に使った模型実験でも起きます（**図5-20**）．スピーカー駆動用の増幅器の出力パワーを一定にしておいて，遮音板の有無での遮音板背後の音圧の変化によって遮音度を評価する場合です．スピーカー前面には反射音が加わって音圧振幅が増加します．電力パワー一定では放射板の振幅が減るので，遮音と入力減少の両方が混じって計測されてしまいます．入射音響パワー一定などの制御をかけることが望ましいでしょう．

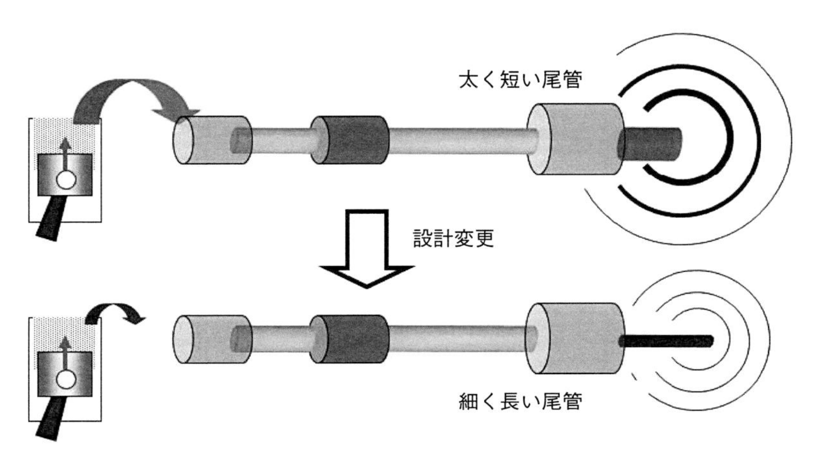

図 5-19　排圧増加による音源強さの減少

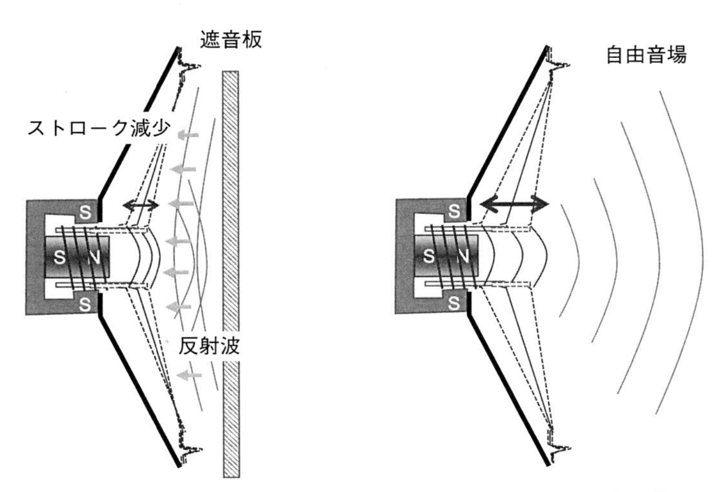

図 5-20　接近配置した板は遮音と放射板振幅抑制の両方に作用

(12) 透過損失 *TL* と挿入損失 *IL* の混同

「音響学の教科書に書いてある消音器性能の理論式を使っても，計測値とはかけ離れた値しかでてこない」という苦情を耳にしたことがあります．

この原因は，教科書に書いてある式がよってたつ物理的な考察あるいは仮定をよく理解していないことがほとんどであると著者は考えます．教科書でありながら，理論式の成立する条件や考え方を十分に説明していない例もあるようです．

透過損失と言われている物理的指標は，あるシステムへの入射音とそこから出て行く透過音の比率です（**図 5-21**）．一旦は入射したものの，その系の上流に向けて反射され，それが再度どこかで反射されて再びその系に入射してくる音は考慮に入れていません．また，一旦透過した後で下流のどこかで反射されて，その系の出口に到達する音も考慮に入れていません．下流は無限遠方まで反射なしで続く音響管路であるという仮定を置いて式をたてています．つまり，実際に消音器が取り付けられている環境とは異なる場合が多いといえます．

ちなみに，排気管や消音器の直径が，扱う波長に比べて十分小さい（例えば1/6以下）となる低い周波数では，**図 5-22**のように管内の音響状態を音圧 p と体積速度 U で表して，異なる２カ所でそれらを音響４端子法と言われる２行２列のマトリクスにより結びつけます．上流での粒子速度 Ui のうちの一部が拡張室の入口で反射され，そこから先は出口で反射され，出口側の管中を進む体積速度 U_2となります．反射率は管のインピーダンスの比率であることを利用して計算すると透過損失レベル（*TL*）の式が得られます．

挿入損失（Insertion Loss）の測定

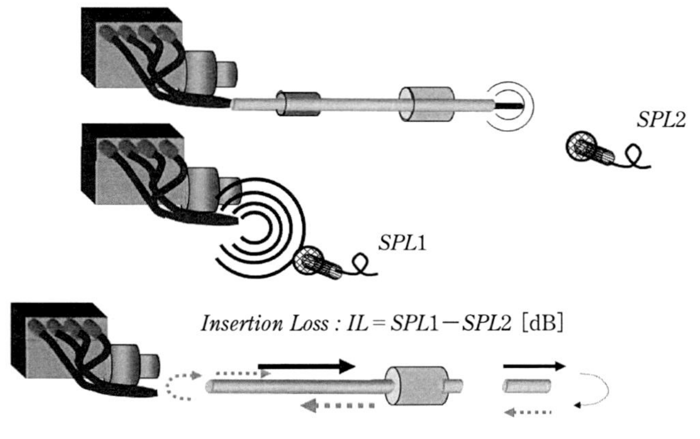

・消音器には、下流からの反射波も、上流に反射した波のエコーの再入射も加わる.

図 5-21　マフラーには下流側からも音波が到来する

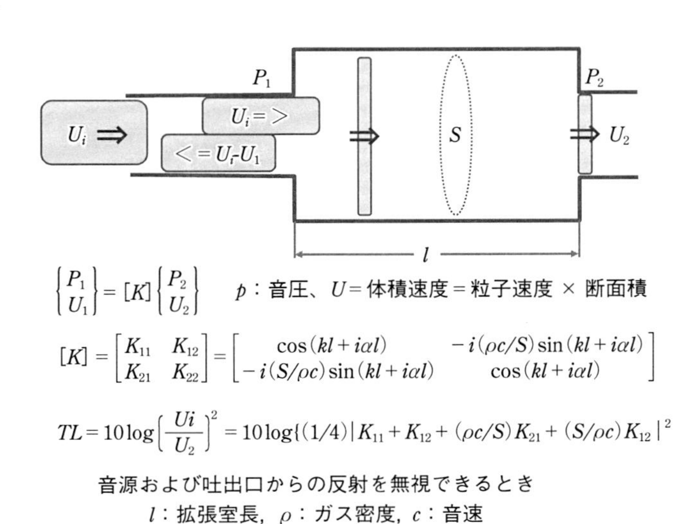

$$\begin{Bmatrix} P_1 \\ U_1 \end{Bmatrix} = [K] \begin{Bmatrix} P_2 \\ U_2 \end{Bmatrix}$$

p：音圧、U＝体積速度＝粒子速度 × 断面積

$$[K] = \begin{bmatrix} K_{11} & K_{12} \\ K_{21} & K_{22} \end{bmatrix} = \begin{bmatrix} \cos(kl + i\alpha l) & -i(\rho c/S)\sin(kl + i\alpha l) \\ -i(S/\rho c)\sin(kl + i\alpha l) & \cos(kl + i\alpha l) \end{bmatrix}$$

$$TL = 10\log\left(\frac{Ui}{U_2}\right)^2 = 10\log\{(1/4)|K_{11} + K_{12} + (\rho c/S)K_{21} + (S/\rho c)K_{12}|^2$$

音源および吐出口からの反射を無視できるとき

l：拡張室長，ρ：ガス密度，c：音速

図 5-22　透過損失の計算には通過した音波の戻りは考慮していない

(13) 放射音源の数減少や扁平化による放射音低減への過大な期待

野球スタジアムや劇場では**図5 -23**左側のような縦に並んだ複数のスピーカーがあります．スピーカーから見ると観客は縦方向断面ではほぼ正面に位置し，水平方向断面では広い範囲に位置しています．スピーカーの音響パワーを無駄なく，どの観客にもほぼ同じ音量で届けたい．配列の上と下のスピーカーから等距離の場所では，両方からほぼ同じ位相で音波が到来するから強めあう．そうでない空や地面の方向では逆に位相違いで弱めあう場合が多い．

この現象が騒音低減に役立っている場合があります．例えば排気口を車両後端の左右に分けて配置した場合です．車両の左右方向では二つの吐出口からの音が干渉し，弱めあっている周波数（波長）成分もあります．従って，尾管を片方だけにして透過損失と放射効率を下げようとすると騒音が増えることもあります．同じことは，自動車の騒音源探索でも言えます．例えば大きなエンジン各部からの放射音の寄与度を，各部を覆ったり部品を一つ一つ外したりしながら計測する場合です．これまで相互干渉により音圧が抑制されていた地点では，部品の被覆や撤去によって音圧が上昇することもあり得ます．

複数の音源が一直線上に並んだ場合と等価な状況は，音の放射面の形状を長細くした場合，例えば排気吐出口を魚の尾のように扁平にした場合です．これは水平方向に無数の音源が連続的に並んでいると考えます．この場合は水平方向に指向性が生じて，真横では高周波騒音が下がりますが，吐出口での高速排気流と大気との混合で生ずる渦による高周波音が高い周波数にシフトし，聴感上問題になる可能性もあります．この魚尾管は，排気流と大気との混合を，断面積に対して長い周長によって促進し，かつ短い短辺であることによって吐出口から短い距離で混合が終了して温度を下げることを狙いとしています．そこで，この次々と発生する混合渦による高周波音の吸音処理が肝要です（**図5 -24**）．

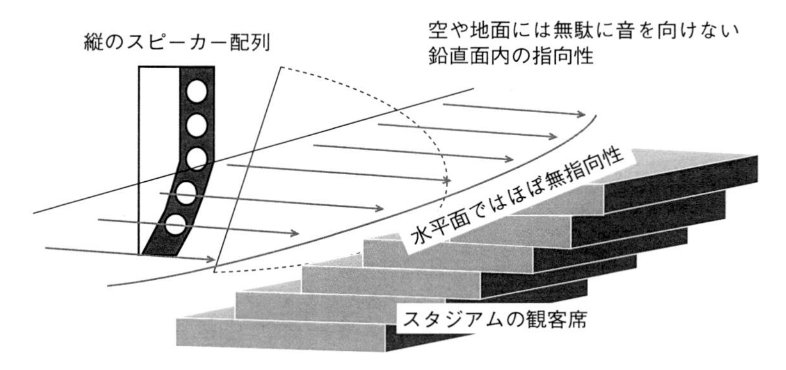

図 5-23　スタジアムでのアナウンス用スピーカー配列

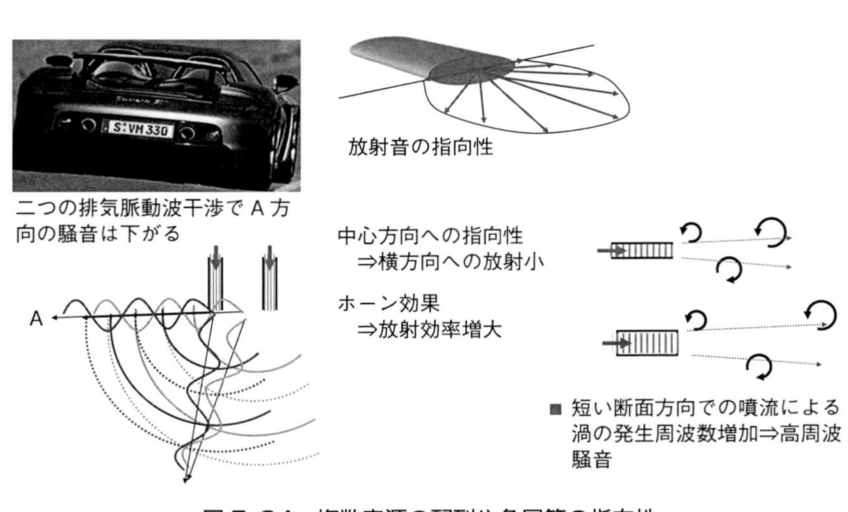

図 5-24　複数音源の配列や魚尾管の指向性

(14) カバーをしたほうが静かになるという誤解

エンジン放射騒音全体パワーのうち，オイルパンやシリンダーヘッドカバーなどのカバー類の寄与がシリンダーブロックやシリンダーヘッドのような本体よりも大きいことが多い．カバー類の内側では動弁系運動や衝突による音，ピストンクランク系振動による音，ピストンのすぐ反対側での燃焼などの騒音源があります．

この後者を強く意識すると，カバー類の設計は内部から入射する音の遮音機能重視ということになります．カバー類の基本的機能は油蜜性確保や，異常荷重時の内部空間確保，掃気，オイル注入と排出などであり，遮音機能も考慮するとカバーの広い面の剛性は高いほうが機能確保をし易いと考えがちです．

しかし，これは誤解であって，本体の振動がカバーの取り付け面を強制的に加振して音を放射する方が支配的です．加振振動スペクトルの中にはカバーの広くて比較的フラットな面の共振周波数近くの成分も多く含まれていますし，カバーは本体よりも剛性が低く，かつ振動減衰も小さいから，音は効率的に放射されます．

この事実は，ヘッドカバーを取り除いた状態で運転したほうが放射騒音が低いという実験結果（**図5-25**）からも裏付けられます．そこで，カバー類の低騒音設計では１）本体から防振支持をする，２）カバー表面を伝搬する振動の伝搬速度を下げ，表面に沿う音波の波数を大きく，その逆に表面に垂直方向の波数を小さくして，放射効率を下げることが有効です（**図5-26**）．防振とは言っても，単純なマスばね系の防振ではありません．カバー振動を無数の振動モードの和で表現したとき，それぞれのモードが，取り付け面でのモード加振力に対して振動をしにくくする設計とすることです．本体側のこの部分での振動振幅分布ベクトルと，カバー側の各々のモードでの取り付け部分の振幅ベクトルとの内積がモード加振力となります．

油蜜を必要としないミシンのカバーでは，放射面積を小さくするために網構造を採用する場合もあります．

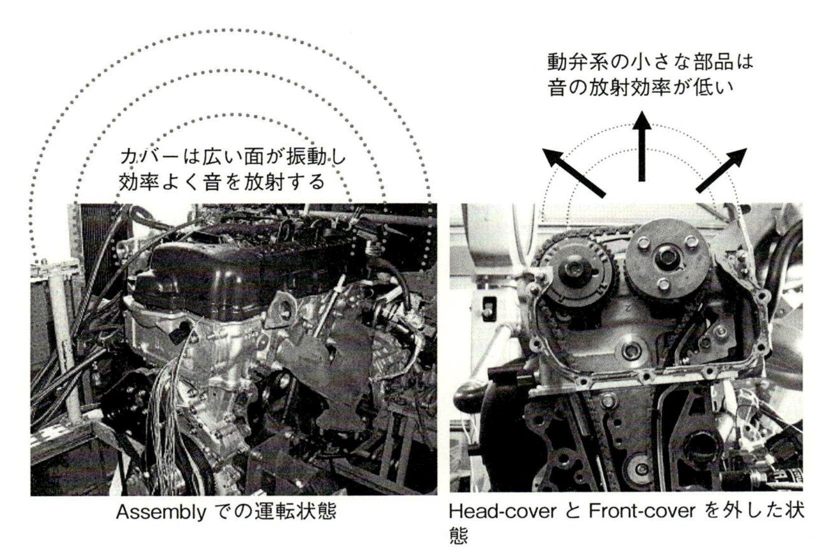

Assembly での運転状態

Head-cover と Front-cover を外した状態

図 5-25　シリンダーヘッドカバーは本体

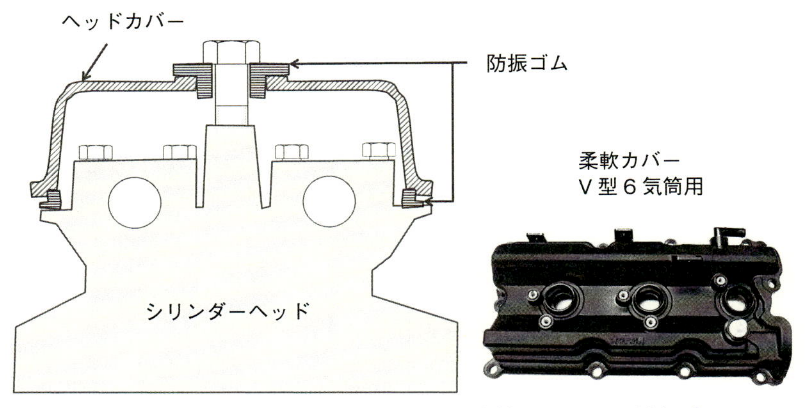

図 5-26　シリンダーヘッドから防振支持されたヘッドカバー

(15) 液滴の落下音は表面波で生じるという誤解

筆者の自宅にはかつて２平方米ほどの池があり，その表面には水道の蛇口や周囲の樹木からの水滴が落ちて，相当な音が出ていました．ホームステイしていた米国人にとっては風情というよりも騒音でした．水滴が落下するところからは同心円状に美しい波紋が広がります（**図５-27**）．波高は１cmほどの大振幅ですので，この水面波が音源と考えた彼女は蛇口付近に円筒を立て，水面波の伝搬を防げば騒音が下がると考えました．読者の皆様は賛成されるでしょうか？

彼女は水滴により音が発生する原理について誤解していますので，その誤解に基づいて考えた対策案は誤った解です．誤解は水滴落下位置から広がる波動が音を放射するのではないことです．これは水道の蛇口の下に洗面器を置き，十分に水を張り，そこに蛇口から水滴を垂らしてみればわかることです．およそ１kHzあたりの周波数の澄んだ音色の音が聞こえることがありますが，そのときは水滴の落ちた付近に気泡が発生しています．そうでないときには，大きな音は聞こえません．**図５-28**の気泡が生じてから消えるまでの模式図に示したように，気泡を囲む水は気泡めがけて集まる水流の圧力と表面張力によって泡を圧縮するので，気泡の中の圧力は周囲の水中圧力よりも高い．これが水面まで上昇して泡を形成していた水壁の一部が消失すると，内部の空気は一気に大気中に流れ出ます．後には水が入るのですが，密度の高い水の初動は遅れ，元気泡であった場所の圧力は大気よりも低い状態が瞬間的に生じます．ここに水が遅れて流れ込み，水および水に随伴する空気どうしが衝突します．衝突によって空気には高い圧力が生じ，水面は局部的に高速で持ち上がって空気を押し出します．これが音源で，波高変位は大きいものの，速度振幅の小さい水面波は騒音源とはなりません．

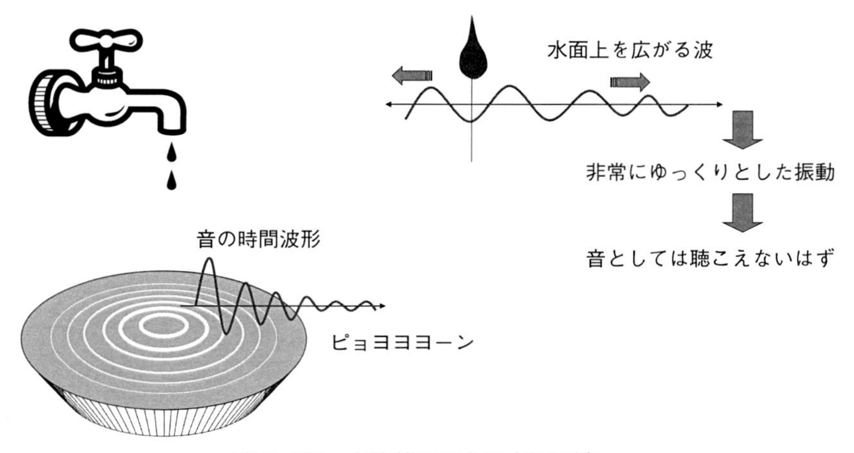

図 5-27　水滴落下による水面の波

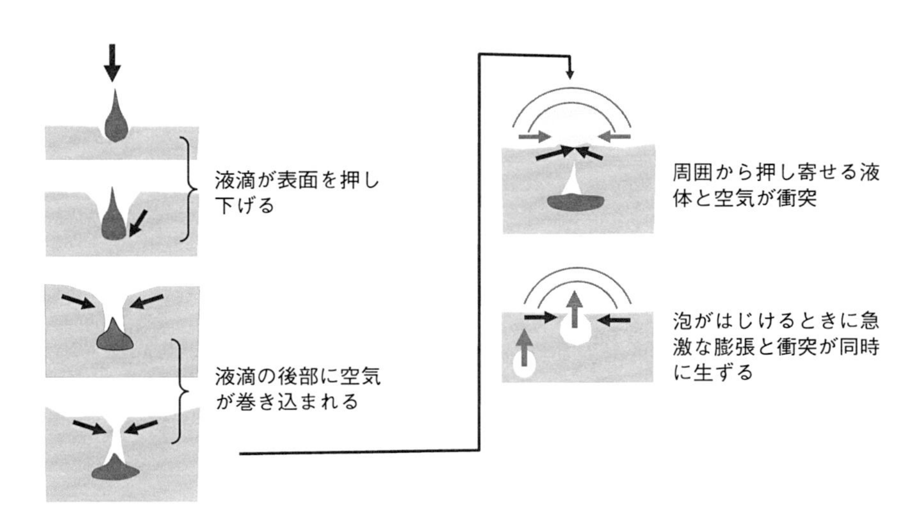

図 5-28　液滴の落下による泡と音の発生

5.1.3　振動現象での例

(16) 変位フィードバックで振動制御ができるという誤解

10年以上前のことです．その学生は，卒業論文のテーマとして，オートバイの前輪を浮き上がらせて後輪だけで走行する「ウィリー」という運転を自動制御する技術に取り組んでいました．理論解析やシミュレーションはほとんどしないで，いきなり模型を製作して実験を始めました．器用な学生で，電子回路にも子供のころから親しんでいたので，数か月で模型を動かせるようになりました．研究発表会での報告では，「ほんの一瞬だけならばウィリーができるときもある」とのことでしたので，次のような質問をしました．「安定的には制御ができないのか？　どういう状態量をセンサーで検出して制御に使っているのか？」答えは，「制御不能となることが多い．車体のピッチ角度を検出するセンサーだけを使っている」でした．

ウィリー走行では駆動力によって車体引き起こしモーメントを調節してピッチ角度θを所望の値に保つことが必要です．所望角度よりも大きいときには重力に基づくポテンシャルエネルギーが大きいから，この差分をゼロにもっていく必要があります（**図5-29**）．つまりエネルギー損失を行うことが必要です．しかし，変位（ここではピッチ角）比例の制御力は，ピッチ振動の一周期にバイクの回転運動に対して，エネルギー損失を与えません（**図5-30**）．

エネルギー損失と言えば，速度比例減衰が代表例です．制御で言えば速度比例制御こそがエネルギー損失を与えることができ，制御対象を持続振動から救って安定を得ることができます（**図5-31**）．例にあげた学生はここを理解していませんでした．力学とは異なるがゴルフの初心者がパターを焦ると，ホールを通り越して何度も往復することと似ています．

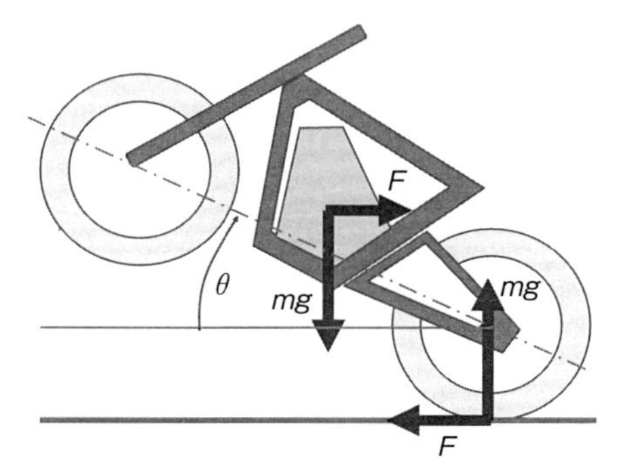

図 5-29 ウィリー走行の力学

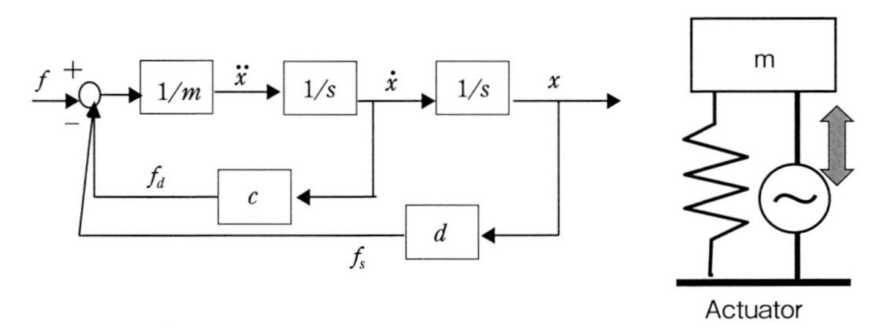

図 5-30 振動のフィードバック制御システム

“変位” 比例の制御力が1周期になす仕事はゼロ.

$$F = kx = kX \sin \omega t,\ T = 2\pi/\omega$$

$$W = \int F dx,\ dx = \omega X \cos \omega t dt$$

$$W = \int_0^T \omega k X^2 \sin \omega t \cos \omega t dt = 0$$

“速度” 比例の制御力は仕事をする.

$$F = cv = k\omega c X \cos \omega t,\ T = 2\pi/\omega$$

$$W = \int_0^T \omega c X^2 \cos^2 \omega t dt = \omega c \pi X^2$$

図 5-31 変位比例制御と速度比例制御のなす仕事の比較

(17) マウントの減衰がつねに役立つという誤解

エンジン振動の車体への伝達を少なくするために，エンジンマウントが用いられます．簡単なものではゴムのかたまりの両側に，エンジン側と車体側への取付け用金具が焼き付けられています．エンジンの重量をうまく荷重を分散して支えつつ，xyz 方向への併進運動と xyz 軸まわりの回転運動を制御するために，最低限３個のマウントを配置します．エンジン振動のうちで振幅の大きい成分の周波数は，定常運転に限定すればアイドル時に約20Hz，最高回転速度では200Hz と広範囲です．経験的にはアイドル時にはエンジンを質量，マウントをばねとする共振に近い状態となり，車体振動が大きくなります．これにより車体に伝わる加振力を下げることが設計命題です．ここで，設計の初心者は**図５-32**のように考えることがあります．「エンジンマウントは一種のばねであり，伝達する力は伸縮量に比例するであろう．車体はほとんど動かないから，エンジンの振動振幅を小さくすれば伸縮量が減り，車体への伝達力も下がる．共振のときの振幅を抑制するには減衰を増やすに限る」．

確かに，マウントの減衰を大きくすればエンジン変位は小さくなるでしょう．しかし，マウントをばねとダンパーが並列に組み合わされた系として考えると，エンジン振動はばねだけでなく，ダンパーも通って伝わります（**図５-33**）．共振に近いとはいえ，アイドル時は共振よりも高い周波数，すなわち質量支配の防振領域であって，この領域ではダンパーの減衰は小さい方が振動遮断特性は向上します（**図５-34**）．初心者の誤解は，加振力が直接作用する物体（ここではエンジン）の振幅低減と，そこからばねとダンパーを通して伝わる力の低減を，混同したことに由来します．

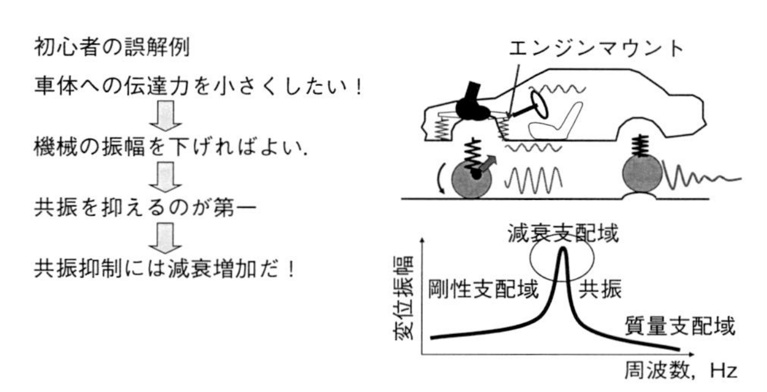

図 5-32　エンジンマウント設計での誤解例

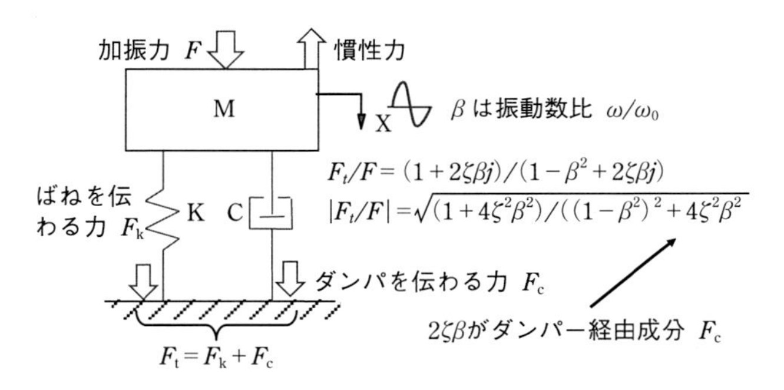

図 5-33　質量の振動によりマウントから伝達される力

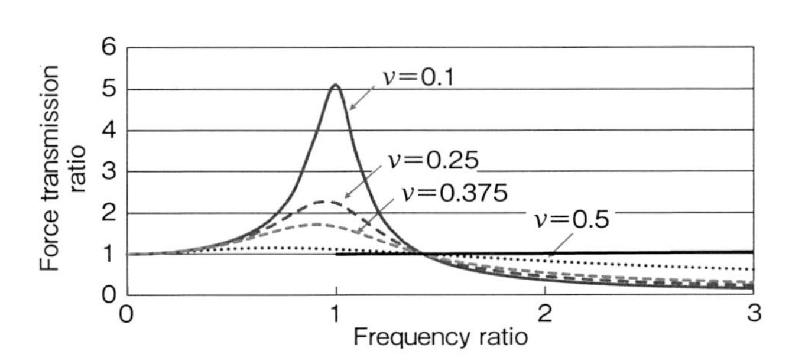

図 5-34　共振より高い周波数では低減衰のほうが減衰効果大

(18) 自在継手は回転トルクのみ伝えるという誤解

出力トルクを非常に大きくしたエンジンを搭載した後輪駆動の高級車を開発したときのことです．ところが発進時に思わぬ低周波振動が生じることがわかりました．分析の結果，振動の周波数はエンジン燃焼の周波数と同一であり，大きな駆動トルクの時であって，車体後方が沈み込む姿勢のときに特に現象が大きく出現することがわかりました．駆動系のねじり振動対策は事前に検討ずみだったので，設計担当者には意外な事態でありました．

防振支持されて揺動するエンジンやデフを結合する駆動軸．駆動トルクにより車体後方が沈んだり，駆動反力によってデフが首を持ち上げたりするときでもトルクを伝達できる自在継手が使われています（**図5-35**）．

この継手の折れ曲がり角が大きくなるときの現象をすっきりと理解するには，トルクを幾何ベクトル（矢印）として表現するとよいでしょう．自分から相手に向かって，時計回りのトルクをあたえるとき，それを自分から相手に向かう幾何ベクトルとして描きます．こうすれば，トルクの作用する軸の方向と，回転の向きの両方を表現できます．

自在継手の左側からエンジントルクが入るとします．出力軸がその軸周りで伝えるトルクは，自在継手の折れ角度だけ，エンジントルクからは方向が変化します．そしてこの出力軸方向トルクはエンジントルクを出力軸トルク成分と，それに垂直な方向の成分に分解したときに，前者に相当します．このとき，後者はどこに行くのでしょうか？　それは出力軸に対する曲げモーメントとして作用します．軸は軸受で支持されているので，この曲げモーメントが軸受の支持荷重として働きます．エンジンの出力トルクは燃焼により周期的に変動しますから，軸受には燃焼周期の加振力が加わります．この反作用はエンジン変速機側にも生じますが，防振性能の小さい駆動軸側への影響が大きいとされています．自在継手の折れ角度の適正な設計が，この現象回避の基本となります．

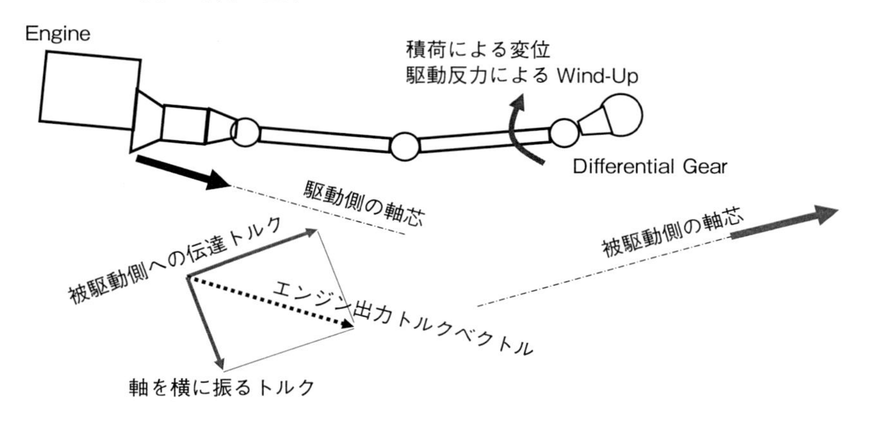

図 5-35　軸継手による副次的モーメントの発生

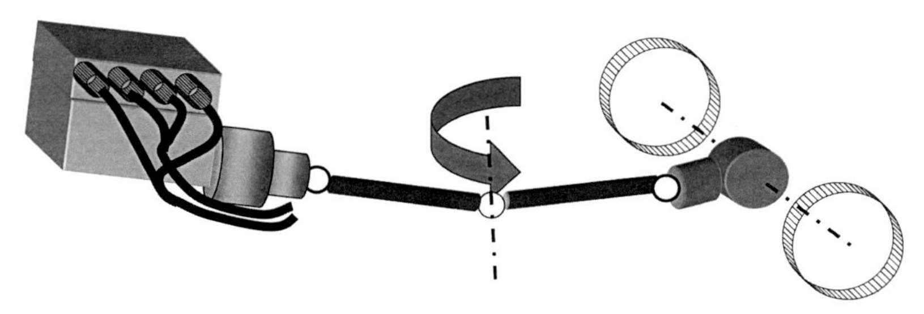

• エンジンのトルク変動と同じ周波数で，プロペラシャフトの
ジョイント軸受けが軸とは垂直の方向に加振される．

図 5-36　プロペラシャフト折れ角による加振力の発生

(19) 摩擦を与えれば制振ができるという誤解

摩擦は空気と同様になくなって初めてそのありがたさに気が付くものの一つでしょう．摩擦がなくなると滑って歩けなくなるし，せっかく締めたねじもゆるんでしまいます．また，エンジンや車体の締結部分では振動が生じても微少な滑りによって摩擦力が働き，エネルギー損失が起きて振幅が次第に小さくなるというご利益をうけています．

しかし，摩擦さえ使えば，どんな場合でも振動を適切に抑制できるのでしょうか？　第一の関門は，あまり摩擦を大きくできないことです．**図5-37**左下のグラフは，油の粘性を利用する速度比例の減衰力を発生させるダンパーを使ったときの変位と減衰力の関係を描いたものです．ダンパーに加わる力が小さくてもダンパーは伸縮し，小さな変位振幅が生じます．この減衰力と変位の積を振動の1周期間積分すると，1周期で熱に変換できるエネルギー損失量が計算できます．速度比例減衰では，振幅の2乗に比例したエネルギー損失が得られます．従って，振幅が大きくなろうとすると，急激にエネルギー損失が大きくなって，振動抑制効果が得られます．他方，摩擦減衰の場合，摩擦力よりも小さな力が作用してもダンパーは伸縮しないので，折角ばねを設置しても防振ができません．また，伸縮をする場合であっても減衰力は一定ですから，1周期でのエネルギー損失は振幅の1乗比例でしか増えないので，大振幅を抑制することができません．共振時の振幅抑制は困難です（**図5-38**）．

重ね板バネの摩擦を使ったサスペンションでも，この二つの弱点があって，微小凹凸のある路面での乗り心地が悪く，また大振幅に備えてのオイルダンパーの併用も必要となります．

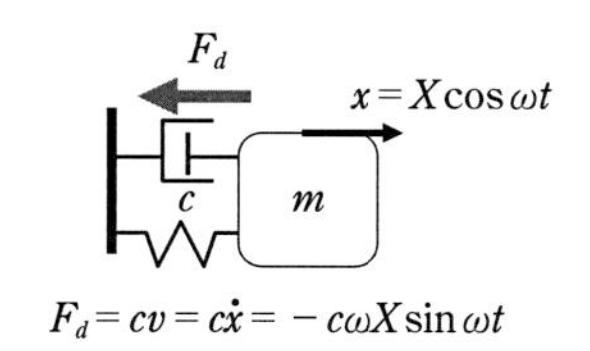

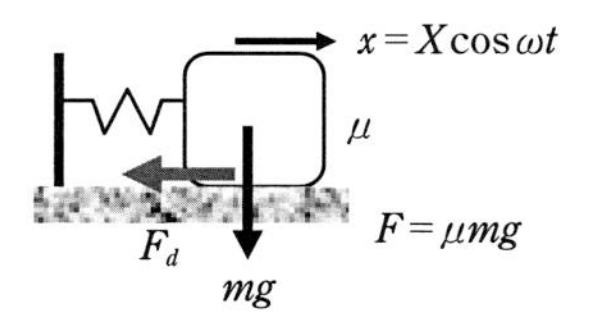

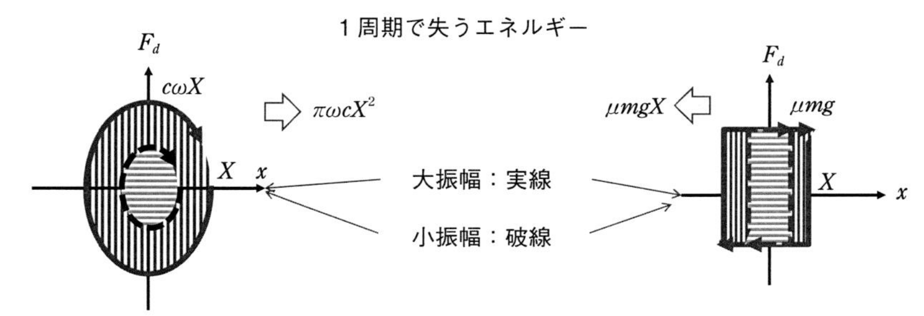

図 5-37　速度比例減衰と摩擦減衰でのエネルギー損失の比較

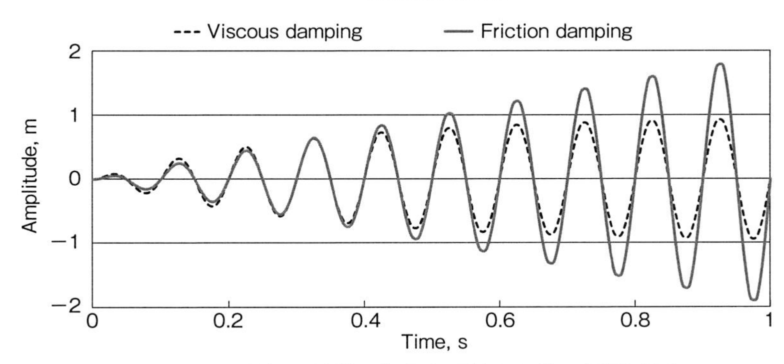

図 5-38　共振周波数で加振を開始した後の振幅成長

(20) 張力変動による振動数が弦振動と同一であるという誤解

自動車の構造や機器の中には，張力で機能を果たしているものがいくつかあります．エンジン補機駆動ベルト，動弁系駆動チェイン，CVTチェイン，ブレーキワイヤー，窓ガラスの昇降用ベルトはすぐに思い浮かびますが，タイヤも実はベルト張力で形状を維持しているテンション構造です．支点で支えられつつ張力を受ける構造であるから，力学的には弦に属します．

これらの部品が弦振動をすると支点には加振力が働きます．弦の固有振動数は張力と弦の線密度で決まりますから容易に予測ができます．支点を保持している構造の設計者の中には，この弦の固有振動数と同一の強制加振力を想定して構造設計を行う人もいます．しかし，この想定は誤りを含んでいます．

図5-39はバイオリンの弦を支えているブリッジ（こま）の部分の写真と，そのブリッジが弦の張力変動によって倒れることによって，バイオリンの胴殻に曲げモーメントが入る様子を示しています．では，このブリッジの倒れを招く張力変動の周波数と，弦振動の周波数との関係はどうでしょうか？ **図5-40**に示したように，弦の変位が最大になるタイミングで張力は最大となり，変位がゼロのときに張力は最小となります．つまり，弦振動の1周期は張力変動にとって2周期に相当するから，張力の周波数は弦振動の周波数の2倍となります．

これを理解していないと，上述のチェインやベルトなどの部品支持構造の共振設計を間違えます．

なお，誤解を避けるために補足すると，バイオリンではブリッジ面内方向の首振り振動により弦振動が胴に伝わります．

図 5-39　バイオリンの弦振動の胴への伝達

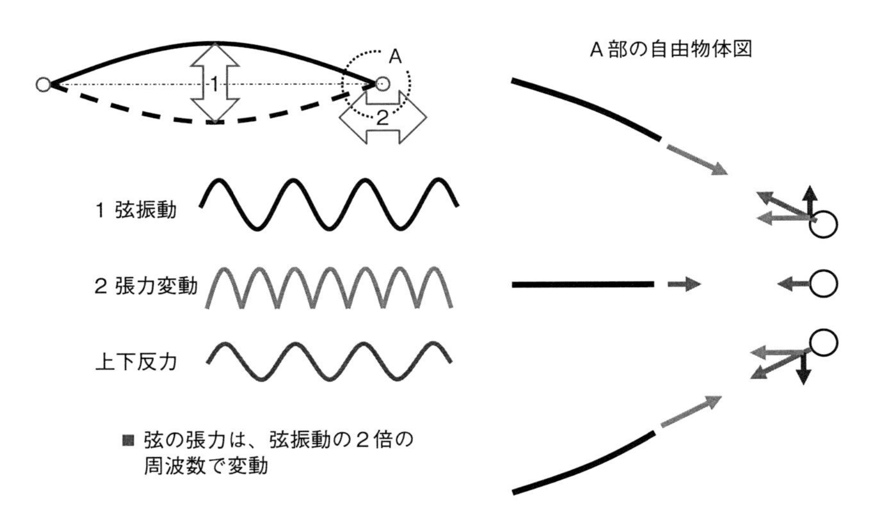

図 5-40　弦振動による張力変動発生

(21) 弦振動モードはサイン波形であるという誤解

動弁系駆動チェインは，高周波振動の加振力を発生します．それはチェインのリンクがスプロケット（歯車）に噛み合うときに発生するのですが，弦振動が原因で発生すると誤解する初心者もいます．因果関係を誤解する極端な例です．接触は一つのリンクと歯との間だけで生ずるものと限定はできません．それゆえチェインとスプロケットの接触全体の瞬間瞬間の状態を解き明かすことは必要ですが困難です．

他方，チェインは張力がかからない状態ではある程度のゆるみをもっています．そのため弦振動の振幅が大きいと周囲に接触をしたり，はなはだしい場合はリンクと歯の噛み合いがずれる可能性がでます．大振幅の弦振動を抑制するために，駆動力によらず張力を与えるテンショナーを設けたり，あるいはリンクに滑りながら接触させて振幅を抑えるガイドを設けたりします．

このような設計をするにはチェインの二つのスプロケット間での振幅分布を知る必要があります．機械振動を中途半端に知っている設計者は，教科書にでている弦の固有振動モードそのものをこの振幅分布であると誤解して，テンショナーやガイドの位置を決めようとした例があります（**図5-41**）．しかし，本当にこの固有振動モードが実現象として現れるのでしょうか？　固有振動モードは強制振動のときに生ずるモードそのものではありません．例えばギターの弦の1か所をつまんで離したとします．すると，その後のギター弦上では**図5-42**のような振動伝播が観察されるでしょう．固有振動らしきモードが観察し始めるのは，この強制加振による波動が何回も支持点間を往復した後です．ここで解きたい誤解は，強制振動の元での振幅分布は固有振動モードそのものではないということです．

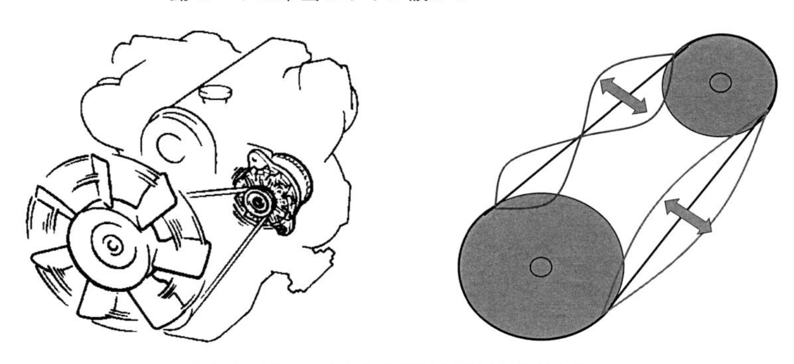

図 5-41　ベルト振動波形は正弦波か？

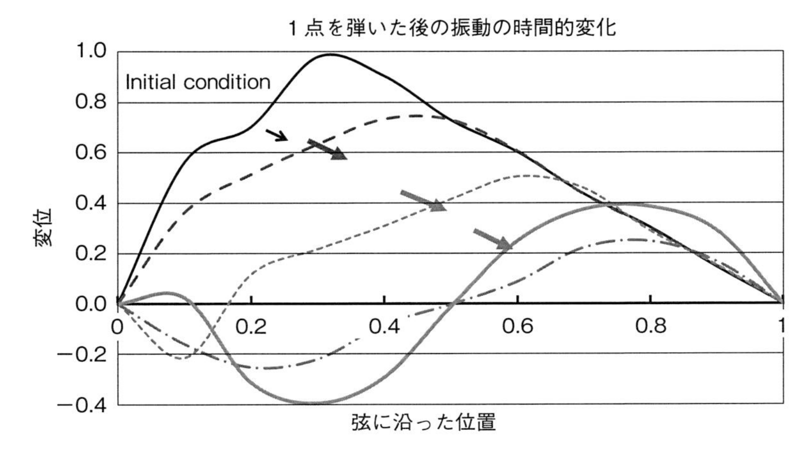

図 5-42　加振直後の波形は固有振動モードの重合ではない

(22) 4気筒エンジンでは偶数次成分だけが支配するという誤解

筆者が自動車会社に就職後に初めて一人で取り組んだ仕事は排気用マフラーの性能向上研究でした．優秀な先輩が途中まで進めていましたが，消音性能の予測計算精度のところで壁に突き当たり，担当が私に交代となりました．温度が急変しつつ高速で流れる気流中の音響現象の予測は難しく，著名な先生からも答えは得られませんでした．

そこで，こういう複雑な現象は理論ではなく，実験結果から統計的に各ファクターの影響を分析をすることにし，NHK 放送技研の世論調査用プログラムを使って多因子分析をしました．その結果，マフラー設計パラメータの影響を定量的に示すデータベースが得られ，社長賞をいただきました．

ところが，当時主力車種であったブルーバードの排気音のスペクトルを見て首をひねりました（**図5-43**）．加速中，エンジン回転速度1600rpm で80Hz に大きな成分が出ました．4気筒直列エンジンを搭載していましたので，燃焼あるいは排気は2回転で4回行われます．従ってスペクトルの基本次数はエンジン回転の2次成分とその高調波，つまり4次，6次という偶数時成分であるはずと考えました．しかし，80Hz は回転の3次です．エンジンが不調で1気筒失火していたのでしょうか？　それとも排気音以外の成分をマイクロホンが検出したのでしょうか？　こんなことで悩まず，ただ統計処理プログラムにデータを入力し，出てきた結果をまとめれば時間は短縮できたでしょうが，それから10年後に取り組んだエンジンの音質向上研究でアイデアが浮かぶことはなかったでしょう．

この謎を解くために，気筒間不揃いがある場合の排気脈動音波形を計算してみました（**図5-44**）．

各気筒からの脈動が排気吐出口まで伝播する時間が異なると，吐出口では位相ずれが生じ，合成された排気脈動はエンジン2回転毎の周期信号ですが，エンジン半回転毎の周期信号とはなりません（**図5-44**）．従って，**図5-45**のようなマニフォルド長さが気筒毎に異なる場合は，最低次数は0.5次成分となります．筆者が首をひねったデータをもたらしたエンジンはトーナメント式という不等長マニフォルドによる慣性排気効果を狙った設計でした．

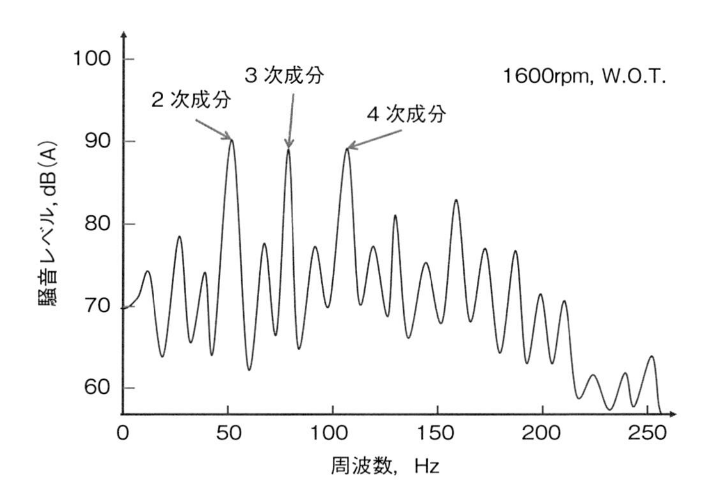

図 5-43　4 気筒エンジンの排気音で 3 次成分が大きい例

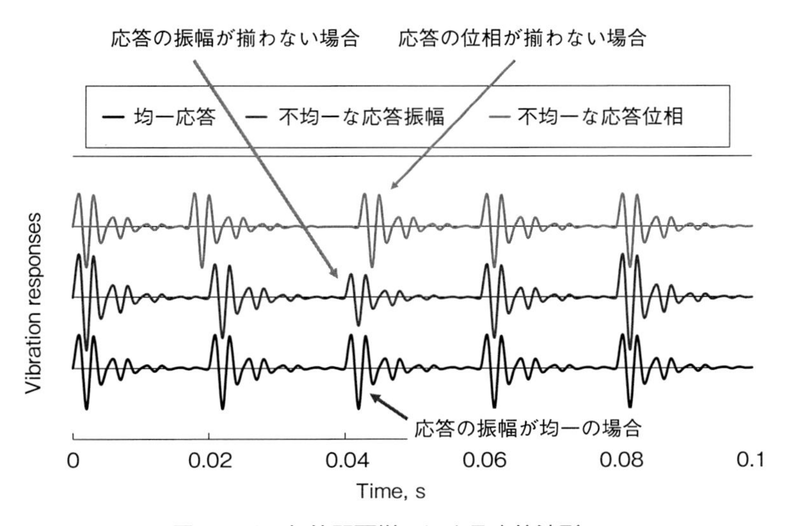

図 5-44　気筒間不揃いによる応答波形

次に遭遇したエンジン回転速度の偶数時でない成分が支配する現象は，音質の良くない４気筒エンジンの振動スペクトルでした．回転の奇数次成分が大きくなることは某大メーカの技術者も気が付いていましたが，彼らはその原因を振動の振幅に対する非線形現象であると説明していました．確かに，サイン波の振幅を増幅器で拡大し過ぎると，飽和現象によって矩形波に近づいて，サイン波の周波数の３倍，５倍という周波数成分が発生します．しかし，筆者が探してもこのような現象はそのエンジンでは見つかりませんでした．ここで排気音３次成分の原因究明の経験が役立ちました．エンジンの燃焼騒音の場合も，各気筒での燃焼が均一だとしても，構造の応答には差があるから0.5次成分が出現する可能性は大いにあります．

構造応答に差が生じる代表的な原因は，クランク軸の曲げやねじりモードに対する気筒毎の位置の差です（**図５-46，図５-47**）．クランク軸後端には慣性の大きいフライホイールが取り付けられていますので，軸固有振動モードには対称性がないことが要因です．クランク軸ねじりモードの腹・節の位置とエンジン本体振動モードの関係で応答が急変します．

図 5-45　排気マニフォルドの気筒間での長さの差

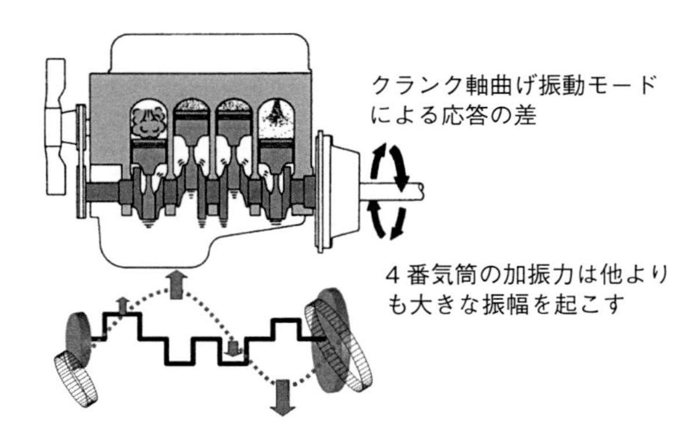

図 5-46　クランク軸曲げモードによる燃焼加振応答の気筒間差

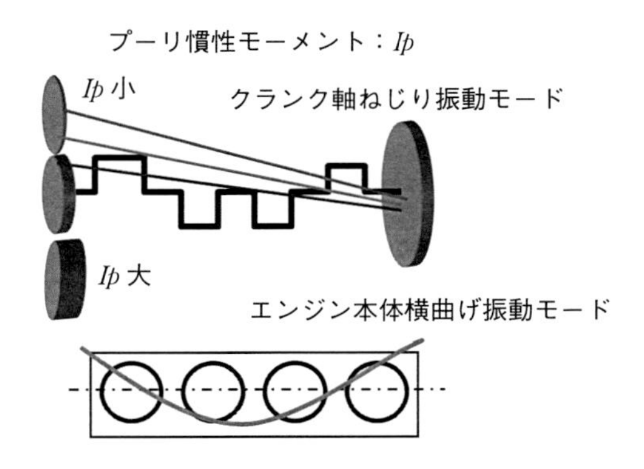

図 5-47　クランクねじり振動が軸横変位と本体曲げ振動を生む

(23) 運動エネルギー分布とポテンシャルエネルギー分布の片方だけの情報による構造改善

有限要素モデルを使った固有振動解析の結果，振動モード形が得られ，そのモードにおける各要素の速度振幅と歪量が計算されます．一例を**図5-48**に示します．さて，得られた固有振動数やモード形状が，望みの特性とは異なり，振幅の低減が必要となったとしましょう．その設計変更を，この運動エネルギー分布と歪エネルギー分布を参考に進めるときに，考えを整理しておく必要があります．

ある設計者は，運動のエネルギーが大きい部分の振幅を下げればよいと考えました．そこで，運動エネルギーを多く持つ部分や部品の質量を小さくすることに決めました．はたしてこの設計変更はうまくいくでしょうか？

問題としていた振動モードの固有振動数は高い方向にずれるでしょう．加振振動数との差を固有振動数の上昇によって広げることができれば，それは良い方向です．しかし，設計目標が構造物のある特定の位置の振幅であったとすると，固有振動数だけで設計変更を考えてはいけません．軽量化をしたことによって，この位置の振幅が減るとは限らないからです．

また，この固有振動数に近接した固有振動数を持つ別の振動モードとの関係も考慮する必要があります．想定される加振位置と設計目標位置の振動の位相差が，二つの固有振動モードに対して，部分的な軽量化で変化します．場合によっては変更前には互いに相殺して振幅が小さかった位置の振幅が，大きくなってしまうこともあり得ます．

歪エネルギー分布も上記と同様の注意をして利用する必要がありますが，さらに別の考察も必要です．

歪エネルギーの大きい要素が，固有振動モードの剛性を支配しているかどうかを見極める必要があります．その要素が弱く，隣接する剛性の高い構造部分によって無理やり変形をさせられていますが，もともとそのモードの剛性への寄与が少ない可能性があります．この場合は，その部分の疲労破壊などには気を付ける必要がありますが，構造全体の特性改善にはあまり役立ちません．

上述のように，設計変更には剛性と質量の分布全体，運動と歪のエネルギー

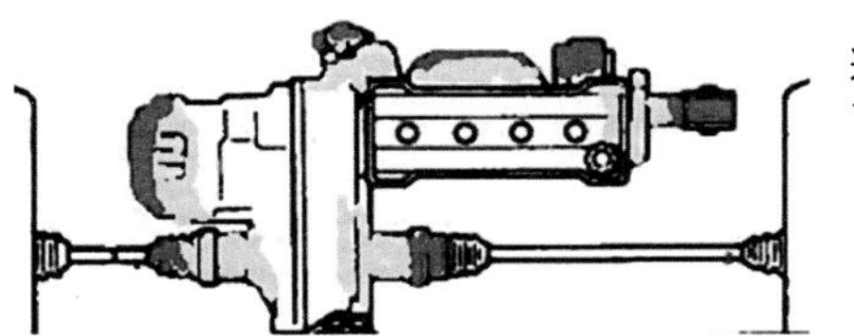

運動エネルギー分布
１次モード

運動エネルギーが大きい部分：軽量化すべき部分とは
限らない⇒他の部分の剛性向上が必要かもしれない.

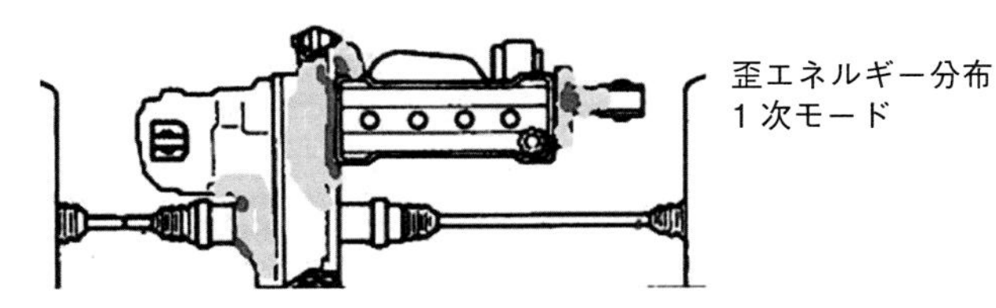

歪エネルギーが大きい部分：剛性向上すべき部分とは
限らない.⇒他の質量軽減が必要かもしれない.

図 5-48　運動エネルギー分布と歪エネルギー分布

密度の高い部位の果たす役割を総合的に考慮をする必要があります.

(24) 転がり軸受けをすべり軸受けよりも剛性大とする誤解

生物が歩いたり走ったりするときの足の運動は往復運動が基本となっています．鳥や昆虫が空を飛ぶときの羽の動きも同様です．これに対して自動車は車輪を回転運動させて地面を蹴って走り，航空機ではプロペラやローターを回して推進力や揚力を得ています．生物にない軸受けを人間が発明したので，機械が今日までの発展をみています．

さて，軸受けの剛性は硬い方が望ましい場合が殆んどです．それは，軸自体で曲げ剛性を十分には確保できないときに，軸受けも含め支持構造で軸曲げモーメントを支えて変形を少なくしたり，あるいは精密工作機械の軸のように，加工による反力が加わっても軸位置の移動を抑える必要があったりするなどの場合です．もちろん，高速回転軸のように，軸受け剛性をばねとして回転体が質量として作用する振動系の共振周波数を超えて運転する場合には，回転体はその重心を中心として回転するので，軸受けと支持構造の組み合わせた系はむしろ柔軟である必要があります．

さて，**図5-49**に示すように，すべり軸受けの荷重を支える能力は，軸の回転に粘性の作用で引きずられる潤滑油が，くさび状の隙間に強制的に送り込まれるために発生する圧力と，隙間を通り過ぎた下流側の圧力との差によって生じます．そして，この隙間は軸中心が軸受け中心からわずかにずれることにより生じ，かつその位置は荷重が支えられる角度に自動的に動きます．

この圧力差は油膜が隙間に送り込まれる速度，つまり軸回転速度に比例するから，遠心力による荷重が回転速度とともに増大しても，油膜圧力も増大して，支持ができます．従って，十分な速度で運転すれば，すべり軸受けの剛性はそれほど低くなりません．

また，クランク軸にエンジンの燃焼荷重が作用するときのように，衝撃的な荷重がすべり軸受けに作用する場合の現象を，**図5-50**に模式的に示します．軸受け隙間のくさび部分で高圧が発生する上流側は，この場合クランク軸から急激な下向き荷重を受け，隙間が小さくなろうとします．すると，潤滑油は圧縮性が極めて小さいので，隙間から逃げようとします．この隙間から潤滑油を押し出すスクイーズ効果によって，瞬間的に高い圧力が荷重を支える側に発生

■ 軸の回転速度が高い
■ ⇒油膜のくさび（wedge）効果増大

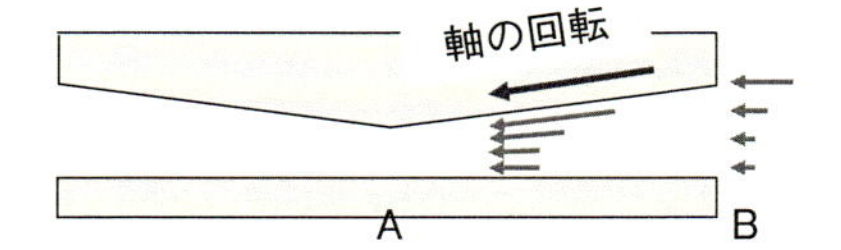

流路が狭くなり流速増加・流量は一定
⇒下向きの運動量増加
⇒上向きの反力発生
⇒軸を浮揚する圧力 p 発生

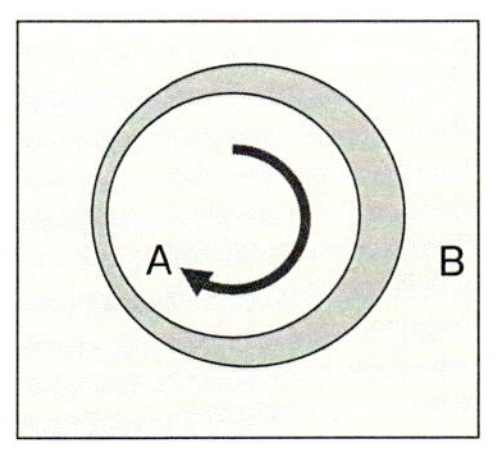

粘性によるオイル引き込み

$$p = \mu N \varepsilon$$

μ：粘性係数，N：回転速度
ε：偏心率

図 5-49　隙間に流れ込むくさび状の油が発生する浮揚力

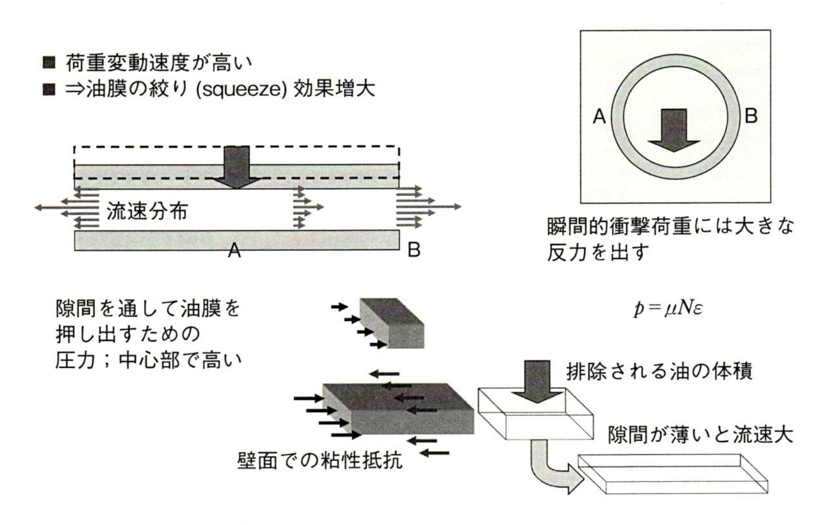

図 5-50　油膜の絞りにより発生する浮揚力

します．このことによって，衝撃荷重にもすべり軸受けは高い剛性を発生し得ます．

他方，転がり軸受けの典型であるボールベアリングを比較対象としてみます（**図5-51**）．ボールと転動面の接触が点とすると接触圧力が無限大となるが，両者は弾性変形をするので，狭いながらも有限の面積を持っています．そうすると理想の転がりにはならず，接触面のどこかですべりが生じています．このすべりが金属どうしで生じないように潤滑が行われていて，液状の潤滑油のほかにグリスが高圧のもとに瞬間的に液状になることを利用した流体潤滑状態となっています．もちろん，すべり軸受けに比べて，転がり軸受けでの潤滑膜厚ははるかに薄いし，軸が偏心運動をして荷重を支える機構を利用しているわけではありませんから，潤滑による大きな軸変位は生じません．

しかし，荷重を狭い接触面で割った応力の値は大きいから，ボールも転動面も弾性体であるので歪も相応に大きくなります．このために見かけ上は剛性が高そうな転がり軸受けの剛性は，滑り軸受けに比べてかならずしも高いとは言えません．そして，ボールやローラーのような転動体の数は有限であって，転動面には転動体が通過するときには歪が大きく，そうでないときにはほとんどゼロになるという片ぶりの繰り返し荷重が作用します．そのために，よほどの軽負荷でない限り金属疲労が蓄積しますから，転がり軸受けには潤滑状態が良くても寿命があります．

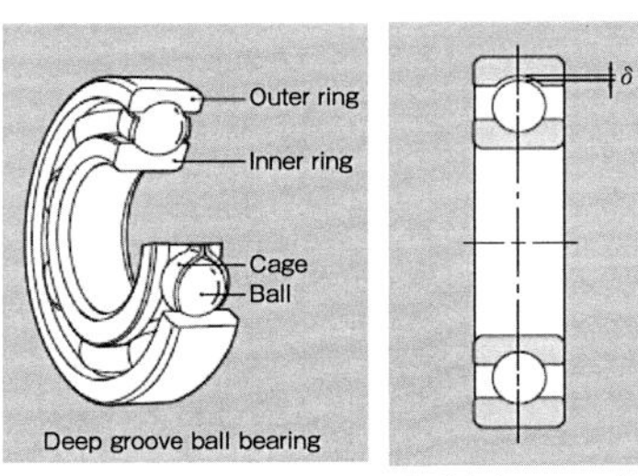

- 点に近い接触
- 通常は隙間が必要

標準的ボールベアリングの剛性
約 50 N/μm（軸径 50mm）

球面接触の荷重 F_n と貫通量 d の関係

$$F_n = 0.733\, E \sqrt{\frac{1}{R_1} + \frac{1}{R_2}} \left[1 + \left(\frac{1 - C_r^2}{1 + C_r^2} \right) \tanh\left(2.5 \frac{V_p}{V_e} \right) \right] \delta^{1.5}$$

F_n：接触力（N）　　E：ヤング率（Pa）
R_1：接触物体 1（曲率半径）　　R_2：接触物体 2（曲率半径）
C_r：反発係数　　δ：貫通量（mm）
V_p：貫通速度（mm/sec）　　V_e：遷移速度（mm/sec）

図 5-51　ボールベアリングの接触荷重

(25) クランク軸受け荷重が回転速度とともに単調増加するという誤解

振動騒音技術者の中には，クランク軸からシリンダーブロックに作用する荷重は，回転速度の上昇とともに単調に増加すると思い込んでいる方もいるようです．また，主軸受けでは，上記の燃焼荷重と慣性荷重が単純な足し算でシリンダーブロックに伝達されているとお考えの方もいらっしゃるようです．どちらも勘違いであって，うっかりすると誤った設計をします．

ピストンが上死点の近くにある状態を考えましょう．それまではピストンはクランク軸によって押し上げられて上向き速度が高い状態となっていますが，上死点近くになってコンロッドによって下向きに引っ張られて下向きの加速度を受けています．この反作用としてピストンはクランク軸を上向きに引っ張るから，クランク主軸受けには上向きの慣性力が作用します．他方，上死点近辺では燃焼圧力が高く，ピストンを下向きに押します．慣性荷重は回転速度の2乗に比例して増大しますが，燃焼荷重は回転速度によってそれほど変化しません（**図5-52**）．多くのエンジンでは両者の上死点付近での絶対値は，全負荷のときにはほぼ等しくなるから，足しあわされてゼロに近くなります．それよりも高速でかつ低負荷のときには慣性力が支配的で，上死点付近では上向きとなり，低速高負荷では燃焼荷重が支配的で下向き荷重となります．この分かれ目は，クランク軸のバランス率で変化し，上死点付近の上下方向の慣性荷重は，バランス率が大きいと小さくなるから，燃焼荷重の影響が大きくなります（**図5-53**）．ただし，慣性荷重によって燃焼荷重が衝撃的に作用する直前のクランク軸の曲げ変形量は支配され，主軸受け内でのクランク軸位置と油膜厚さも支配されるので，単純に慣性荷重と燃焼荷重の足し算そのものがシリンダーブロックの加振力として作用するわけではありません．

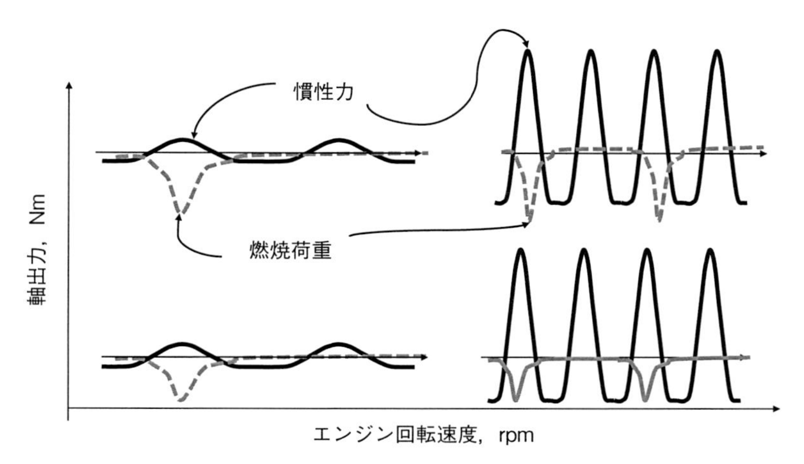

図 5-52　燃焼荷重と慣性力の発生タイミングとバランス

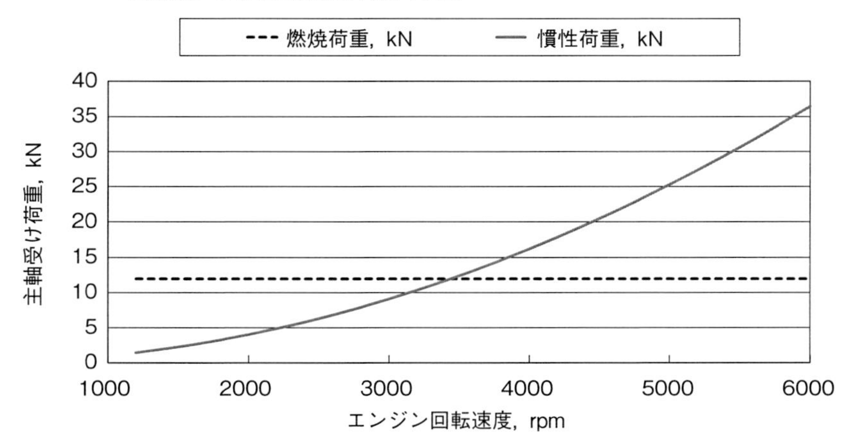

図 5-53　燃焼荷重と慣性荷重の回転速度依存性

(26) 極低周波でのショックアブソーバーへの過度な期待

不整路面を走行すると，路面から入る力によってタイヤは変形して車輪を押し上げ，車輪は上下に運動を始めてサスペンションのばねを伸縮させます（**図5-54**）．すると，サスペンションから車体への荷重変動が生じて車体は上下振動やロール，ピッチ運動を始めます．同時に，タイヤとサスペンションという二つのばねに挟まれた車輪も振動を始めます．両者の固有振動数は異なり，前者は1Hzから2Hz，後者は10Hz付近にあります．前者は内臓の共振振動数に近く，乗り物酔いに影響があります．後者はブルブルという不快な振動がステアリングなどの操作系にも現れて，しっかりとした運転感覚を妨げます．不整路面の走行ではサスペンションの伸縮は期待する機能ですが，そこを通り過ぎた後に残る振動は早期に収束させたい．このために，ショックアブソーバーが設定されていて，上記の二つの振動エネルギーを熱に変換して放散させます．もちろん，ショックアブソーバーは車輪と車体の相対運動を抑制する方向に力を出しますから，路面突起による車輪上下運動から車体へと荷重を伝達する副作用ももっています．

いずれにしても，ショックアブソーバーには車輪と車体の相対運動に対して，その速度比例の減衰力を発生することが期待されています（**図5-55**）．減衰力発生に必要な相対運動ですが，次のような因果関係があるから，過大な期待は禁物です．

低周波では⇒　加速度小　⇒車体が発生する反力（慣性力）小　⇒ショックアブソーバーが伸縮しない（オイルシールの摩擦）　⇒タイヤ（空気ばね）による振動⇒減衰が弱い⇒振動が長続き．

ショックアブソーバーが横に振られるレイアウト⇒摩擦が大きくなりやすい．

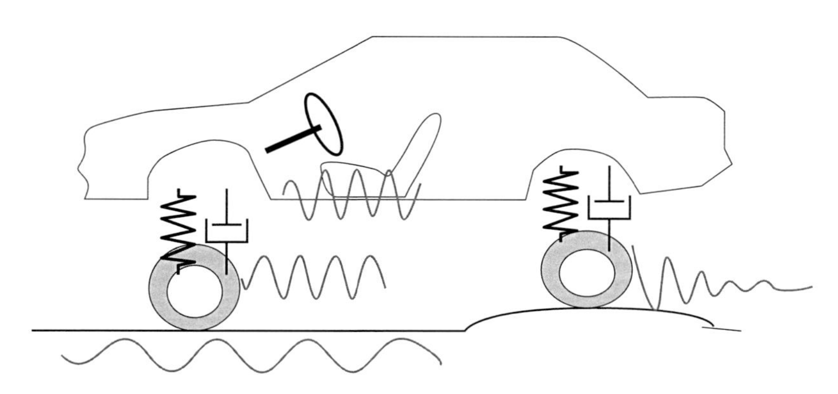

図 5-54　車体に生じた振動のエネルギーを速く消失させたい

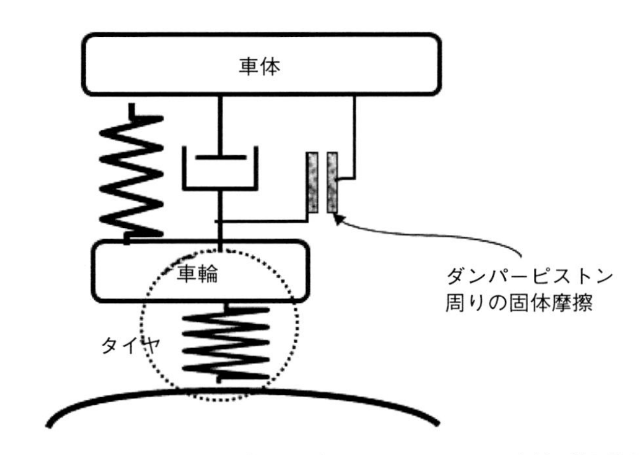

図 5-55　ショックアブソーバーのオイルシール摩擦が振動を伝える

(27) “車輪は軽いほど乗り心地が良い”という誤解

アルミホイールは錆びにくく，ダイキャストによる造形の容易さからもプレス成型をしたスティールホイールよりも美しいと著者は感じます．また，軽量であるから車体・サスペンション・車輪・タイヤで構成される振動系の共振のなかで，主として車輪が振動する「ばね下」共振周波数が高くなるので，路面凹凸に対する車輪の追随性が良くなって，制動や運動などの性能が良くなることが期待されます．

では，軽量のアルミホイールを装着した方が乗り心地も良いのでしょうか？この質問に対する答えは一つではありません．それは「乗り心地」という言葉の定義が人によって異なるからです．ある人は車輪のアンバランスなどによって生じるシェイク振動が持続するブルブル感を言い，別の人は突起乗り越しのときの衝撃（ハーシュネス）を言っているのです．

ここでは後者を考えてみます．乗員が感ずるのは車体の振動で，車体はサスペンションを介して車輪から突き上げられます．そして，衝撃的な振動では速度に比例した減衰力が伝達力を支配します．従って，車輪の振動速度が低いことが突起乗り越しでの乗り心地に大切です．そこで，路面凹凸を入力とする上記の振動系の運動方程式を**図5-56**で観察します．衝撃入力時点での（2）式の中のz（車体変位）は他の量に比べて小さいので無視し，車輪変位yを応答として，路面凹凸wの項を右辺に移します．タイヤのばねkt，減衰ctに対して車輪が防振されることが衝撃を特徴づける高周波成分で重要ですから，タイヤの硬さに対する車輪質量m_ωが大きいほうが有利となります．この様子はSIMULINKを使った数値解析でも確認できます（**図5-57**）．図中右側のブロックダイアグラムの上部が車輪振動，下部が車体振動のループで，左側がそれぞれの速度と変位の時間波形を示しています．

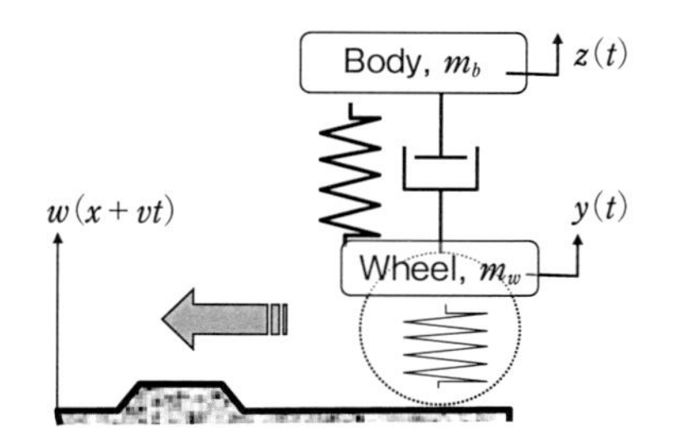

車輪の変位 $y(t)$ によって
サスペンションがたわんで
車体を加振

⇧

路面の凹凸 $w(x+vt)$ により
タイヤがたわんで車輪を加振

車体変位 $z(t)$，車輪変位 $y(t)$ についての運動方程式

$$m_b\ddot{z}+c_s(\dot{z}-\dot{y})+k_s(z-y)=0 \qquad (1)$$

$$m_w\ddot{y}+c_s(\dot{y}-\dot{z})+c_t(\dot{y}-\dot{w})+k_s(y-z)+k_t(y-w)=0 \qquad (2)$$

図 5-56　路面凹凸を乗り越すときの振動力学

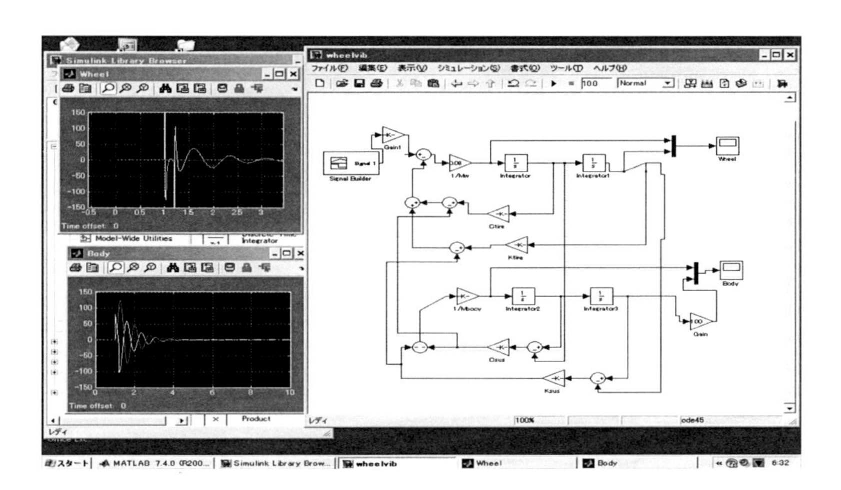

図 5-57　路面凹凸乗り越し計算用ダイアグラムと計算結果の波形

(28) カバーに入る加振力の誤算

エンジン，トランスミッション，モーター駆動用インバータ振動にカバーの固有振動数成分が含まれていると，大きな振幅で振動をし，騒音を放射します．カバー類には平板に比較的広い面があることが多いので，ハンドブックなどに掲載されている計算式を使って固有振動数を計算したくなります．

ところが，ほとんどのハンドブックに掲載されている内容は，平板や単純形状の浅いシェルが周辺を単純支持されているときの式やモード形状です．しかし，実際のカバー取り付け状態はそのような支持状態ではありません．なによりも大きな違いは，周辺を支持されていて，それ以外の自由な部分に加振力が作用する場合は，ハンドブック掲載の固有振動モードが励起されますが，加振が支持部からなされる場合はこの理屈は通用しません．

そこで，エンジンヘッドカバーの例をとって考えてみます（**図5-58**）．ヘッドカバー取り付け面は，シリンダーヘッド上面のフランジです．もしそこがどこも同じ振幅で上下振動をしている場合は，支持部の加速度の代わりにカバー全体にその加速度にカバー各部の質量を掛けた慣性力が加振力と考えて，上記の固有振動が生ずると考えても差し支えないでしょう．

しかし，カバーへの入力は単純な一方向振動ではありません．**図5-59**のような複雑な分布をします．そしてカバーに比べてシリンダーヘッドの機械インピーダンスが大きいときは，むしろ強制変形入力と考えるべきです．こうなると，周辺支持の境界条件での固有振動モードの重ね合わせではカバー振動を表現できません．つまり，加振力の想定の仕方によって，カバー振動の主要モードが異なるので，対策も異なることになります．もし，固有振動モードの重ね合わせ法を使うのであれば，周辺自由状態の固有振動モードを使ったほうがよいでしょう．

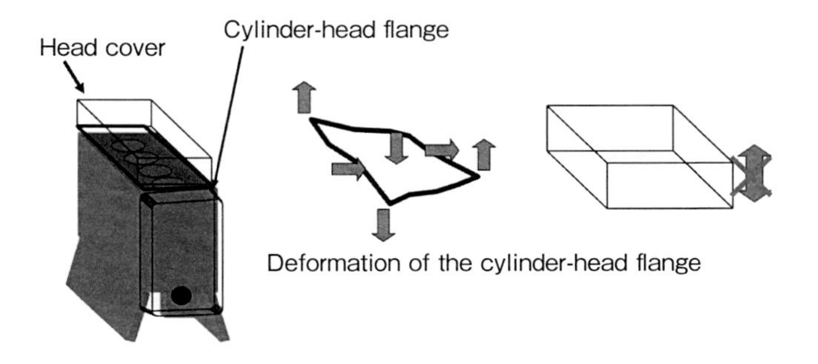

図 5-58　シリンダーヘッドの変形がヘッドカバーを加振

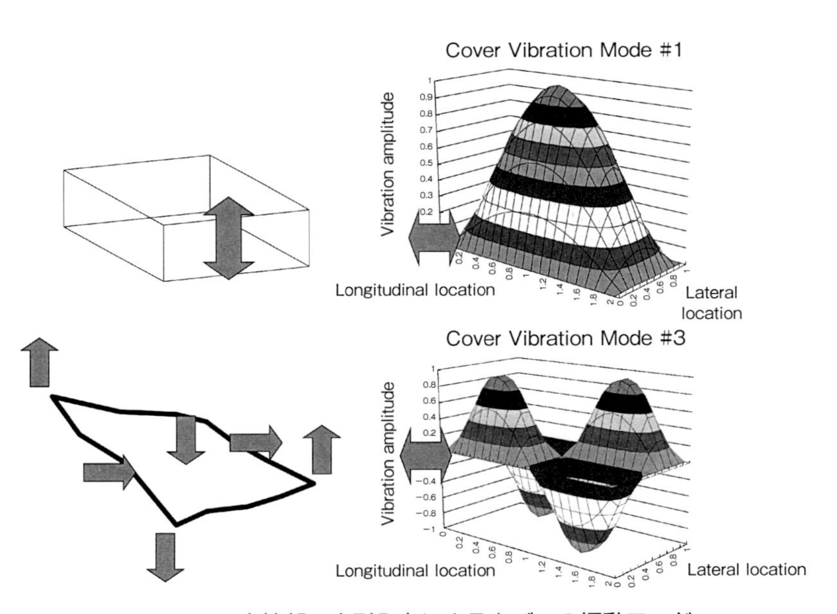

図 5-59　支持部の変形入力によるカバーの振動モード

(29) 回転体は軸心のまわりで回転するという誤解

自動車の中には数多くの回転体が存在しています．高速回転をする代表はエンジンのクランク軸，ターボチャージャーのローター，発電機ローターで，1万 rpm を超えることも珍しくはありません．それらよりもやや低回転速度ではあっても，振動騒音の原因となる回転体にはプロペラシャフトや車輪，エアコンブロワーなどがあります．ここで，軸の質量バランスや支持剛性などを設計あるいは現場調整で変化させ，振動問題を解決するわけですが，原理をよく知っておかないと間違った対策となって，かえって回転軸による振動が増えてしまいます．

振動，回転速度の高低は，その絶対値ではなく，軸を支持する構造のばね定数と軸の質量の比で決まる固有振動数あるいは危険速度と比べて考えることになります．プロペラシャフトのように，それ自身がたわんでばねの作用も持っている回転軸の場合は，支持剛性だけでなく軸の曲げ剛性も含めた固有振動数が基準となります．

今，回転軸は**図 5 -60**のように剛で質量 m を持つ円盤と，質量はもたずばね定数 k の軸があり，その軸が回転軸と垂直な面内の x，y 方向にたわみながら回転するとします．円盤のたわみ速度に比例した減衰が減衰係数 c で働くとします．ここで重要なことは，軸受けの中心を結んだ直線と円盤の交差する点「軸中心」“O”，円盤単体の幾何学的中心“A”，円盤の質量中心“G”が違うものであると認識しておくことです．軸がたわむと，“A”と“O”は位置がずれます．“A”と“G”の距離は変化しません．しかし，“O”に対する“A”“G”の相対的位置関係は，回転速度とともに変化します．

この変化の仕方は，x，y それぞれの方向の 1 自由度の振動系に対して，回転軸の遠心力が強制加振力として働く場合として考えます（**図 5 -61**）．x，y 方向の振動は，回転角速度に直して90度の位相差がありますから，サインとコサインの関係になりますので，ばね定数が x，y 方向で等しければどちらか片方がわかれば，もう一方は90度だけ位相をずらしたものとなります．

そこで，x，y 方向の運動方程式を**図 5 -62**に示します．軸の幾何学的中心“A”の軸中心“O”からの変位振幅（位相付き）を x，y と表記し，軸の回転

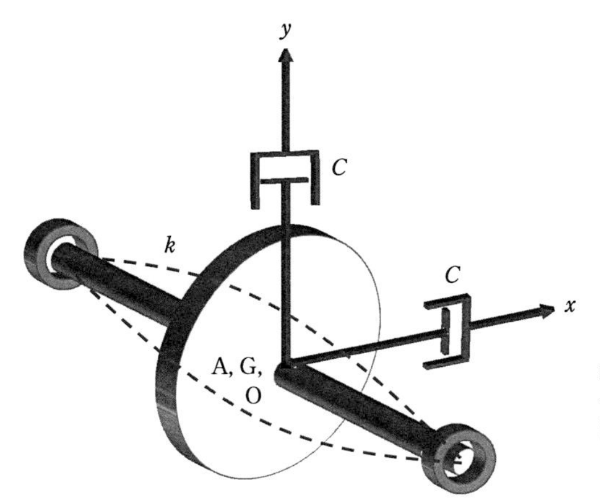

A：円盤の幾何学的中心
G：円盤の質量中心
O：軸受け中心

自動車の車輪では，この図の軸の剛性（柔軟性）は，サスペンションのばねとタイヤの剛性に相当する．

図 5-60　弾性支持された回転軸の座標系

ローターの座標系

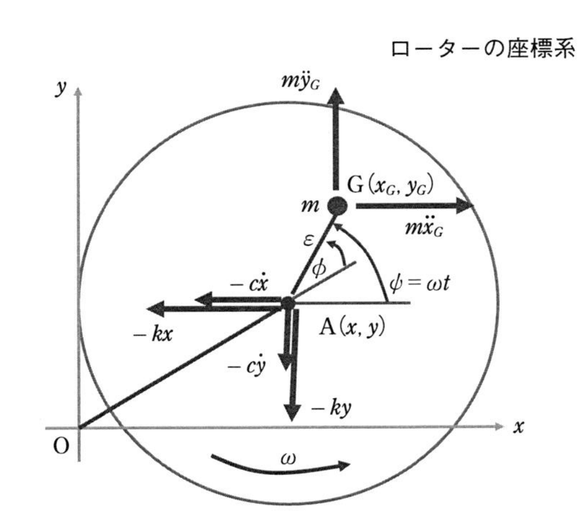

m：円盤の質量［kg］
ε：質量中心の偏心［m］
ω：回転速度［rad/s］
ϕ：軸振れと円盤質量の振れの位相差［rad］

図 5-61　ローターの座標系

角速度をω[rad/s] とすると，図中の式のように幾何学的中心“A”の軸中心“O”からの距離Rが，“A”と“G”の距離εに対して$\omega/\omega n$（回転角速度と固有振動数の比）の関数として計算できます．これを利用すると，円盤は次のように振れ回ります（**図5-63**）.

1）共振点よりも低い回転速度：不釣合いの方向に振れる.

2）共振点付近：不釣合の方向から90°遅れに大きく振れる.

3）共振点よりも高い回転速度：不釣合いと逆方向にわずかに振れる.

このように，共振点よりも高い周波数では，回転体はそれ自身の質量中心まわりで回転すると近似してもよい．AとOがずれている場合は，軸はそのずれ量だけたわんで回転します．従って，その状態では質量中心と軸中心との距離と軸剛性の積が軸受け荷重として作用するので，設計時点でも読みやすいのです.

他方，共振状態では加振力に対してばね力の方向が直角となって復元作用に役立ちません．ここでは加振力と反対方向に作用する減衰に振幅抑制を頼ることになりますが，サスペンションのショックアブソーバーのように一方向に効果を持つものの場合，必ずしもよい配置とならない可能性があります.

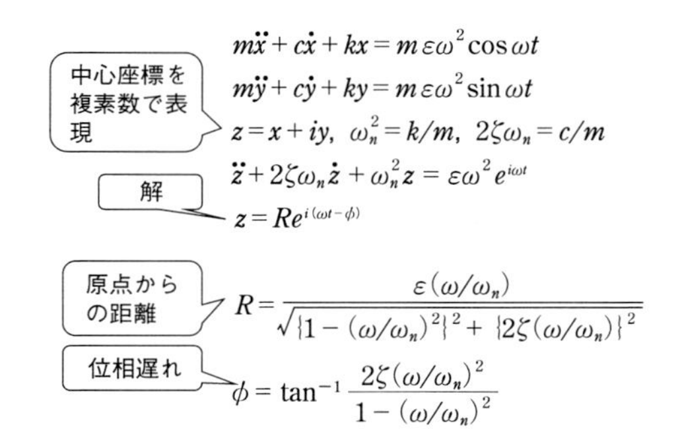

図 5-62　ローターの変位に関する運動方程式と解

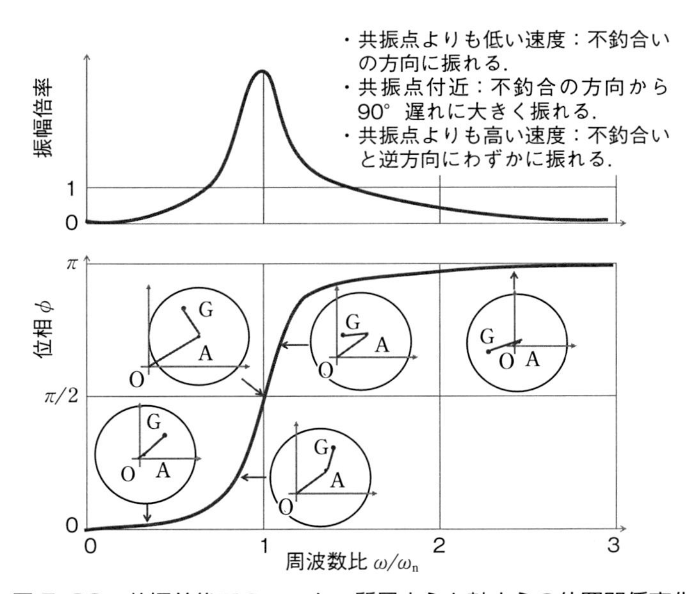

図 5-63　共振前後でのローター質量中心と軸中心の位置関係変化

(30) 弾性軸の動バランスは2点でとれるという誤解

筆者がある自動車製造企業に入社した頃，プロペラシャフトが走行中に外れて路面に突き刺さり，車両が転覆して大事故が起きたことがあります．その原因としてプロペラシャフトのアンバランスによる振れ回りが疑われました．もしそうであれば，設計者・実験確認をした技術者などの担当者と管理者が裁判で有罪となる可能性がありました．振動騒音は単に快適性という比較的気楽な分野ではなく，人命にかかわる重要な分野であることを認識しました．筆者はまだ駆け出しの技術者でしたが，この検証作業に加わりました．

ほとんどの教科書には静バランスと動バランスが説明されています．バランスは軸が回転しているからこそ発生する遠心力による軸振動を軽減するためにとるものですから，ここでいう「静」とは高速回転をさせなくても，軸が重力によって重心を下にして「静止」することを利用した，バランシング錘の取り付け位置と必要量を見つける作業を意味します（**図5-64**）．他方，この方法では軸方向のどの位置に不釣り合いが分布しているのかを見つけ出すことができないので，同図右側のように軸を中心軸とは直交する軸周りに回転させようとするモーメントを打ち消すためには，「動」バランス法を使います．これには軸を回転させた上で両軸受けに働く荷重を計測し，軸間距離との積から打ち消すべきモーメントを計算します．そしてこれを実現するための修正バランス質量とその位置を算出する仕組みです．

これは軸が遠心力によりたわんで，回転速度とともにバランス量が変化する場合には十分ではありません．筆者が経験したプロペラシャフトの場合，軸端に近い部分の組み立て誤差によるアンバランスは，上記の動バランス法で対処できます．中間のチューブ部分に初期曲がりがあり，これが端部アンバランスとは逆の方向に回転とともに成長する場合を考えてください（**図5-65**）．

このような軸の出来具合を前提とし，低速回転時にまだ中間の弾性軸のたわみが少なくて，継手部分のアンバランスが小さい条件で動バランスをとるとします．そして，バランス修正用錘の取り付けには形状が単純な円筒である弾性軸表面に溶接する方法が一般的です．そうするとその回転速度から徐々に回転速度を上昇させていくと，弾性軸部分単独では，初期曲がりを増大する方向に

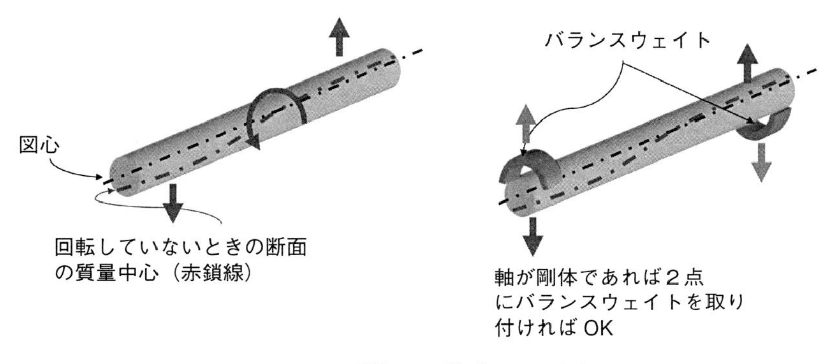

図 5-64　剛体での動バランスとり

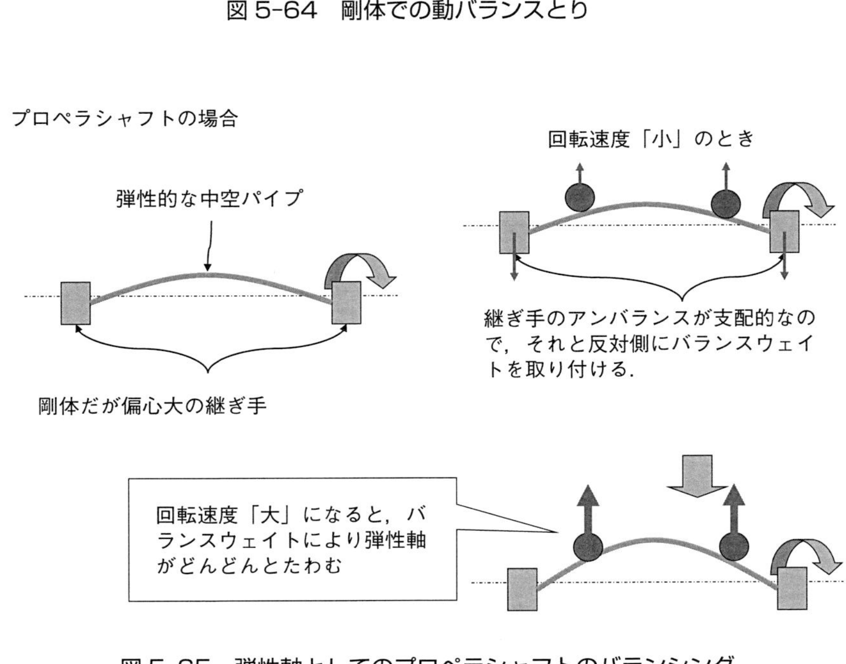

図 5-65　弾性軸としてのプロペラシャフトのバランシング

バランス錘がつくので，回転速度をさらに上昇させるとバランスは崩れていきます．その結果，低速回転で動バランスを修正したことが，かえって悪い方向に作用することになるのです．

では，どのようなバランシングをすればよいのでしょうか？　ここで問題となったことは弾性軸の曲げ変形をバランス用修正錘に働く遠心力が助長したことでした．それを防ぐ考え方は，曲げモードを励起するような加振力をなくすことですから，回転軸の軸方向でのアンバランスの分布をすっかり把握し，各位置ごとにバランスをとることが理想となります（**図5-66**）．もちろん，この作業は現実的ではありませんので，せめて軸の曲がりを３次元スキャナーなどの形状測定も含めてチェックし，回転をさせたときに軸心に近い位置に近いところでバランス修正をしたいものです（**図5-66**）．

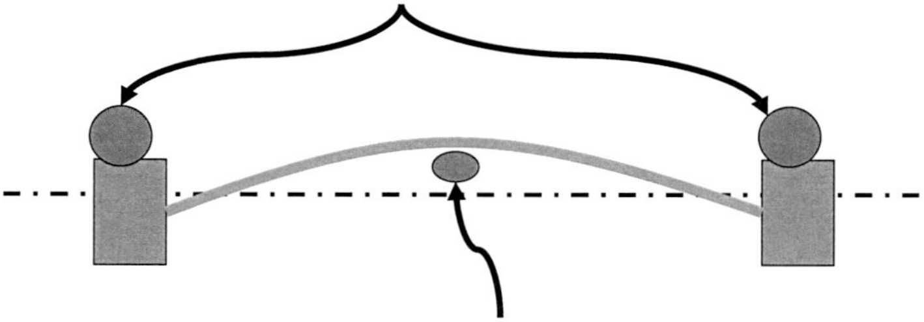

継ぎ手用のバランスウェイト

弾性軸のたわみ補正用バランスウェイト

図 5-66　弾性変形と初期不釣り合いを分離したバランシングの概念

(31) 排気管はエンジンだけから加振されるという誤解

排気管は振動をして騒音を放射したり，その振動が車体に伝わってこもり音が発生したりなどの原因となります．そこで，マフラーのシェル（外筒）は二重巻きとして間に断熱兼振動減衰材を挟み込んだりしますし，防振ゴムを介して排気管を車体から吊るします．防振機能を高めるためには柔らかい防振ゴムが求められます．しかし，そうするとエンジンの始動時や不整路を走破するときには，排気管と車体の相対変位が大きくなって干渉する可能性もあります．

では，排気管の振動の加振源は何でしょうか？　上記のように，一つはエンジン本体の振動で，排気マニフォールドに強制的に併進と回転の運動を与えます．また，エンジン本体が弾性振動，例えばねじりや曲げ振動をするので，排気マニフォールドもそれから強制的な変形入力を受けます．これら排気マニフォールドから入る振動が排気管系構造の振動を励起することは事実ですが，それだけでは説明できない振動も生じます．それは排気ガスの方向を排気管やマフラーが変えることにより，その反力として排気ガスから逆に加振をされる現象が原因です（**図5-67**）．排ガスはN_2，CO_2，H_2Oで構成され，空燃比15として1モル当たりの質量は約30グラムです．排気量2Lのエンジン全負荷運転時，1回当たりの排気質量流量は$(2/4)L \div 22.4L \times 0.03kg = 0.03/44.8kg \fallingdotseq$ 0.6グラム．振幅が0.5メートル．3000rpmのときの周波数は25Hzとすると，慣性力は$0.6 \times 10^{-3} \times (2 \times 3.14 \times 25)^2 \times 0.5 = 7.4$ [N] となります．排気系質量が7.4kgであって，かつ非常に柔らかく支持されているとすれば，生ずる加速度は1 [m/s^2] という立派な振動をします．つまり流体に対して運動量変化を与えると反力として加振力を受けます．潤滑用によく用いられるオイルポンプに作用する加振力の主要成分には，オイルを間欠的に吐出することによるオイルからの反力があります（**図5-68**）．

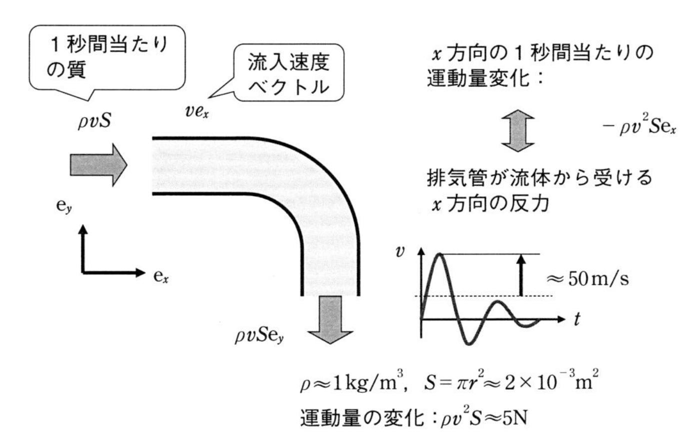

図 5-67　排気脈動流の吐出はロケットと同様に加振力となる

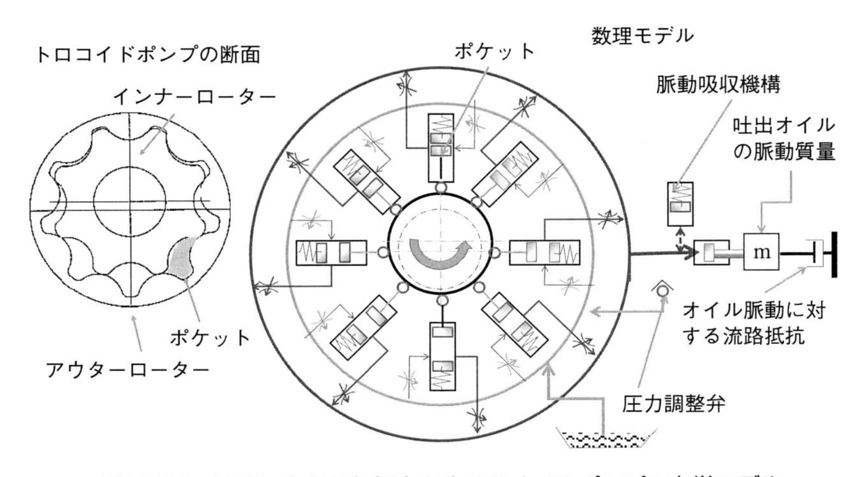

図 5-68　吐出反力から加振力を生ずるオイルポンプの力学モデル

(32) 振動感覚にはマスキングがないという誤解

人間の聴覚については，音質評価が製品開発や環境評価という差し迫った必要性から研究が進み，単なる周波数特性を超えて音質指標もISOで認定されるまでになっています．ただし，まだ短い時間内での単一の音に対する指標であって，自動車の音のように時々刻々運転条件が変化している一連の音に対する感覚を評価できるまでには至っていません．また，聞く側の人間の騒音源に対する社会的な関係や自動車や音楽に対する経験の影響などは明確とは言えません．

他方，振動については古くから工場などでの労働衛生問題から振動感覚については周波数特性が知られていました（**図5-69**）．

ここで注意する必要があるのは，図示した等感度曲線が単一周波数の定常振動に対する感度であることです．つまり，他の周波数の振動が同時に存在する条件では，この感度になるとは限りません．

筆者はここを十分に考慮せずに，制御型エンジンマウントによってシェイク振動（低周波のブルブル感）の改善を試みたことがあります．不整路を通過したときに，タイヤ・車輪がサスペンションを介して車体を突き上げます（**図5-70**）．そして，この加振力は車輪タイヤを質量，サスペンションをばねとする振動系を通ってくるので，ばね下共振周波数である10Hzを中心とした低周波成分が主体となります．そうすると，車体からマウントを介して防振支持されていて，その共振周波数が10Hz強に設定されているエンジン振動が励起されます．エンジンは重量が大きく，運動エネルギーを大量に蓄積するので，一旦振動を始めるとなかなか減衰せずに車体に振動エネルギーを伝え，「ぶるぶる」感を与えます．

そこで，エンジンマウントに流体を封入し，その流動を制御することによって，通常時は防振重視で減衰を小さくし，ぶるぶる感を生ずるときには減衰を大きくして制振重視とするシステムを開発しました．ところが，実路走行での評価は芳しくありません．それは，路面からの最初の突き上げ振動が「ぶるぶる」感の現象を感じさせない「マスキング」効果があったためです．

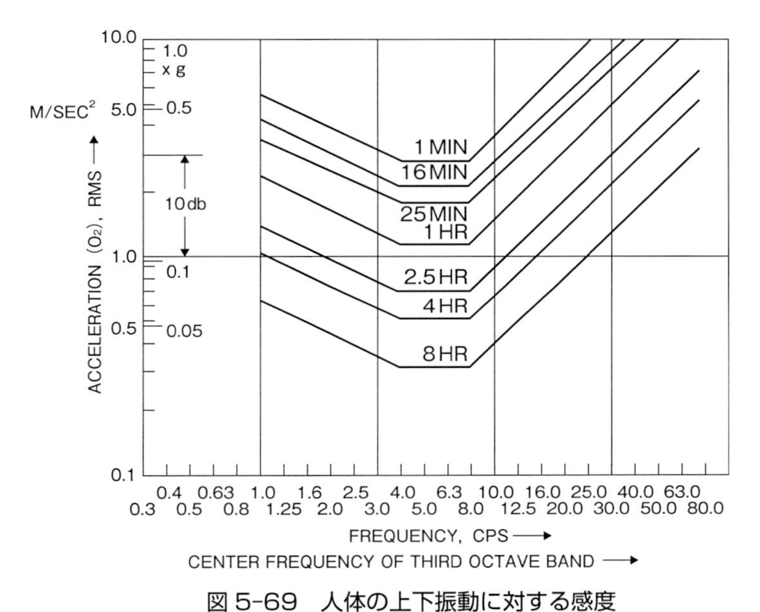

図 5-69　人体の上下振動に対する感度

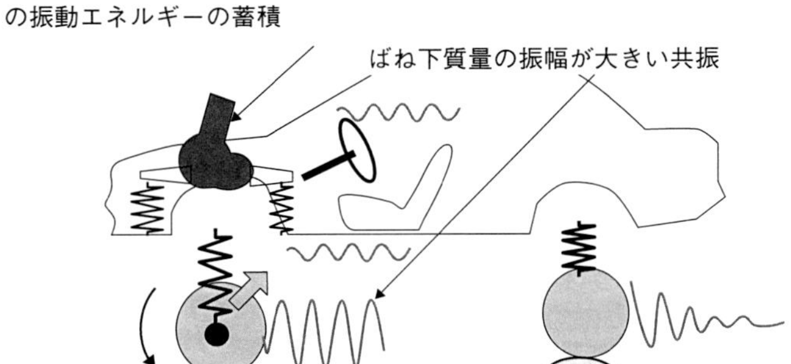

図 5-70　乗り心地向上には全ての振動現象の低減が必要

(33) モード質量と等価質量の混同

筆者は，モード解析の勉強をし始めた頃，この項の表題の二つの質量について，その違いがよくわかっていませんでした．

仕事でこの混同に気が付いた実例は動吸振器の大きさの設計をしたときです．アイドリング時や突起乗り越え時に，車体の曲げ振動，ねじり振動が大きいということがわかりました．そこで，振幅が比較的大きく，かつ居住性への影響の少ないトランク部の骨組みに動吸振器を取り付ける対策を考えました（**図5-71**）．この動吸振器の質量 m を決める根拠を探しました．通常，動吸振器を1自由度系に取り付けるときには，対策対象系の質量の数％を動吸振器の質量とすることが推奨されています．筆者は，車体の振動モードはわかっているので，車体各位置の代表する質量とモード関数のスカラー積（内積）を計算しました．そのモードでの振幅の２乗で各質量に重みをつけた合計となります（**図5-72，図5-73**）．系全体の運動エネルギーに対応する値ですが，モードは各自由度相互の相対的振幅比であるので，モード質量の絶対値には意味がありません（ただし，そのモードのモード剛性やモード加振力とは比較ができます）．従って，動吸振器設計には，直接には役立ちません．

上記の動吸振器の質量選定のときに使う対策対象の質量に相当するものは，モード質量ではなく等価質量であることに，やっと気が付きました．等価質量とは，動吸振器取り付け点だけに質量が集まった仮想振動系を考え，その仮想振動系が持つ運動エネルギーが，オリジナルな振動系と同一になるようにしたときの質量となります．このとき，動吸振器取り付け点の振幅はオリジナルの振動系と仮想振動系とで同一とします．

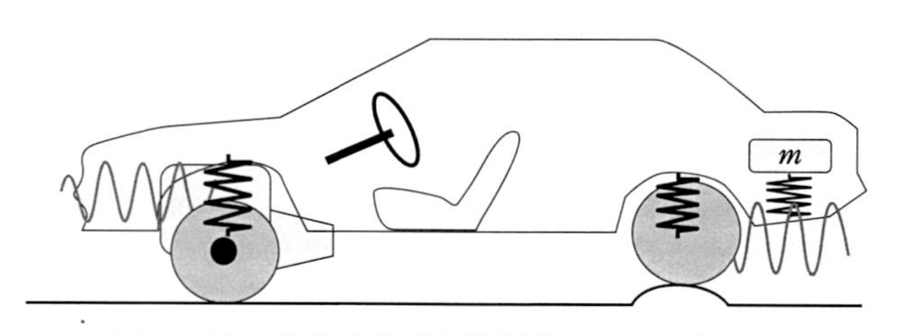

図5-71　車体の曲げ振動対策としての動吸振器

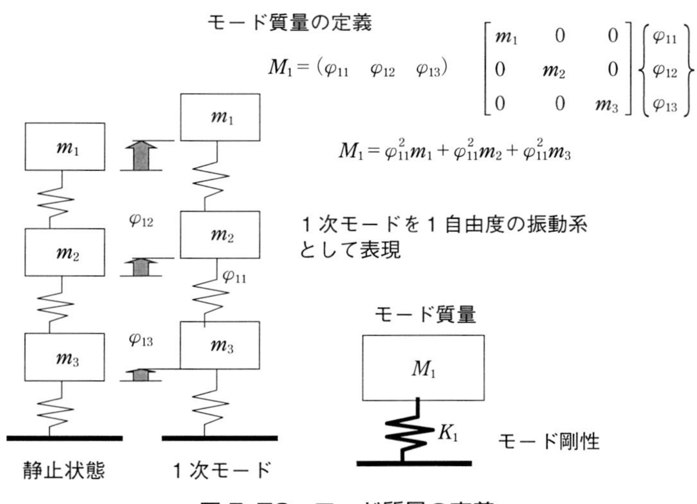

図 5-72　モード質量の定義

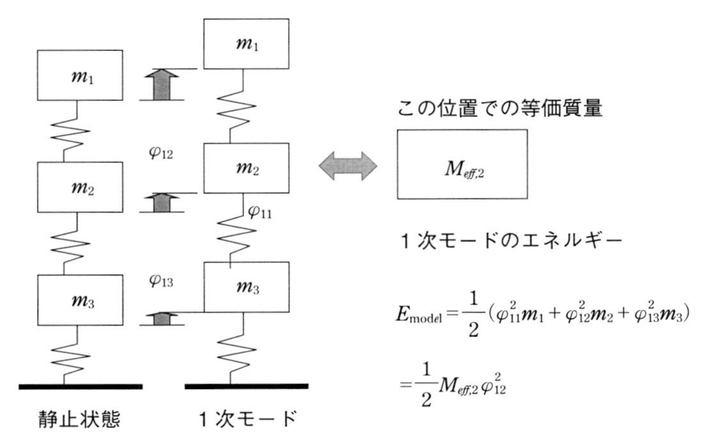

図 5-73　等価質量の定義

(34) 動吸振器を衝撃対策に誤用

筆者は，1980年代から振動騒音のアクティブ制御に取り組み始めていました．いくつかの開発プロジェクトの一つでは，不整路走破時の車体のブルブル振動を，ショックアブソーバーを硬くしないで減らすことを目指しました．騒音制御にはスピーカーやマイクロホンという優れたアクチュエータやセンサーがある一方で，振動制御，例えば，サスペンションのばねと並列に置いたアクチュエータでは，伸縮には大きな力を要するサスペンションばねを動かすので，大型で消費エネルギーも多くなります．

そこで浮上したアイデアが動吸振器を車体に取り付けることでした．模型を作成して周波数をスイープする加振実験をしたところ，**図5-74**の原理図に近い効果が確認されました．そこで，実車に装置を積み込み，単なる動吸振器ではなく，付加した質量と一緒に運動するコイルと磁石の組み合わせを組み込んだアクティブ動吸振器を搭載しました．車体にぶるぶる振動が現れたら，すかさずコイルに電流を流して，付加質量の振幅を大きくし，車体の等価質量に比べるとはるかに小さい付加質量でも効果が出るように調整をしました．

この状態で実路走行をしましたが，どうも効果が体感できませんでした．ぶるぶるという持続的振動は確かに速く収束をしているのですが，路面上突起を乗り越える最中の車体の運動にはほとんど効果が出ていません．動吸振器内の付加質量の動きを観察したところ，**図5-75**に示したように，徐々に振幅が成長していました．車体の振動を抑えるには，この付加質量の振幅が大きくなければなりません．定常状態に近いスイープ加振実験では，動吸振器の振幅が十分成長した状態となるので，図5-74のように要対策周波数で大きな効果がでたのに対し，過渡振動に対して動吸振器は即座に効果がでないことは，原理的に避けられません（図5-75）．

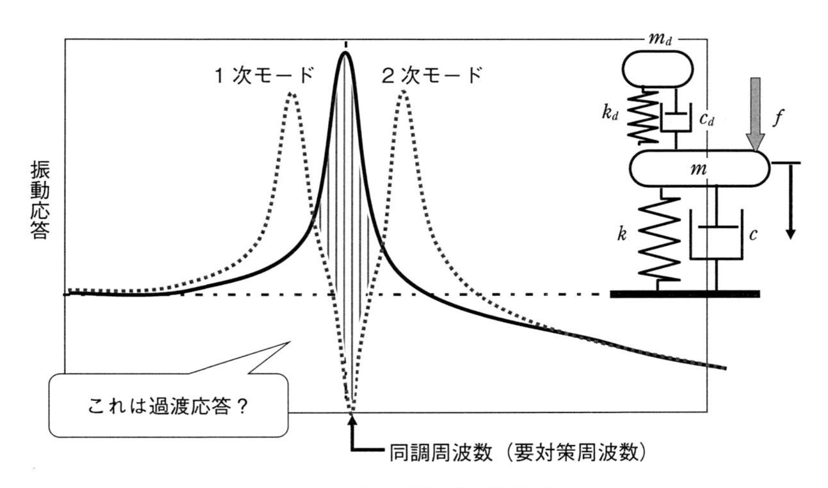

ダイナミック・ダンパ（減衰小）

図 5-74　自由度増加でモード間の位相差を利用する動吸振器

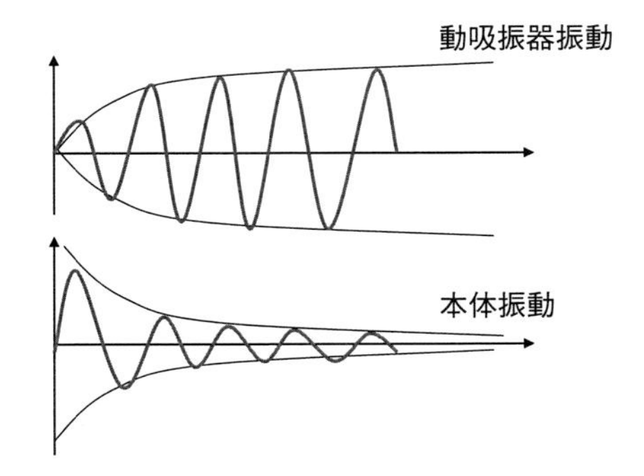

図 5-75　動吸振器の弱点

(35) 軸からの曲げモーメント入力を減らす考慮をしない構造設計

1960年代なかばまでは，乗用車用４気筒直列エンジンの多くはクランク軸受が３個しかありませんでした．その後，高トルク高速回転という性能向上に合わせて，クランク軸受は５個設定され，各気筒のすぐ両側の軸受でクランク軸が支えられる構成となりました．その理由として「静粛性」が宣伝文に書かれていました．

では，軸受個数を増やすとなぜ静粛性が増すのでしょうか？　ピストンから軸に作用する慣性力や圧縮荷重によってクランク軸に曲げ応力が働き，その大きさは支持点間の距離に比例するから，クランク軸の曲げ振動振幅は５ベアリングにすると小さくなるでしょう．しかし，クランク軸の大半部分はシリンダーブロックの内部に存在するから，直接騒音を放射する主役とは考えにくいでしょう．

ここで忘れがちなことは，たとえその軸が片持ちではなく，２点以上で支えられていたとしても，軸を支持する部分には併進荷重だけではなく，曲げモーメントも加わるということです（**図５-76**）．

この曲げモーメントがクランク軸からはシリンダーブロックのバルクヘッドという隔壁に伝わり，シリンダーブロック下部の変形による振動を引き起こします．このモーメントは荷重が作用する各気筒中心位置と軸受位置との距離に比例するので，３ベアリングよりも５ベアリングのほうが有利になります．

また，曲げモーメントによる軸受の倒れ角度は，軸受を支持する構造の曲げ剛性とクランク軸の曲げ剛性が，並列ばねのように働いて決まります．従って，軸の曲げ剛性の確保も上記の振動抑制にとって重要です．

軸受間距離がどうしても長くならざるを得ないときであって，比較的荷重の低い場合には，軸受がその支持構造に対して相対的に倒れられるような球面滑り軸受を使うことも考えるとよいでしょう（**図５-77**）．これがうまく動けば，軸の曲げ振動が支持構造にモーメントとして入ることを減らせます．

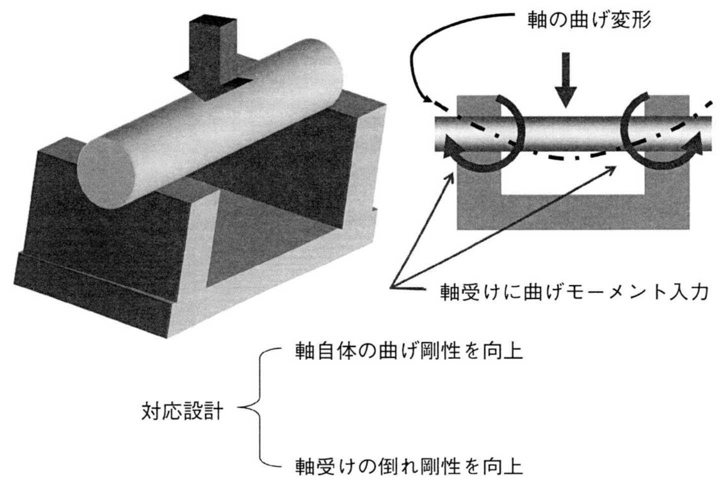

対応設計
- 軸自体の曲げ剛性を向上
- 軸受けの倒れ剛性を向上

図 5-76　軸受には曲げモーメントも伝わる

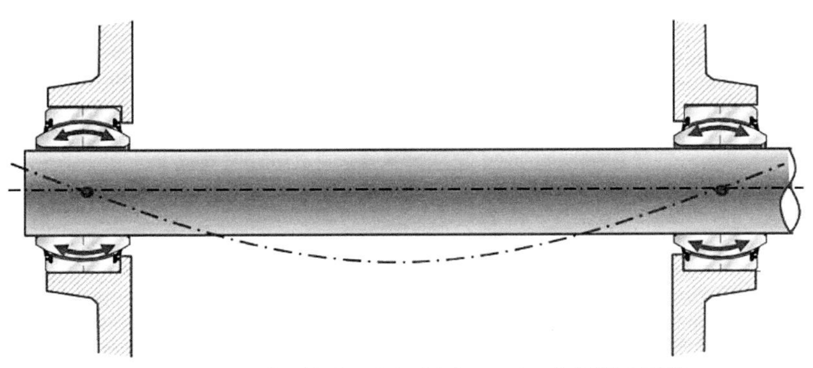

図 5-77　球面軸受による曲げモーメント伝達の回避

(36) 非対称軸のねじりによる軸心横振動の無視

大型船舶では長時間にわたる運転であること，高負荷運転の連続であることから，ねじれ振動によるクランク軸破壊が起きることがあります．そしてエンジン停止は漂流状態となって海難審判の対象として設計者も喚問をうけるので，注意深く設計がされます．自動車ではむしろ振動騒音問題の原因としてクランク軸のねじれ振動を扱うことが多いのですが，筆者にはなぜねじれ振動が騒音をそれほどまでに引き起こすのか，なかなかわかりませんでした．

振動の教科書には，**図5-78**のようなクランク軸のねじれ振動のモデルが紹介されています．両端のプーリーとフライホイールはもちろん，その中間の各気筒部分のアームやバランスウェイトの慣性モーメントを，ジャーナル部分の短軸で結合された円盤で表現しています．このモデルは固有振動数の計算を容易にするのですが，他方クランク軸のねじり振動が，中心軸のまわりに回転運動をするだけの純粋単純なモードであるという誤解を与えます．しかし，そういう単純モードではクランク軸がいくら大きなねじれ振動をしても，シリンダーブロックにはなんの加振力も与えられません．

クランク軸は軸対称構造ではありません．そのためにクランクピンがねじれると，シリンダーブロックと接するメインジャーナルは横に動いて軸受に加振力を与えます（**図5-79**）．これはねじりと横曲げの連成という見方もできます．

このように，真直でない部材にはねじれと横曲げが連成し，片方だけを起こしたつもりが，もう一方も励起する性質があります．例えば車体のフロントサイドメンバーです（**図5-80**）．

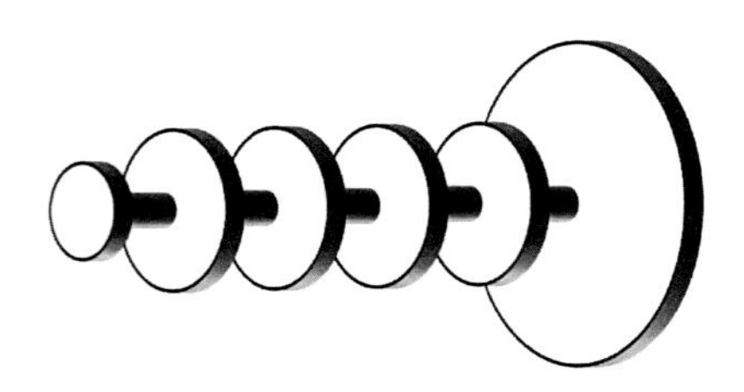

図5-78　クランク軸ねじり振動の円盤と短軸の組み合わせモデル

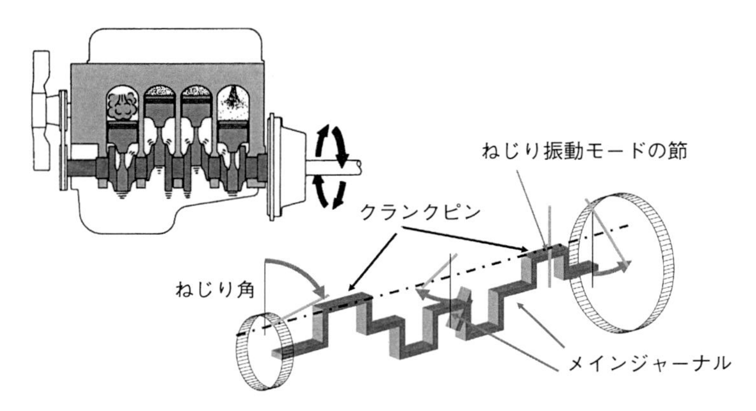

・クランクピンがねじり振動モードの節になると，メインジャーナル部は純ねじりではなく，横方向にも振動

図 5-79　クランクのねじり振動は横曲げ運動を含む

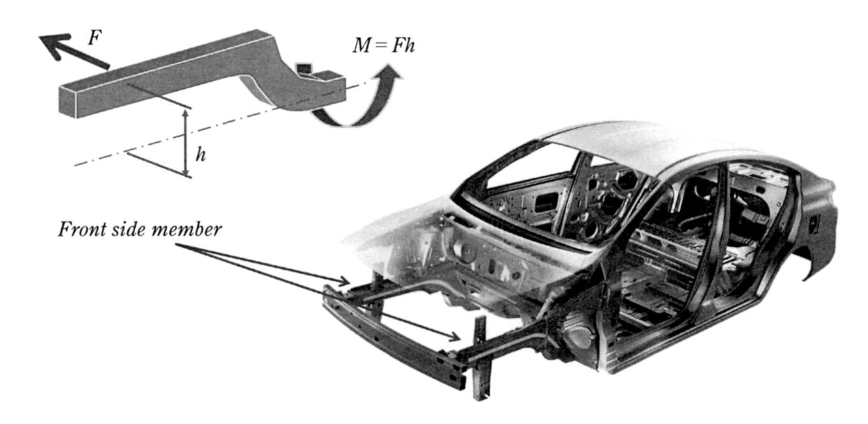

図 5-80　曲がりフロントサイドメンバーによるモーメント発生

(37) 支持剛性向上で板や梁の固有振動数が高くなるという誤解

自動車組み立て用ラインの最上流には車体部品のプレス工程が置かれています．車体フロアーなどの大物以外の小物部品のプレス加工では，1台のプレス機械に複数の型を取り付けて，材料の平板状態から最終形状まで，材料を次々に隣の型に移動する「トランスファープレス」を行います．この材料搬送には**図5-81**のように長い梁を使って材料の持ち上げと水平方向移動を行います．この梁の曲げ振動が，梁を上下に動かす運動に共振をして，材料の位置決めが所定の時間内に終了しないという問題に取り組んだことがあります．

そこでまず考えたことは，梁の固有振動数を高くして，共振を避ける方法でした．しかし，梁の高さを変化させることには，プレス機械や型との干渉などの制約条件があったので，解決策とは言えませんでした．そのときに梁の曲げ固有振動数が支持条件によって変化することに気が付きました（**図5-82**）．

両端の支持剛性を下げてゆくと，はじめのうちは固有振動数が低下します．それはモード形状を観察するとわかるとおり，実質的な節の位置が梁の端よりも外に出たところに動き（図のなかほど），曲げ波が反射してくるまでの時間が長くなる，つまり周期が長くなるからでした．支持剛性をさらに低下させると，今度は端部が防振状態となって梁中央部とは位相が逆転し，節が支持部分

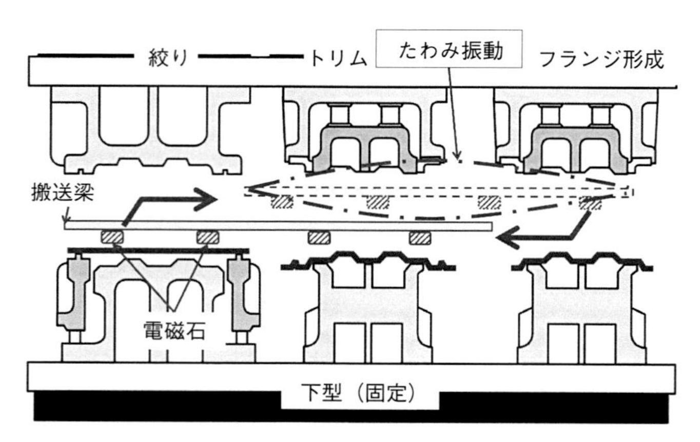

図5-81　トランスファープレスの搬送用梁のたわみ振動

より内部に入ります．その結果固有振動数が高くなります．トラックのフレーム設計でもこのような考え方が活用されています（**図5-83**）．

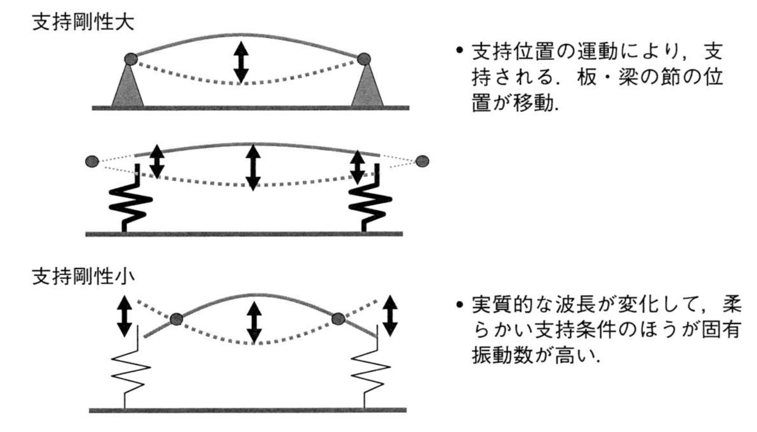

図5-82　支持剛性の違いによる梁の固有振動数変化

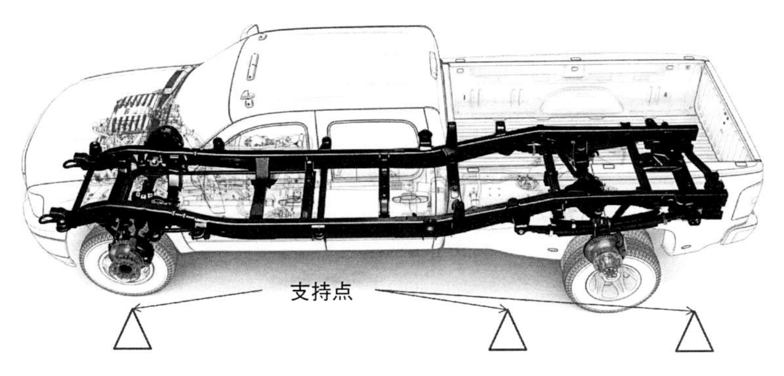

図5-83　サスペンションで柔らかく支持されるトラックフレーム

(38) 固有振動数向上は軽量化と剛性向上のみという誤解

共振を避けるために構造物の固有振動数を大きく上昇させる必要に迫られることがあります．固有振動数という言葉から，$\sqrt{k/m}$ という式を思い出し，直感的に質量を小さくする軽量化，あるいはばねを硬くする剛性向上という方策に走ることがあります．しかし，このどちらの方策も，剛性や質量変化に対して固有振動数変化がルートでしか変化しない，つまり感度が鈍いという事実から逃れることができません．努力の割に効果が少ないのです（**図5-84**）．

ここで，問題の原点に戻りましょう．共振を避けるのであれば，固有振動数を必ずしも最低次から高次まで全体的に上昇させなくてもよく，加振力の周波数領域をはさんで，一方は低い周波数領域に，他方は高い周波数領域に分けてもよいはずです．細長い形状の構造，例えばクランクシャフトなどでは最低次の振動モードは中央部分で曲げの曲率が大きく，その部分がそのモード剛性を支配しています．ここを極端に柔軟にすれば最低次の固有振動数は大幅に下がるでしょう．一方，２次以上の固有振動は，この柔軟部分の両側の固有振動モードに支配されます．両側に分割された構造は寸法が短くなっていて，曲げ固有振動数は長さの２乗に反比例するので，２次以上の固有振動数は分割前の２倍をはるかに超えて上昇するでしょう．

この原理を実用化したものが，ロールスロイスや日産自動車で使われたフレキシブル・フライホイールという方式です．300Hz 近辺の濁った音質を招きやすい燃焼加振力による共振を避け，軽快なエンジン音質を実現しています．このフレキシブル・フライホイールでは，クランク軸とフライホイールの間を薄い板で接続し，回転トルクは伝達するものの，曲げ振動モーメントはあまり伝達しないようになっています（**図5-85**）．

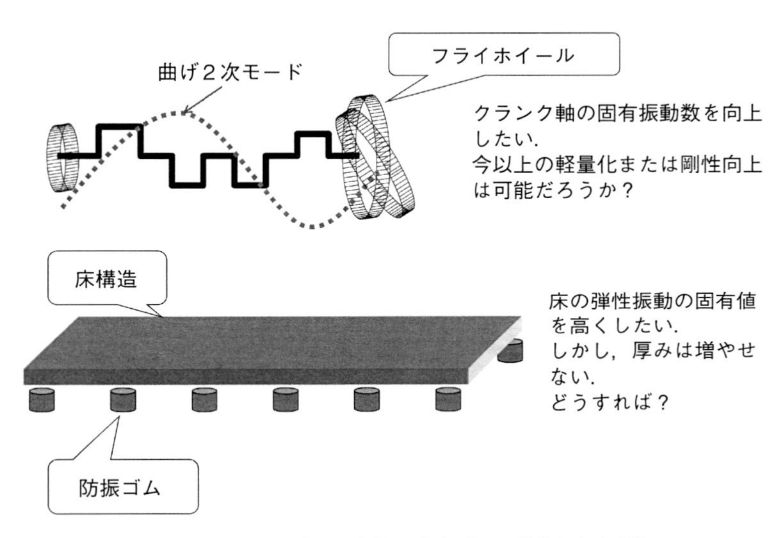

図 5-84　共振周波数の大幅変更が迫られた例

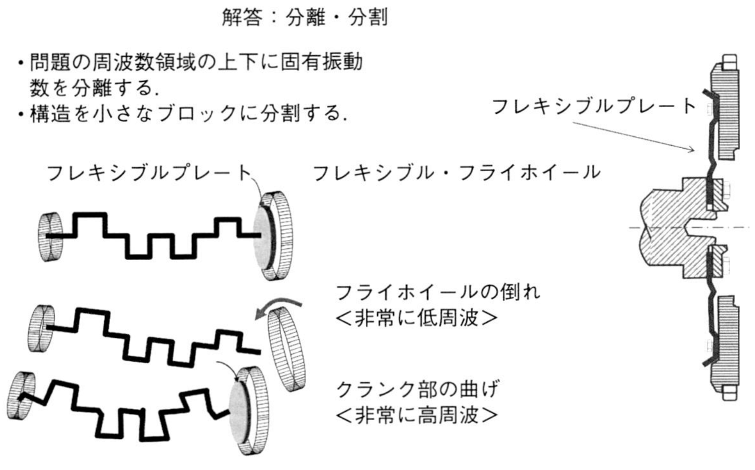

図 5-85　フレキシブル・フライホイールの原理と構成

5.1.4　振動と騒音の連成現象の例

(39) 合致（coincidence）効果の型どおりの適用

エンジンやモーターなどの発音源からの音が周囲に放射されないように，遮音をしたいときがあります．例えば，車外騒音を防ぐためのエンクロージャー（防音箱）や，エンジンコンパートメントと車室を隔てる隔壁（ファイアーウォール）がその手段となります．では，これらの遮音壁の厚みはどのように設計すべきでしょうか？

音響学の教科書には「質量則」がまず説明されています．遮音にはパネルの剛性ではなく，単位面積当たりの質量だけが役に立つという考え方です．しかしよく読んでみると，この法則が成り立つときは，遮音壁の幅や高さが入射音波の波長に比べて十分に長いときであるとされています．そして，さらに「合致効果，コインシデンス」が紹介され，「特定の周波数では質量則が成立せず，遮音効果が大きく低下する」と説明されています．

確かに，**図5-86**のようなケースでの筆者の経験でも，遮音性能は周波数に対して単調には変化せずに，数百ヘルツの周波数領域で低下していました．教科書どおりに現象が現れたと思い込んで，その対策を考え始めました．合致効果は入射波が遮音壁の面上をなぞっていく速度と，壁の曲げ振動伝搬速度が一致したときに，ある部分に入射した音波のエネルギーがこの曲げ波で伝わっていき，そこに音波が同位相で入射することによって，遮音壁が入射波に対してなんの抵抗もしないという現象です（**図5-87**）．対策例として遮音壁に多数の補強材骨組みを配置し，曲げ波伝搬速度を高くするなどがあります．しかし，レイアウトや重量制限からは現実的ではありません．

そこで，本当に合致効果が出現するはずなのか，考えなおしました（図5-86）．合致効果の原理説明図と実車では，入射波の入る角度がずいぶんと違います．実車ではランダムに近い入射角度です．筆者が合致効果だと一瞬勘違いした特定の周波数での遮音効果の低下は，エンジンルーム側の共鳴によって，入射音が計測位置によって大きく変化していたための，見かけの現象であったことが判明しました．

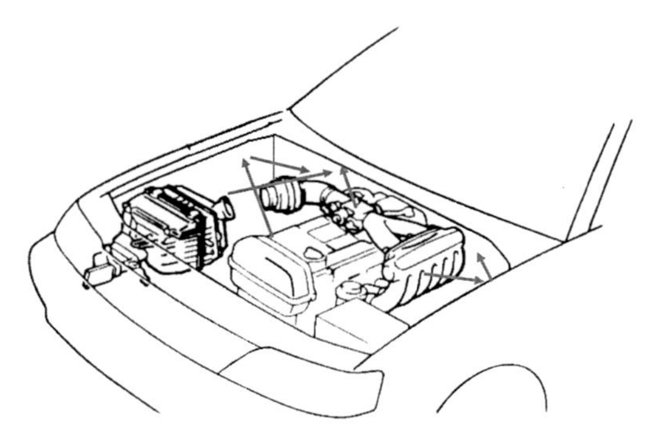

・車体には色々な方向から音波が入射する.
・合致（Coincidence）効果は型どおりにはでにくい.
・これを考慮しないと無駄な遮音設計になる.

図 5-86　ランダムな方向から音が入射するダッシュパネル

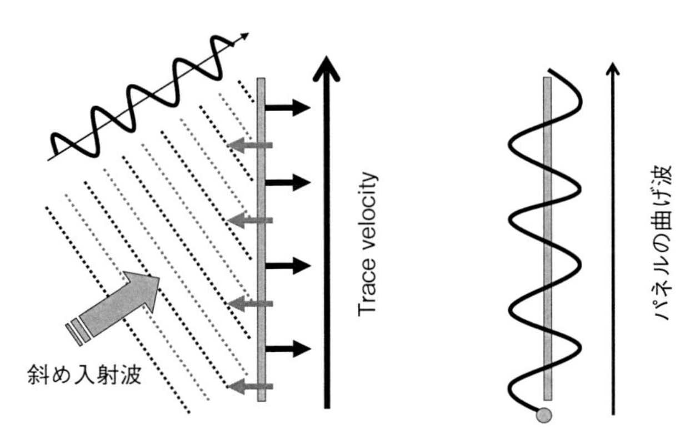

■Coincidence 効果：入射波がパネル面をなぞる速度（Trace velocity）とパネルの曲げ波の伝播速度が一致すると，パネルは遮音性能が極端に低下する.

図 5-87　曲げ振動波と音響入射波の合致効果

5.2　実験解析編

5.2.1　振動騒音現象全般での例

(40) 短時間記録から細かいスペクトル分析を試みる無駄

突起を乗り越したり，エアコンなどの機器類のスイッチが入ったりしたときには特有の振動騒音が発生します．この現象の分析には加振源や応答系の周波数特性を知りたくなります．そこで，やみくもにこのような振動騒音が発生したときのデータ信号をFFT分析器に入力し，得られた結果から何かを読み取ろうとします．収集した時系列データの中に含まれる規則的信号の周波数をできるだけ詳細に知ることは，現象を正確に把握することにつながり，その後の共振回避設計などに大いに役立つでしょう．

では，この周波数推定について，健康維持や病状の診断のために脈拍を数えることから考えてみましょう．心拍数60と61を区別するには，計測時間 T は60秒必要です．このときに周波数弁別誤差 Δf は60分の1 Hzとなります．一般化すると $T\Delta f = 1$ の関係があります．実験解析に必要な $\Delta f = 10$ でしたら，$T > 0.1$[s] が必要です（**図5-88**）．

この一般的な関係をフーリエ級数展開という視点から考えてみましょう．フーリエ級数は，連続した任意の波形を，無限大の過去から無限大の未来まで継続する三角関数の級数で表現するものです．実際に扱えるデータ長さは限られた継続時間 T[s] となるので，このデータが時間軸上で無限回繰り返されるという仮定をします．そうすると，級数の第一項目（定数項の次）は，この繰り返し周波数をもつ三角関数となります．第二項目の周波数はその倍数ですから，周波数分解能は，繰り返し周波数で，T が周期なので周波数は $1/T$[Hz] となります（**図5-89**）．

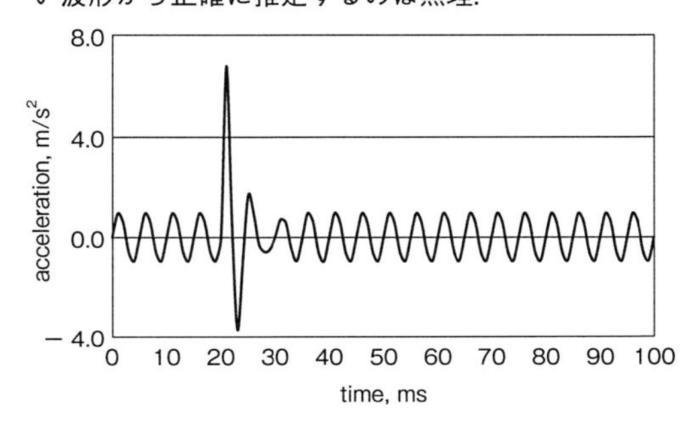

図 5-88　周波数分解能を得るための必要データ長

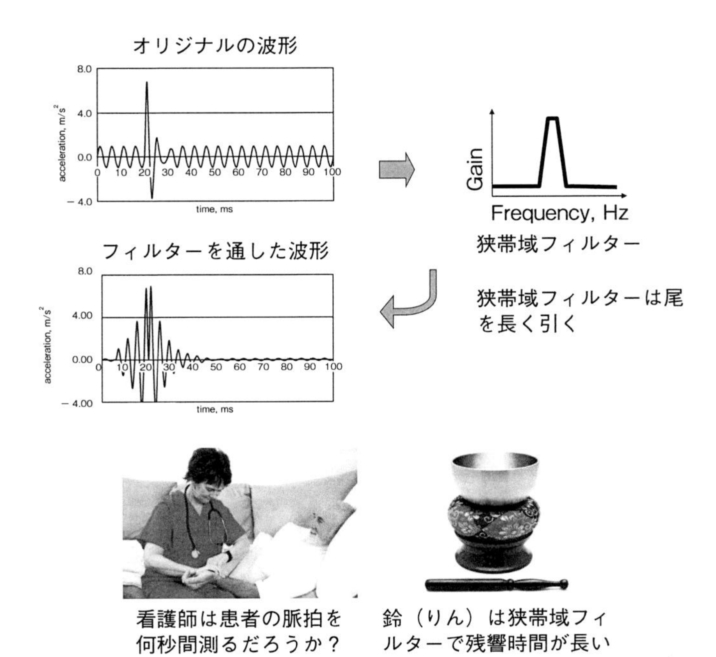

図 5-89　日常生活で周波数分解能を意識する場合

(41) 連続ウェイブレット変換から時系列波形に戻そうとする無駄な試み

時々刻々と変化していく振動騒音現象や，回転体のように周期的ではあるけれどもある特定の回転角度付近だけで生じる振動や音の周波数を知りたいことがあります．フーリエ変換は，定義によれば時刻のマイナス無限大からプラス無限大までの積分で得られるので，ある特定の時刻近辺だけの信号解析には原理的に向いていません．そこで，よく使われる手段は窓関数（window）を時系列信号に掛け合わせ，特定時刻近辺以外の信号をゼロとする方法です．しかし，時間領域での関数の積は，周波数領域では畳み込み（convolution）となるので，信号が本来持っていたある周波数成分が他の周波数にも漏れ出るリーケージという問題がでます．

そこで考え出された信号処理手法がウェイブレット変換で，フーリエ変換で使う三角関数に代えて，ある特定の短い期間だけゼロでない値を持つウェイブレットを信号にかけて積分を行う方法です．

フーリエ変換のディジタル版である，FFT（離散フーリエ変換）では信号の長さを1周期とする最低周波数と，その高次成分の級数として信号を表現できる数学的基礎があります．そうであるからこそ，離散フーリエ変換で得られるスペクトルから逆離散フーリエ変換によって原信号を回復することができます．

しかし，上記のウェイブレット変換でこのような数学的可逆関係が成立するのは，使うウェイブレットの周期が基本周期の整数分の一となる場合に限られます．従って，この条件を満たさず，ウェイブレットの時間軸長さを適当にとった連続ウェイブレット変換のデータからは，原信号に戻ることはできません（**図5-90**）．

他方，上記の条件を満たした離散ウェイブレット変換では，原信号を再現できるので，分解された各周波数成分を合成してゆけば原信号に戻ると同時に，ノイズ除去をしたり，合成途中の信号を音に変えて試聴したりすれば，音質悪化要因を見つけることもできます（**図5-91**）．

Fourier 変換：各周波数成分は，Fourier 級数の各項（三角関数）で，互いに独立で，計測された波形を表現する”基底”をなす．

$$x(t) = {}^{a_0}\!/_{2} + \sum_{k=1}^{\infty} (a_k \cos 2\pi f_k t + b_k sin\, 2\pi f_k t)$$

・連続 Wavelet 変換：基底をなすという保証がない．
⇔各成分からは時系列波形を作りだせない．

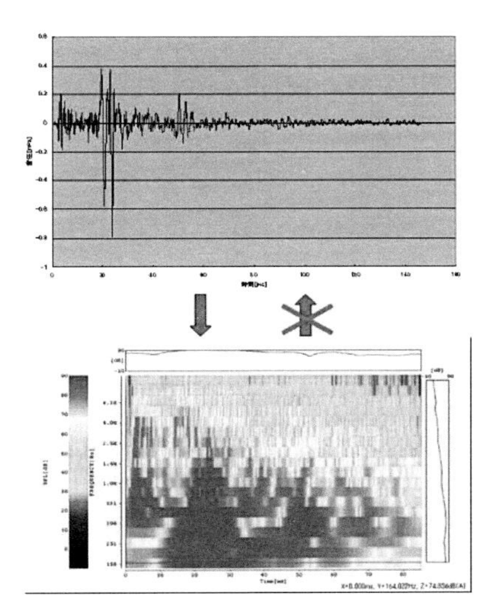

図 5-90　フーリエ級数展開とウェイブレット変換の違い

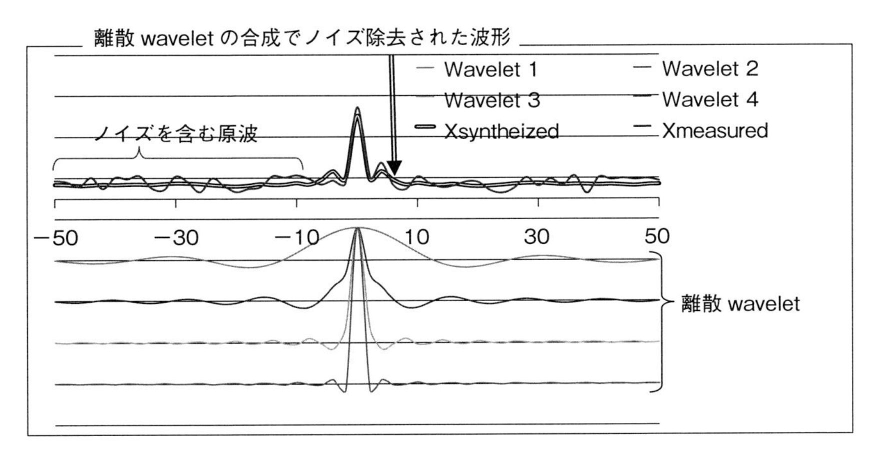

図 5-91　離散ウェイブレットによる信号の可逆的分解の例

(42) 相関性を軽視した伝達経路解析

21世紀に入る頃から，伝達経路解析（TPA）システムが市場に出回りました．これを全く新しい技術のように信じ，かつTPAの名が暗に示唆するように，振動や音響のエネルギー流れを解明できると思っている方もいます．ある点が代表する微小面を通る音響パワーは音響インテンシティ法で計測できますが，それは粒子速度を方向を含めて音圧空間勾配から近似計算できるという理論的な裏づけがあるからです．それに対し，複雑な構造物の代表点での振動加速度などの計測だけでは，振動パワーフローを求めることは原理的に困難です．計測点での振動速度と伝達力の両方のベクトル情報が必要となります．これがない場合のTPAは，騒音を問題とする地点，例えば乗員耳位置の音圧を，伝達経路と目される地点の振動の線形結合で表すことにとどまります．そのときに，伝達経路の代表点として選んだ地点での信号間に相関がある場合は，全信号を再整理して相関を最小にした新たな信号の集合で，騒音を評価する点の信号を表します．この新たな信号の集合は，現実の構造との物理的な直接的対応はないので，設計改良へのヒントは解析者が考えなければなりません（**図5-92**）.

さらに，TPAはトラブルシューティングの道具としては有力でありますが，これを使って得られる影響度の大きい部分という情報から，改良設計案を作ったとき，その設計変更が大きいと，“線形性”を利用しているTPAでは設計案による改善効果予測の精度は保障されにくくなります．手法の持つポテンシャ

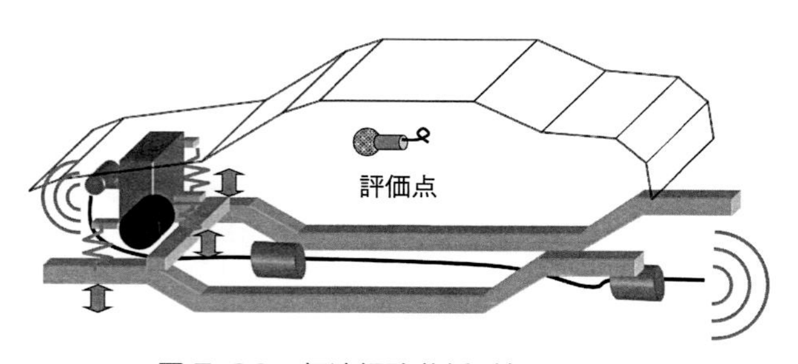

図5-92　伝達経路分析が必要となる例

・エンジンマウント部入力，排気吐出口音圧などを加振源として各伝達経路の寄与度を求めたい．
・各加振源と伝達経路がともに「独立」なら次式と右図が成立．

$$y=(H_{1y}\quad H_{2y}\quad H_{3y})\begin{Bmatrix}u_1\\u_2\\u_3\end{Bmatrix}$$

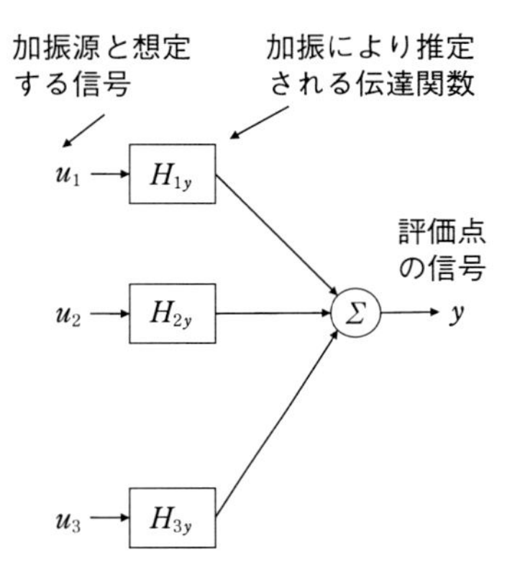

図 5-93　複数入力・単一出力システム

ルに過度の期待を持つこと自体が“誤解”です．

この**図 5 -93**は1960年代に米国の航空宇宙技術開発に盛んに使われた相関分析法です．互いに相関のない独立な複数の加振源 u_1，u_2，u_3，…がシステムに作用し，それらに対する応答が重ねあわされて評価点の信号となるという Multi-input Single-output（MISO）System です．それぞれの加振源と評価点を結びつける伝達関数 H_{1y}，H_{2y}，…が分かれば，複数の条件で評価点信号を計測し，その信号を生成するであろう加振源信号を，回帰分析などの方法で推定できるでしょう．ここで大切なことは，加振源信号として独立なものを過不足無く得ることです．

ここで，自動車の加速時に聞こえる車内騒音の例を考えてみましょう．エンジンのスロットル開度を固定（例えば全開）すると，エンジン振動の原因であるピストン慣性力，燃焼圧力，動弁系慣性力や衝撃力はすべてクランク軸回転に同期して生じるので，互いに相関があります．高周波数を除けば，わずかに燃焼のばらつきや衝撃タイミングの微妙なずれがランダムな性格をもって残る程度です．このように元々高い相関性をもった加振力がエンジン振動モードを介して数点のマウンティングを伝わって車体に加振力として入ります（**図 5**

-94).

このような性状をもつエンジン振動ですから，その伝達経路である複数のエンジンマウント取り付け点振動を，加振源信号とすると，相関性の高さが妨げとなって，相関分析の方法を適用しても，一定の関係を得ることが困難です．そこで，この入力間の相関による不具合を取り除く手段として使われている方法が「特異値分解」Singular Value Decomposition（SVD）という数学的な方法です．これがもともと使われていた分野は，線形な連立方程式の解を求めるときでした．連立方程式の変数どうしが独立でないとき，係数行列式の値がゼロに近づき，安定した解が得にくいというときに，独立ではない変数をひとまとめにして新しく変数をつくり，その新変数を求める方法としてSVDが使われています．この方法は，係数行列はいくつかの固有行列の集積であるという認識をベースとしていて，その固有値の中から特異な値をもつ項を取り除くというものです．

SVDによって得られる伝達関数群を使うと，出力yを構成する独立な入力信号が得られます．ただし，このSVDを使って推定された入力信号は，どこの場所のどういう信号なのかという現実世界での直接の意味は失っています．従って，特異値分解を使ったときには，分析者は対象物の物理的特長をよく把握し，推定された入力が何であるかを考えなければなりません（**図5-95**).

- 各加振源は独立だろうか？
- カム（クランク）回転に燃焼加振力，慣性力，排気脈動は全て同期して発生．ただし，相互に最大で 10ms 程度の時間遅れがある．

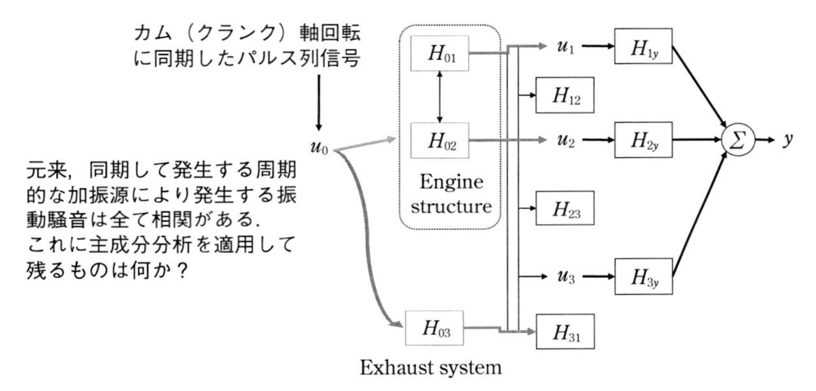

図 5-94　同一加振源による振動伝達経路分離は原理的に困難

各入力間には相互作用もある場合の例：
u_2 からの経路 H_{2y} を通るパワの中には
$H_{12}{}^*u_1$ も入り込む．

$$y = (H_{1y} \quad H_{2y} \quad H_{3y}) \begin{bmatrix} 1 & H_{12} & H_{31} \\ H_{12} & 1 & H_{23} \\ H_{31} & H_{23} & 1 \end{bmatrix} \begin{Bmatrix} u_1 \\ u_2 \\ u_3 \end{Bmatrix}$$

相関分析により全ての伝達関数が分かれば加振源と経路の寄与がわかる．
しかし加振源間の無相関という制約条件が入る．

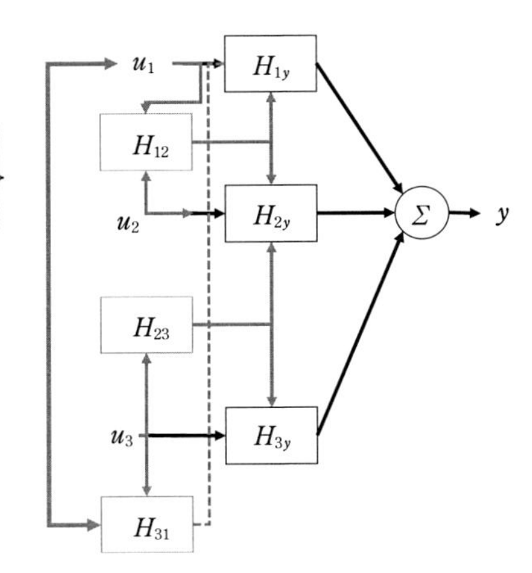

図 5-95　独立とみなした経路の間にも伝達関数が存在

(43) フィルター幅に入る複数の成分の分離不足

自動車構造の中には，非常に近い周波数成分を発生する機器があります．**図5－96**の例は最終減速機（デフのピニオンとリングギアの噛み合い周波数である4.1次成分が，エンジンのクランク軸回転速度の４次成分と近いために，一つのフィルター幅（周波数分解能）の中に重なって入っていた例です．ギアの噛み合い成分であればギアそのものの製作精度の改善や，噛み合い位置を決めるギアハウジングの剛性や共振を避けるための固有振動数などの向上策をとることになります．クランク回転の４次成分であれば，エンジンマウントの防振性能向上やクランク軸系の振動対策をすることになります．このような判断をするためには，上記の二つの振動騒音成分を分離する必要があります．

では，周波数分解能を向上して，わずかに周波数が異なる二つの成分を分離するにはどうすればよいでしょうか？　二つの成分の周波数が片方が200Hz，他方が202Hzと２Hz違いであるのなら，0.5秒間の間に入る波の数を勘定すると，１回の違いが生じて区別ができます．すなわち，計測時間0.5秒と周波数分解２Hzの積は１であることが感覚的に理解できるでしょう．しかし，加速のよい場合，0.5秒の間にエンジン回転は大きく変化し，どちらの振動騒音現象も負荷の大きい状態（加速状態）でないと再現できないとすると，長い時間の信号を使うという方法は役に立ちません．

そこでこれを回避する二つの方法があります．一つはシャシーダイナモの利用です．負荷をかけつつ車速とエンジン回転速度を徐々に変化させるように，ローラーの速度をダイナモ側から行う方法です．こうすれば，時間をかけて周波数分析ができるので，二つの成分を分離できます．

もう一つは，完全な問題解決ではありませんが，ビート（うなり）の周波数と振幅の包絡線を利用する方法です（**図5－97**）．包絡線の周波数は二つの原信号の周波数差，振幅変動は振幅比に対応することを利用したり，第３章のヒルベルト変換を用います．

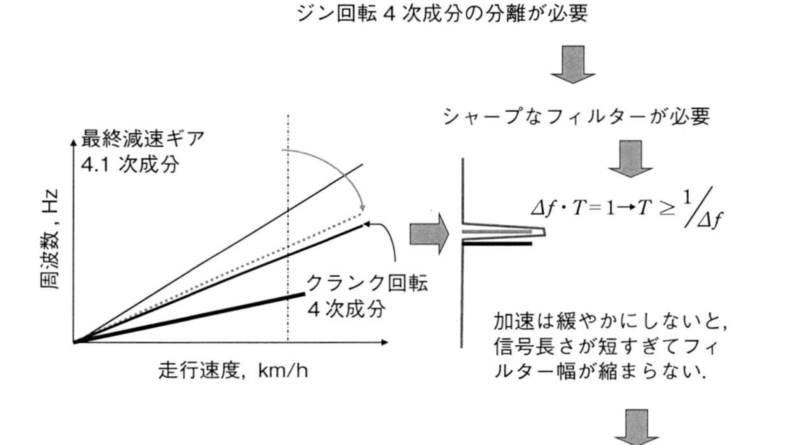

図 5-96　ギアノイズとエンジン騒音の分離にてこずる例

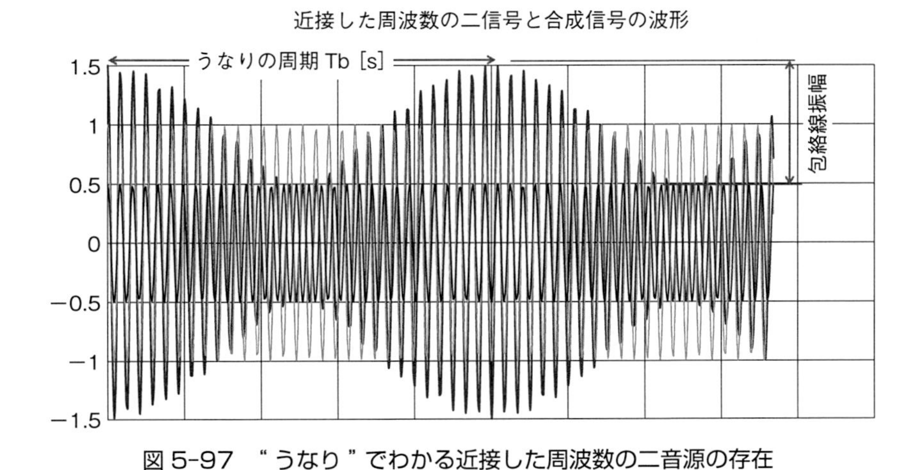

図 5-97　“うなり”でわかる近接した周波数の二音源の存在

(44) スペクトルのサイドローブの軽視

図5-98左上のスペクトルが実験の結果得られたとします．A氏は，このくしの歯状に並んだ周波数成分をこう考えました．「エンジンの燃焼のように，規則的に発生する加振力がこの構造に作用する．加振力の波形は単純なサイン波ではなく，右下のグラフのように歪んだ波形となっているだろう．そうすると，基本周波数とその高調波が周波数軸上に規則正し並ぶくしの歯状のスペクトルをもつはず.」「構造はある特定の固有振動数を持っているので，加振力のうちの中間的周波数成分を増幅する．その結果左上のスペクトルが出現した」．

しかし，実際はそうではありませんでした．**図5-100**のような歯車対が回転していて，その N 枚の歯のうちの数枚に寸法の狂いがありました．そのために，1回転に数回伝達力が大きくなります．これは，振幅一定 X で角速度 Ω のコサイン波が，1回転に数回振幅変調を受けている状態とみなせます（**図5-99**）．このような変調を数式で表現すると次のようになります．W_1，W_2は1回転に1回，2回の変動の振幅，を表します．

$$x(t)=X\cos\Omega t,\quad w(t)=1+W_1\cos\frac{1}{N}\Omega t+W_2\cos\frac{2}{N}\Omega t+\cdots$$

$$x(t)w(t)=X\cos\Omega+XW_1\cos\Omega t\cos\frac{1}{N}\Omega t+\cdots$$

$$=\frac{X}{2}\left[\begin{array}{l}2\cos\Omega+W_1\cos\left(1-\dfrac{1}{N}\right)\Omega t+W_1\cos\left(1+\dfrac{1}{N}\right)\Omega t+\\ W_2\cos\left(1-\dfrac{2}{N}\right)\Omega t+W_2\cos\left(1+\dfrac{2}{N}\right)\Omega t+\cdots\end{array}\right]$$

原信号（全く欠陥がなく，振幅変調がない状態）の周波数成分の両脇にサイドバンド（側帯波）と呼ばれる成分が規則的に表れます．

このように，スペクトルを見誤ると間違った対策を考えることになります．

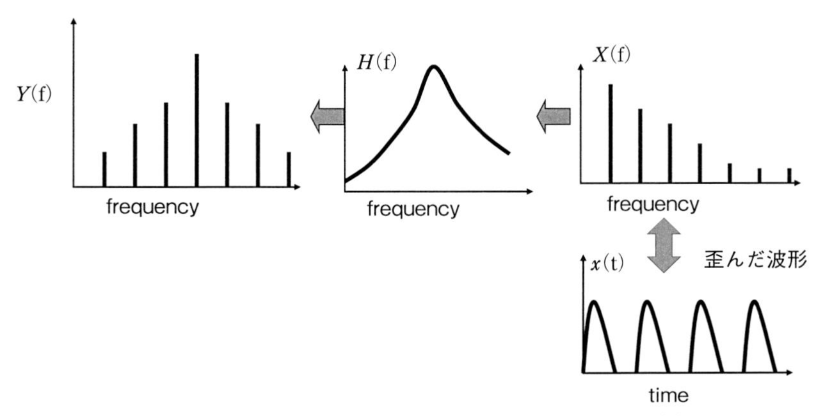

図 5-98　近接した次数スペクトルからの誤解の例

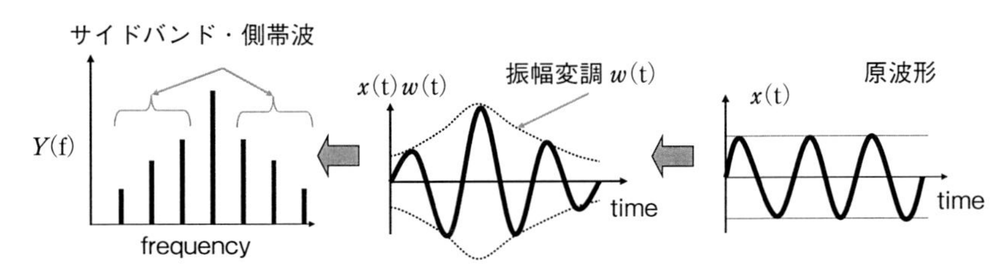

図 5-99　実際は数枚のギアの損傷による変調

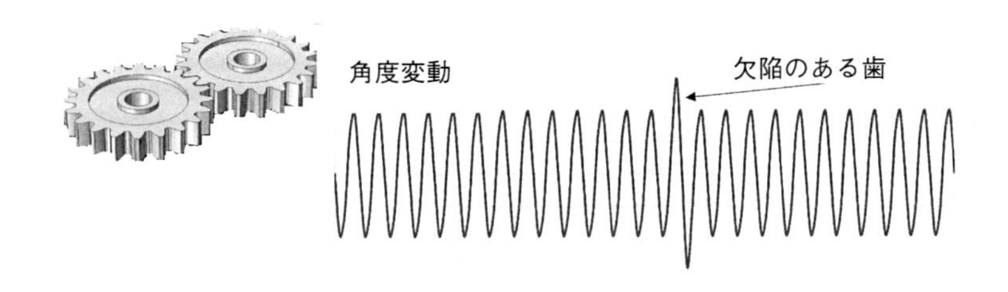

図 5-100　一つの歯車に欠陥があるときのギアノイズ波形

(45) 窓関数による漏れを考慮しない分析

振動騒音の実験で得られる時間の関数としての信号をフーリエ変換して周波数特性を観察して，加振力の性質や構造共振などの有益な情報を得たい．フーリエ変換の定義は，信号と三角関数の積をマイナス無限大からプラス無限大までの時刻にわたって積分することです．しかしそれはできないので，ある時間 T 秒間の間だけ値を持ち，それ以外ではゼロとなる窓関数を信号に乗じて切り出し，$-T/2$～$T/2$の区間だけを積分します．このように二つの関数の積のフーリエ変換は，それぞれの関数のフーリエ変換どうしの畳み込み積分となります（**図5-103**）．

窓関数のフーリエ変換が周波数＝ゼロのときだけ大きさが1で，それ以外でゼロであれば，上記の畳み込み積分を計算するまでもなく，分析の結果は信号そのもののフーリエ変換となります．しかし，**図5-101**，**図5-102**，**図5-103**に例示した方形窓のように，窓関数のフーリエ変換はゼロ以外の周波数でも馬鹿にならない値をもちます．その結果，原信号には存在しない周波数成分が分析の結果に紛れ込みます．

これをよく承知していない初心者は，このような窓関数による「漏れ誤差」に惑わされ，実在しない加振源の探索に労を費やすことになります．

打撃試験のときは，S/N比のよい振動開始直後の信号を重視する指数関数窓を使うことも多いはずです．打撃試験の後は初速度が与えられた自由減衰振動が生じているので，指数関数窓の減衰比と信号の減衰比が足しあわされた波形のフーリエ変換が分析結果として得られます．それは，実現象の減衰比よりも大きいので，厳密な値が必要な場合は補正をすべきです．

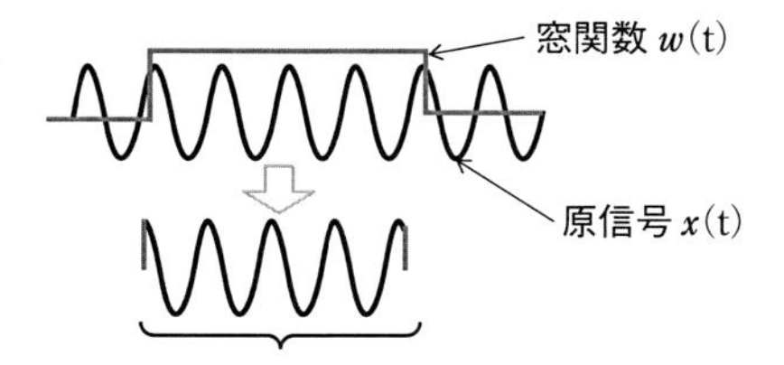

$$W(f)=\int_{-\infty}^{+\infty}w(t)\exp(-j2\pi ft)\,dt$$

$$X(f)=\int_{-\infty}^{+\infty}x(t)\exp(-j2\pi ft)\,dt$$

切り出された信号 $x(t)w(t)$ のフーリエ変換

$$=\int_{-T/2}^{+T/2}x(t)w(t)\exp(-j2\pi ft)\,dt$$

図 5-101　窓関数による信号の切り出し

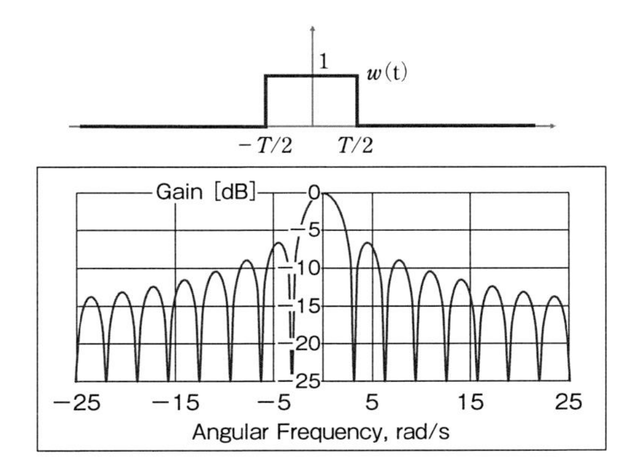

図 5-102　方形窓関数の周波数特性の例

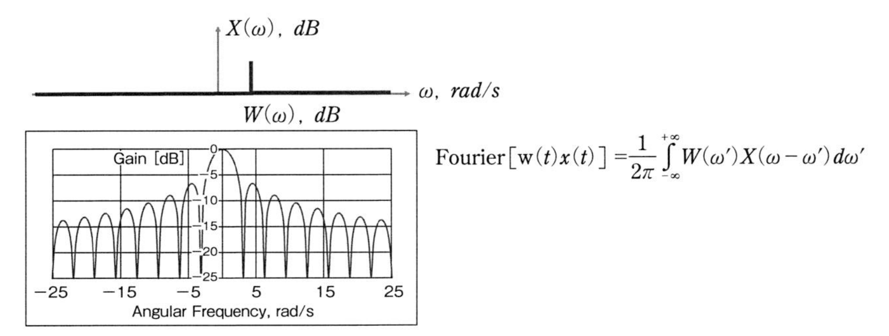

$$\mathrm{Fourier}[\mathrm{w}(t)x(t)]=\frac{1}{2\pi}\int_{-\infty}^{+\infty}W(\omega')X(\omega-\omega')\,d\omega'$$

図 5-103　分析結果は窓関数・信号各々のフーリエ変換の畳み込み

(46) 観測点の波形が加振源波形に相似であるという誤解

学校の教室では教卓に近い席に座っている学生にも遠い席に座っている学生にも，教員の話す声は大きさの違いはあっても同じ内容で届きます．音声信号は時々刻々変化していて，その一連の波形から学生は音を言葉として聞き分けることができます．これは当たり前のようですが，伝搬をしても音の波形が相似関係を保ったまま減衰するからです．

このような波形の保持を，振動解析のときにも知らず知らずのうちに期待してしまいます．加振源から計測点までの間で波形が崩れなければ，計測された波形から加振源での現象の生ずるタイミングやそれぞれの現象の周波数特性を推定できるでしょう．

しかし，空気中を伝わる音波（縦波）の音速は周波数によらず一定で，そのために色々な周波数成分を含んだ音声波形が崩れずに伝わりますが，構造物を伝わる曲げ波はそうではなく，周波数の平方根に比例します．そうなると高い周波数成分が先に進み，低周波成分が遅れて進むので，加振源では一つのかたまりであった波形が徐々に時間的あるいは空間的に広がって崩れていきます．

例えばロードノイズのように多くの周波数成分を含む振動がシャシーを伝播する場合（**図5-104**）では波形の保持は期待薄です．さらにその上流であるタイヤトレッドを伝搬する振動波形でははっきりとこの波形の拡散（Dispersion）を見て取れます（**図5-105**）．

高周波成分と低周波成分の位相関係が，周波数に対して線形（Linear Phase）であれば波形は崩れません．信号波形を処理するフィルターの入出力関係に線形位相が期待されるのは，この波形崩れを避けたいからです．

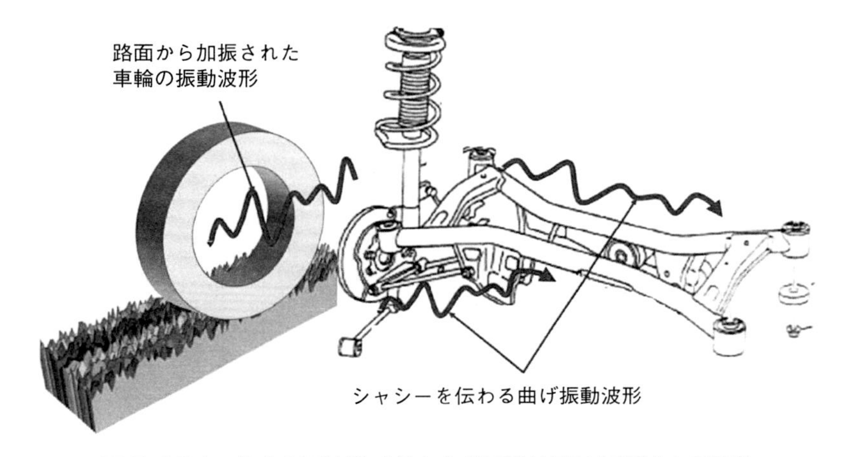

図 5-104　多くの周波数成分を含む振動波形は伝搬途中で変化

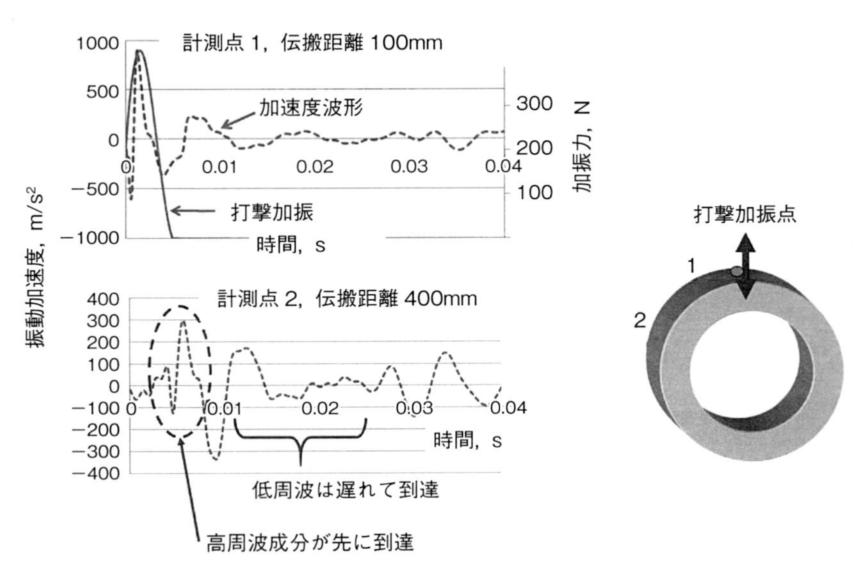

図 5-105　タイヤのトレッド振動で観察される Dispersion

(47) 加振をすれば対象物にエネルギーが入るという誤解

筆者が勤務していた自動車会社で音響学の勉強会が開かれたことがあります．そこに登場した講師は，排気音を小さくする消音器（マフラー）の消音原理が反射であると説明をしました．「エンジンから排気管内に送られてくる音波が，マフラー出入口のような断面積の急変部分で反射され，上流側に戻り，下流にはほんの一部分しか透過していかないから排気騒音が減る」という内容でした．

説明が終了したときに会場から質問がありました．「マフラーで反射されて音響エネルギーはエンジンのほうに返ってくる．他方，エンジンは次々と音響エネルギーを排気管に注ぎ込んでくる．そうなると排気管の上流部分には音響エネルギーがたまっていく．その結果マフラーに入射する音響エネルギーは増加する．つまり，いくらマフラーで反射しても効果がないのでは？」という疑問でした．

これに対して講師は「適当に減衰があるからそういう心配は無用です」と答えました．読者はこの回答に満足でしょうか？

筆者は，この質問者にも講師にも現象についての誤解があったように思います（**図5-106**，**図5-107**）．その一つは，エンジンは排気管内の脈動にかかわらず定まった音響エネルギーを吐出するわけではなく，排気管内の圧力が高ければ，排気弁が開いても出ていくガス流量は減るということです．

もう一つの誤解はパワーの供給は力と速度の時々刻々での積であって，両者の位相が90度異なればまったくパワー注入が起きないということです．従って，マフラーからいくら大きな反射波が返ってきても，排出される流量とそこでの音圧の位相次第でパワーが変化するので，必ずしもエネルギー蓄積とは直結しません．

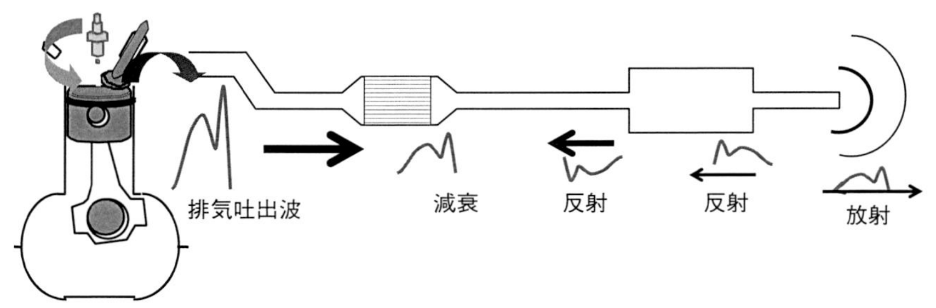

排気管の断面積変化部では，脈動波はほとんど反射する．
そうであれば，排気管の中に音響エネルギーがどんどん溜まる？
排気系内部のエネルギー減衰はそれほど大きいだろうか？

図 5-106　マフラー消音原理の反射で音響エネルギー爆発するか？

・ピストンが排気脈動の加振源

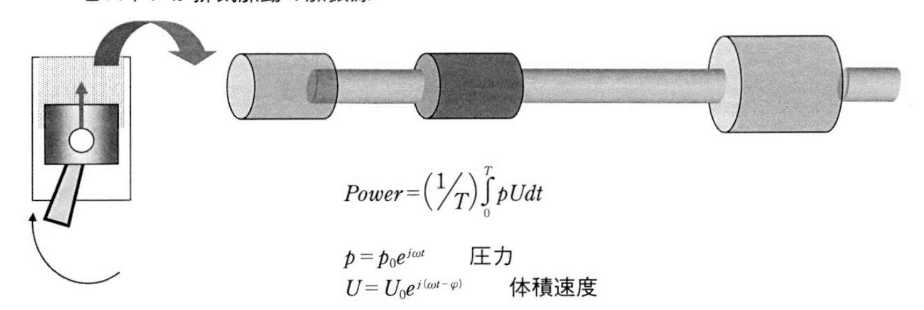

$$Power = \left(1/T\right)\int_0^T pU dt$$

$p = p_0 e^{j\omega t}$　圧力

$U = U_0 e^{j(\omega t - \varphi)}$　体積速度

力と速度の積の時間平均が加振源の出すパワー．
両者の位相が 90° ずれれば，パワーは入らない．

図 5-107　加振によるパワー注入は応答の位相次第

5.2.2　騒音現象での例

(48) 乱流渦が音源そのものという誤解

高速走行をするとフロントピラーやドアミラーの近くで風音が大きくなります．エンジンを高速高負荷で運転すると，排気吐出口から高周波騒音が大きく聞こえ，ラジエータ冷却ファンやエアコンのファンが高速で回ると急激に騒音が増します．これらの音は構造物の振動というよりは，空気がそれ自身の流れによって音波を作り出した結果です．

では，なぜ早い流れが音を発生させるのでしょうか？　きれいに流れずに渦を作るからという説明があります．確かに台風の中心は平時の大気圧に比べて５％ほど下がります．しかし，ただ圧力が下がるのでは時間的に圧力が変動しながら，外に向けて伝搬する音波にはなりません．

音の圧力振幅は大気圧に比べて微々たるものです．最小可聴音の音圧実効値は20 μ Paで，比較的大きな音圧とされる80dBでも0.2Paです．高いエアコン風速の４m/sが生ずる静圧低下は約10Paもありますから，渦の圧力そのものが音になるわけではないことがわかります．

図５-108に示したように，音を聞く側である固定点から観察すると，空気流によって生ずる渦は次々と発生しては下流に流れていきます．そして，渦が通過する近くの固定した点では，通過のたびに圧力が上下するので，あたかもそこに音源が存在することと同じ影響がでます．つまり，渦が次々と通過することが音源です．

渦列は音源が直線状に多数連なっている多重極音源になります（**図５-109**）．多数の音源から伝搬する音波は干渉しあうので，方向によっては非常に弱くなる指向性が生じます．これらの原理を知らないと無駄な対策をすることになります．

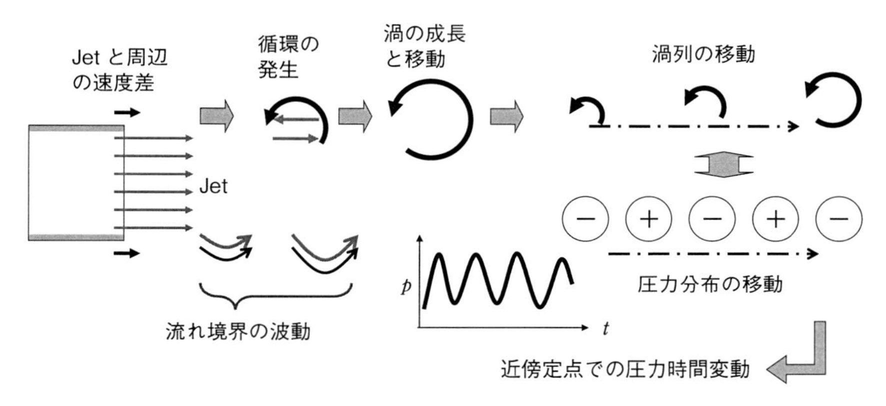

図 5-108　ジェット流により次々と生産される渦列

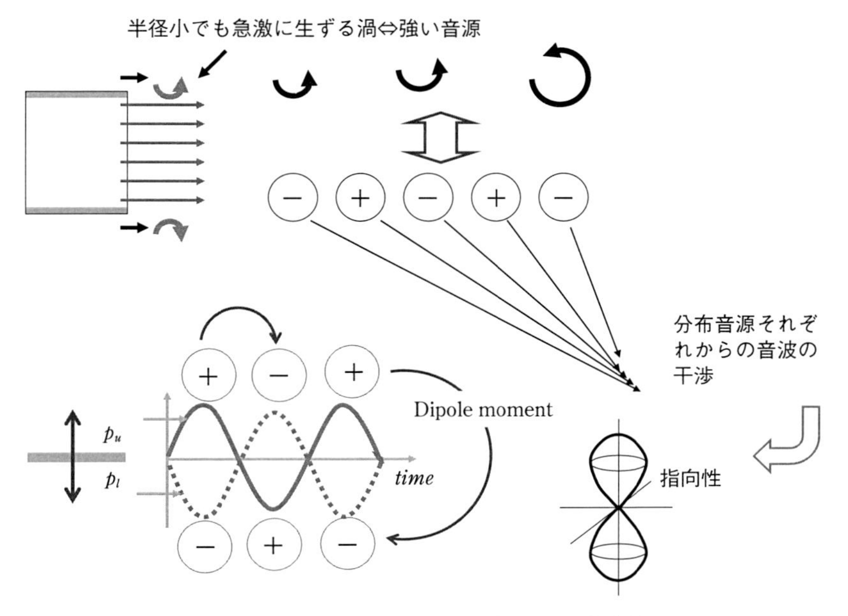

図 5-109　渦列による多重極音源と指向性

(49) インテンシティベクトルの逆方向を音源位置と誤解する

似通った周波数特性の音源が複数あって，かつそれらが近接して配置されていると区別がしにくく，対策対象を的確にとらえることが難しいことがあります．このときに頼りたくなる比較的簡単な計測手法は音響インテンシティ法でしょう．

1970年代後半になって多チャンネルFFT計測システムが容易に使えるようになりました．これを使うと，距離dxだけ離れた二つの近接位置での音圧信号の差分dpを位相差から割り出して，音圧勾配から粒子速度uを計算することでpとuの積である音響インテンシティ計測が可能となって一般化しました．従来のスカラー量である音圧計測から大きさと方向がわかるベクトル量が得られ，音源探索に活用されています．

しかし，音響インテンシティはあくまでも計測した位置での音響エネルギーの流れを示しているだけで，その音源がどこにあるのかまでは必ずしも教えてはくれません．例えば**図5-110**のように二つの音源からやや離れた計測面を設定します．二つの音源の中央に対応する点で得られる音響インテンシティは，図のように二つの音源の中央を通過する直線とほぼ平行になるでしょう．このデータだけを使うと，音源が二つ存在することを見逃してしまいます．

これを避けるには，音響インテンシティの分布を計測し，**図5-111**左側の矢印の並び方から二つの音源位置を推定します．さらに精度を上げるには，同図右側のような音場空間変換法を使います．それは音源に近接した計測面を設定し，そこで音圧配列の振幅と相互位相両方のデータを持ち，音源位置と仮定した面上に未知音源を分布させ，計測値を満足させる音源分布を逆算する方法です．ただし，これには数多くのマイクロホンと多チャンネル演算が必要なので，手軽に使えるわけではありません（3.2.1　音源位置の探索法参照）．

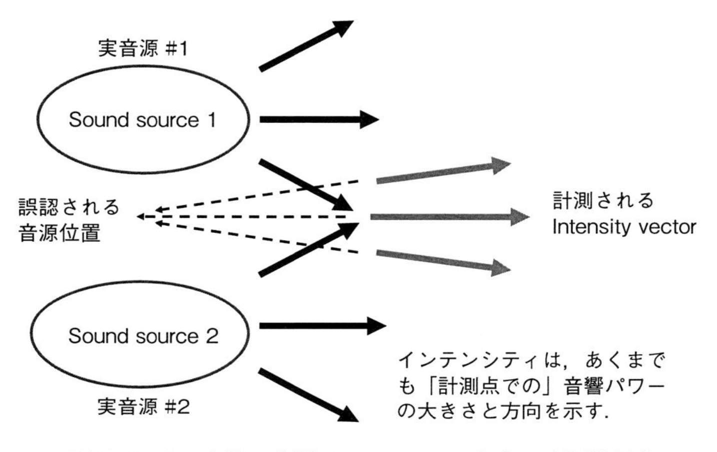

図 5-110　少数の音響インテンシティからの音源誤判定

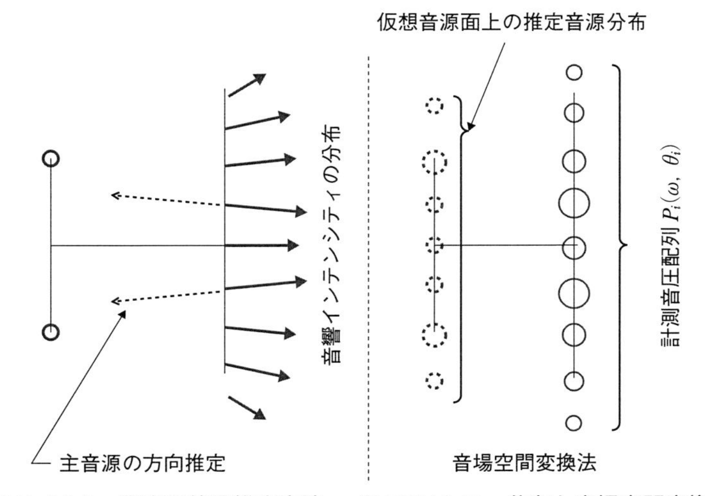

図 5-111　複音源位置推定方法．インテンシティ分布と音場空間変換

(50) 音源の寄与度を消去法で推定することによる誤差

機械類の表面から騒音が出ていると，その表面の中のどの部位が寄与しているのかを知りたくなります．特定の部分から大きな音が出ているのだとすれば，その表面を遮蔽すれば静かになるだろうと考えることもあるでしょう．この考え方にたって，**図5-112**のような実験をしてみましょう．対象とする機械の全表面から音が放射されているのですから，その機械をすっぽりと包み込む仮想的な曲面を設定し，その曲面上の多点で音響インテンシティー（あるいはその代用として音圧）を計測し，それぞれの計測点が代表する面積をかけると全音響パワーが求められます．

まずは，どこも遮蔽しない状態で計測し，次に騒音源と考える部位を重い板で遮蔽して計測をします．この二つの状態での音響パワーの差を，前者で割った値を寄与度として算出するわけです．しかし，この分子と分母の比はさほど大きくはありません．なぜなら，当該部分以外が放射している音響パワーは馬鹿にならない量であることが多いからです．

これを避けるには**図5-113**のように，まず全体を遮蔽し，そこをスタートポイントとして使います．怪しいとにらんだ部位の遮蔽だけを取り外した状態で計測をすれば，両者の差と前者の比は図5-112の場合よりもずっとわかりやすい値が得られます．　ただし，この方法にも欠点はあります．そもそも機械の各部から放射されている音は，同じ周波数成分が含まれていて，それらが合成されると強め合ったり打ち消しあったりの干渉作用があります．打ち消しあう音を放射している部位を遮蔽すると全体騒音は下がるどころか増大する可能性もあるのです．これは遮蔽法の欠点といえますが，同じ周波数を出していなければ問題はありません．

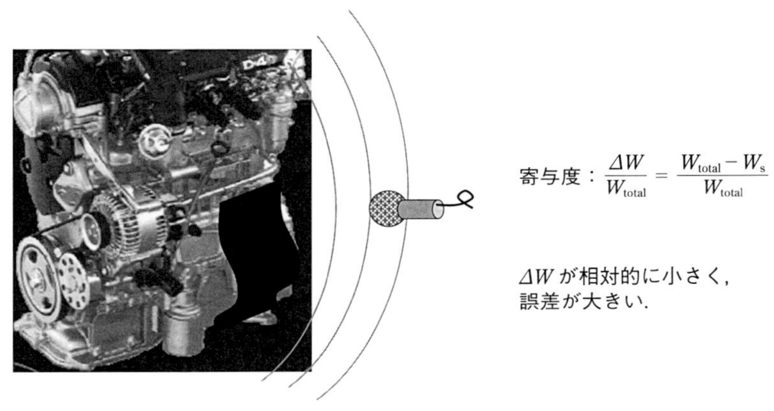

図 5-112　寄与度を知りたい部位だけを遮蔽する方法

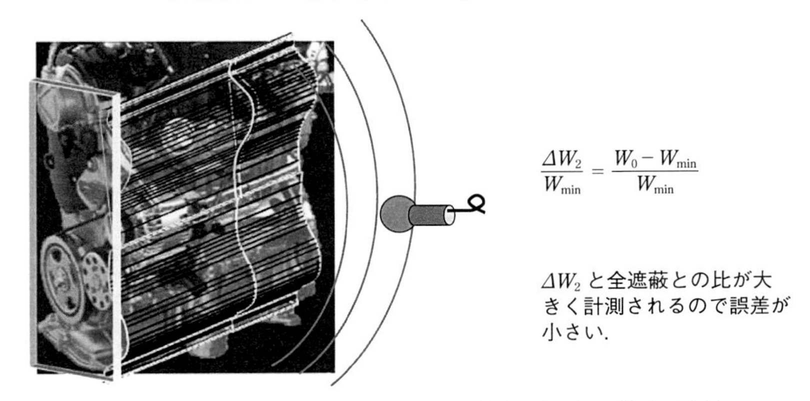

図 5-113　全体をまず遮蔽し、対象部位だけを開放する方法

(51) 反射波の影響を考慮しない騒音測定と対策

自動車は走りながらいろいろなものや現象を外に出しています．熱，排気，騒音が代表的なものでしょう．道路沿線の音環境悪化を防ぐために車外騒音の大きさが規制されています．市街地での加速時の騒音を想定した試験法では，道路中央を時速50kmで走行し，そこからの加速運転のときに，7.5m横で路上1.2mの高さに置いたマイクロホンが捉える騒音レベルの最大値を計測することになっています．この高さ1.2mという位置は，子供ならば立っているとき，大人ならば腰かけているときの耳位置に相当します．

この方法で計測された音のスペクトルをよく調べ，問題となる周波数成分を中心に対策をたてます．では，この位置での計測を頼りに対策をした自動車は，それ以外の位置での騒音も改善されるのでしょうか？　対象となる騒音の周波数特性によっては，かならずしも改善されるとは言い切れません．それは，地面からの反射波と直接波が干渉した合成音がマイクロホンに入り，両者の行路差が半波長に相当する成分は非常に低く，波長の整数倍に相当する成分は大きく計測されるからです（**図5-114**）．例えば，地上0.3mにある音源からの音では，行路差は約0.15mとなり，約1.1kHz成分が干渉によってほとんどゼロに近く計測されます．この不具合を防ぐにはマイクロホンをできるだけ地面近くに置くことがよいでしょう．

この反射波との干渉はナビゲーションや電話に運転者だけの音声を検出するために配置したマイクロホンでも起きます（**図5-115**）．複数のマイクに到達する音声間の位相差が音源位置とマイク配列との角度で決まることを利用する話者識別技術ですが，直接波を想定しているので，反射波は誤動作要因となります．

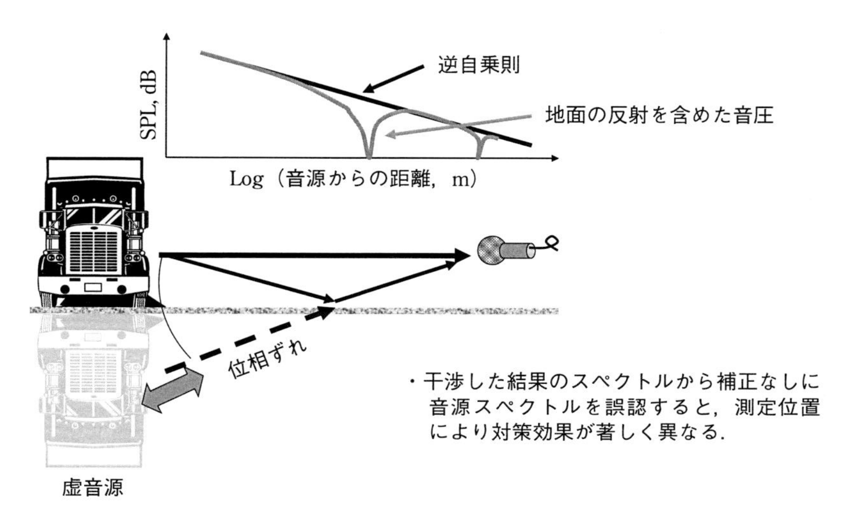

図 5-114　屋外でも特定の周波数成分には反射波が混じる

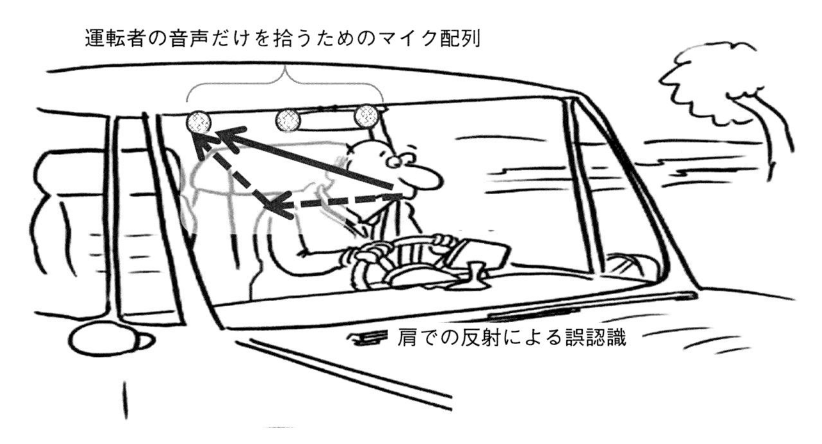

図 5-115　人の音声には肩などからの反射波が混じりやすい

(52) 圧力型と自由音場型マイクの使い分けミス

筆者は初めて騒音の研究を担当したころに，プラスチックで作った窓にマイクロホンを同一面になるように取り付けて風音を測ることを試みました．しかし，あるときに計測器の技術営業の方から，「使うマイクの種類を間違えている」と助言されました．

マイクには自由音場型と圧力型の二種類があります（**図5-116**）．前者は伝搬していく音波の音圧計測用に，後者は壁面での音圧を計測用です．伝搬している平面波では音圧 p と粒子速度 u には位相が同一で $p = \rho cu$ という比例関係があります．自由音場型マイクでは感圧膜の後ろ側の空間が大気とよく連通し，感圧膜はその前後の差圧に比例して動きます．つまり粒子速度と対応しますから，これを電気信号に変換すれば音圧を計測することになります．

他方，壁面での音圧計測では，そもそも壁面では入射波と反射波の粒子速度は相殺してほぼゼロになりますから，自由音場型のマイクでは役に立ちません．この場合は感圧膜と大気が，静的な圧力バランスをとるためだけの非常に小さい穴でしか連通していない圧力型マイクを使うべきです．

さらに，音声のように小さなサイズの音源からの球面上に拡大する放射音を計測するときには，音源付近では音圧と粒子速度の比が平面波の場合に比べると小さくなり，粒子速度ばかりが大きくなるので注意が必要です．小さい音源の近くでは音源により生ずる体積変化が音波を動かす方向にあまり使われず，それと直角方向の運動による音圧は粒子速度とは位相が90度ずれるので，1周期になす仕事（パワー）がゼロになります．そういうわけで，音源近くでは粒子速度に強く反応する信号を出すマイクから正確な音響パワーを算出するには工夫が必要です（**図5-117**）．

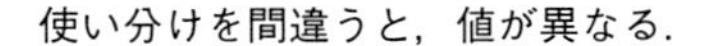

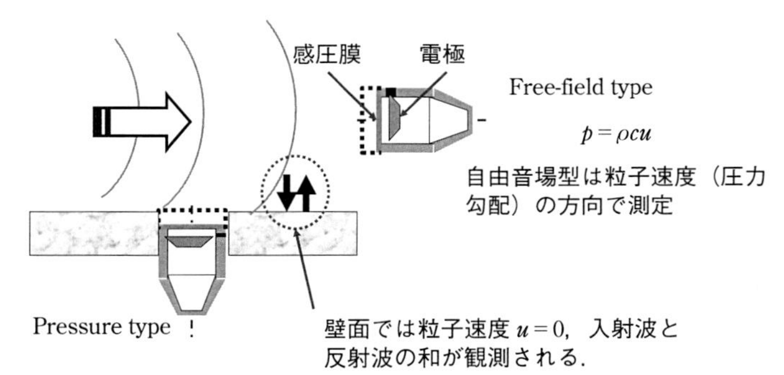

圧力型は粒子速度（圧力勾配）とは無関係に圧力変動を測定

図 5-116　自由音場型マイクと圧力型マイクの使い分け

音源の近くでは，音源により拡張・収縮される体積変化の多くが周方向運動に消費され，波面に垂直な運動には使われない.

$$p = \rho c \frac{jkr}{1 + jkr} u$$

$$= \rho c \left\{ \frac{(kr)^2}{1 + (kr)^2} - j \frac{kr}{1 + (kr)^2} \right\} u$$

$$= (z_r + z_j) u$$

$$u = U \cos \omega t, \ -P_r = \rho c \frac{(kr)^2}{1 + (kr)^2} U \cos \omega t$$

$$P_j = \rho c \frac{kr}{1 + (kr)^2} U \sin \omega t$$

$$I = \frac{1}{2\pi/\omega} \int_0^{2\pi/\omega} pu dt = \frac{1}{2} \rho c \frac{(kr)^2}{1 + (kr)^2} U^2$$

$$\because \int_0^{2\pi/\omega} p_j u dt = 0$$

$P_j = z_j u$

u

$P_r = z_r u$

図 5-117　近接音場での粒子速度からの放射音響パワー過大評価

(53) 計測波形が同一時間の音源波形と同一という錯覚

振動騒音対策を考える基礎データとして，音源から受音点までの正確な伝達関数を使いたいものです．伝達関数測定には音源近傍と受音点の両方に置いたマイクによる同時測定をします．受音点が音源から遠く離れている環境騒音問題のようなとき，受音点までに音波が到達する時間が長くなります（**図5-118**）．

多チャンネルFFT分析器を利用することが一般的でしょう．音源側と受音側両方の信号の同時取り込みをし，そのサンプル期間の始まりは受音点側で望みの信号が発せられたとき，終わりは受音点側にその信号が届き終わったときとすることが多いはずです．こうして，このサンプルの始まりを起点としてフーリエ変換をし，各周波数成分の位相と大きさを二つの信号それぞれで求めます．位相遅れは，０から２πまでの範囲までしか，つまり音波の１波長までしか表現できません．遅れは周波数に比例して増えるので，２πラジアンを超えたときには，計測された位相に２πを加えるという操作（Phase unwrappingと呼ばれる）をします．

さて，実験には暗騒音や計測システム内で生ずる電気的なノイズが入り込みます．図5-118，**図5-119**に示したように，長い遅れを伴う信号を含むデータを同時に取り込むと，それぞれのデータの長さに比べて意味のある信号の部分の割合が小さくなり，それ以外のノイズばかりが含まれる部分の割合が大きくなってしまいます．

そうすると，二つの信号の関連度を表すコヒーレンス関数の値が下がるので，データを取り込んだ後で，適当な処理をするほうがよいでしょう．コヒーレンス関数は次の式で定義されています．

$\gamma_{xx}(f)=\dfrac{|G_{xy}(f)|^2}{G_{xx}(f)G_{yy}(f)'}$，$Gxy$ (f)：信号 $x(t)$，$y(t)$ のクロススペクトル密度

$G_{xx}(f)$，$G_{yy}(f)$ 信号 $x(t)$，$y(t)$ 各々のオートスペクトル密度関，f：周波数

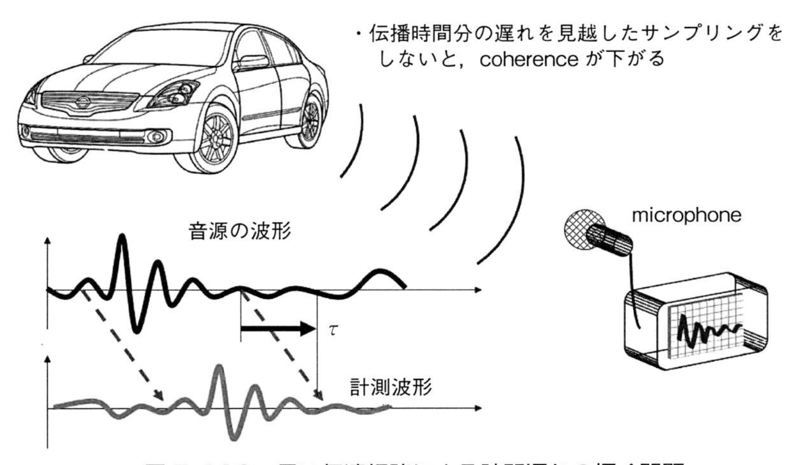

図 5-118　長い伝達経路による時間遅れの招く問題

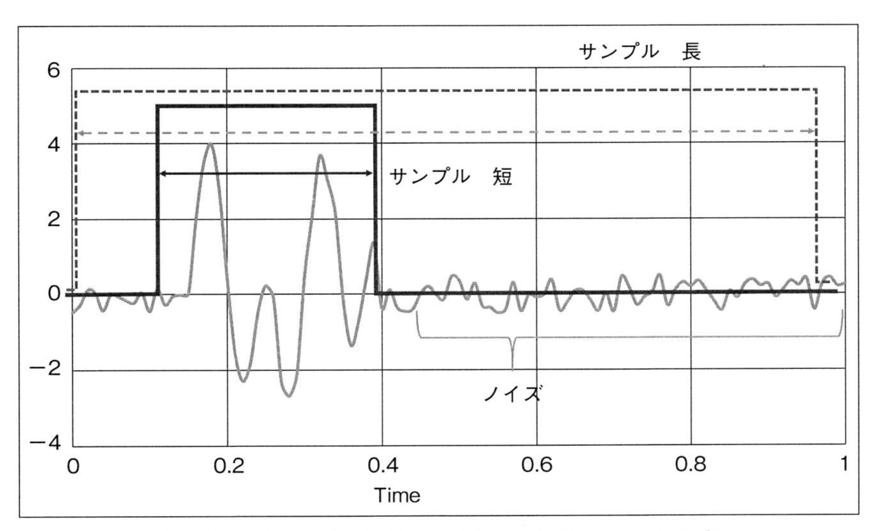

図 5-119　実質的信号長とサンプル長の差によるノイズ混入

(54) 低周波音をヘッドホンで評価

自動車の車室内音の音質を，その車のコンセプトにあった快適なものにすることが行われています．音質はその音の周波数特性や時間的な変化を基礎とする数種類の指標で表されるということが近年の研究でわかり，その一部がISOの音質指標として標準化されています．その中にはシャープネスという高周波音の割合を表す指標もありますが，これは逆に低周波音の少なさを表しているとも言えます．この低周波音は「迫力感」としてスポーツ車では積極的に演出されることもあり，欧州の人々は大きくても良しとする一方，日本人の多くには好まれません（**図5-120**）．

実際に走行して音質を評価できればよいのですが，手間がかかるうえに，数種類の自動車を乗り比べると，時間の経過とともに前に聞いた音を忘れてしまうという不具合もあります．そこでダミーヘッドという人間の胴体と頭部の模型の両耳位置にマイクを取り付けてステレオ録音をし，その信号をヘッドホンで再生して，次々と異なる車両の音を聴き比べる手法がよく使われています．

日本の宇宙開発の父である糸川英夫博士は「音楽は，聴覚を通して聴く“音波”と“ボーンコンダクション”（骨伝導）の二つの成分を聴いている．つまり音楽は耳だけで聴くものではなく，体全体で感じるものです．音楽を聴く人が真の恍惚感に浸るのは，このボーンコンダクション効果が大変大きく，骨伝導のエネルギーの伝わりが再生には不可欠である」という研究をされたそうです．

この骨伝導がヘッドホンでは実現しにくく，上記の低周波音の再生ができないので，成蹊大学の心理音響研究室では**図5-121**のようにシートを振動させるボディソニックを開発しました．

・低周波音は体全体に入射し，骨伝導も含めて聴覚を刺激する．

図 5-120　乗員に入ってくる各種の視覚聴覚刺激

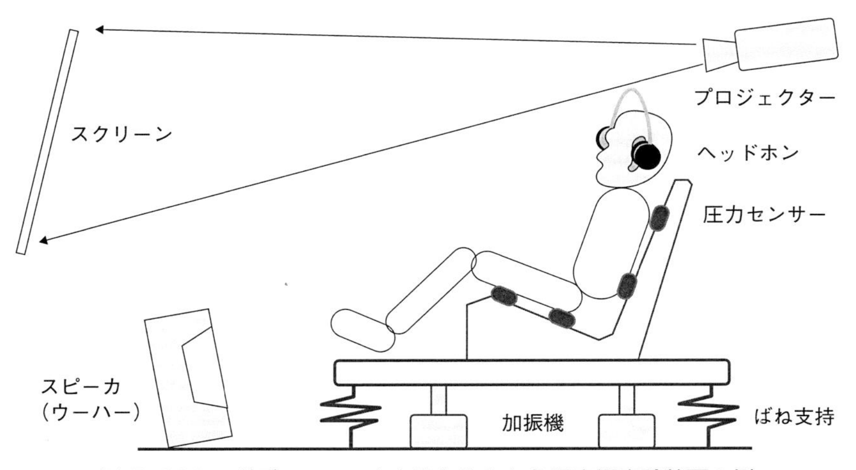

図 5-121　ボディソニックを取り入れた心理音響実験装置の例

(55) 車内騒音測定での気温や荷物の影響無視

筆者が振動騒音技術の仕事を始めてから10年を経た頃，競争相手のある企業がバランサーシャフトを装着した４気筒直列エンジンを搭載した乗用車を市場に出してきました．そこで私たちのグループは静粛性での劣勢を挽回するため，バランサーの持つ重量増，燃費悪化，エンジンルーム内スペース狭隘化という問題を持たない案を考えました．そして音で音を消す「アクティブ騒音制御」を試行したところ，無響シャシーダイナモ上で大きな効果が測定されました．そこで，この研究の発展をする経営判断を依頼するために，役員試乗を計画しました．次の日，役員の他に多数の同伴者も同時に試乗してくれましたが「効果を感じられなかった」．との評価で，がっかりしました（**図５-122**）．

この原因が解き明かせず，また制御理論もまだ十分にはもっていなかったので，２年ほどこの試行を中断せざるを得ませんでした．その後，試乗会のときのように乗員数が大幅に変化したり，それと関連して室内空間の温度や音場の変化が起きたりすると，車室内の空洞共鳴現象が変化したことが原因であることがわかりました（**図５-123**）．そして，このような音場変化に追随することができる「適応制御理論」を勉強した結果，世界で初めての量産型アクティヴ騒音制御システムを日産ブルーバードに搭載して市場に送り出すことができました．

このような温度変化のほかに，トランク内に何げなく置いた荷物が車体の共振に影響を与え，役に立つ実験データをとれなかった苦い経験もあります．

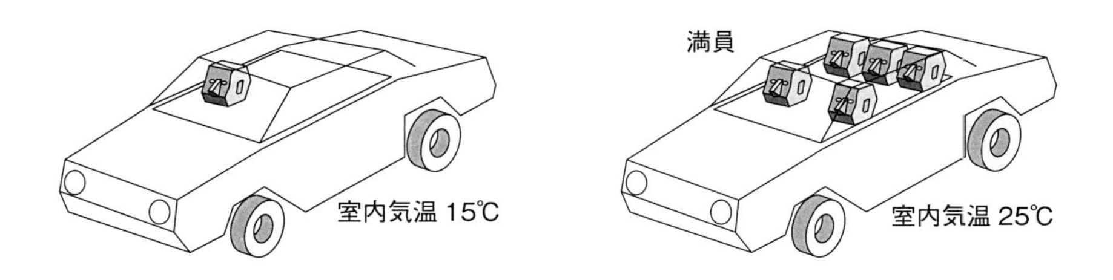

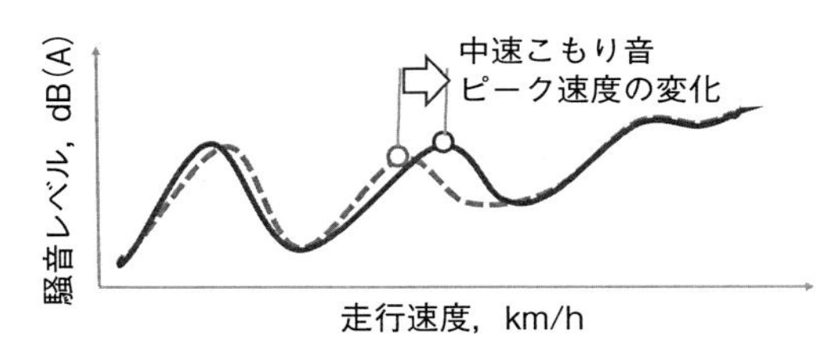

図 5-122　満員の乗客で変化する中速こもり音

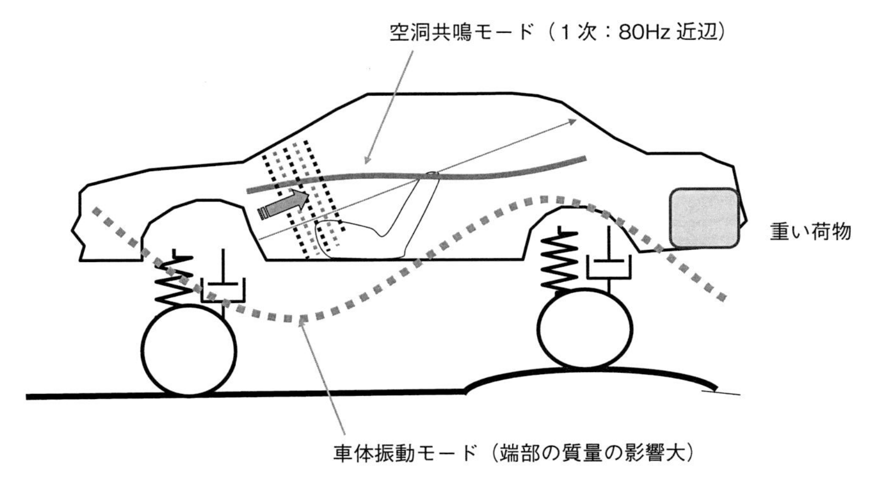

・気温の変化⇒室内の空洞共鳴周波数の変化
・等価質量の増加⇒固有振動数とモードの変化

図 5-123　気温や荷物により変化する空洞共鳴や車体振動

(56) 聞いているのは音の周波数という誤解

時間平均という性質を持つフーリエ変換そのものの機能を自分の聴覚は持っていると昔は思い込んでいたました．その頃，寒い朝に暖機中の４気筒ディーゼル車のノッキング音を聞いたところ，そのキンキン音の頻度は奇妙なことに毎秒５回ほどで，燃焼の頻度毎秒20回とは違いました．音圧波形は**図５-124**のように高周波の減衰波形の振幅が，その聞こえた頻度で時々大きくなっていたので，変動感は大振幅の発生回数に支配されています．**図５-125**に例示したディーゼルノックは不安定な現象で，生ずる大きさやタイミングが変動します．

この変動感を音響信号の処理によって示す変動感という音質指標があります．変動の周波数が４Hz 近辺で最も変動感が強く感じられるので，４Hz からのずれによって重みづけを行います．そして，ラウドネスを計算するときの24個の各周波数バンド（Bark）ごとに計算して，その集計値を“変動強度”（単位 vacil）と定義します（**図５-126**）．

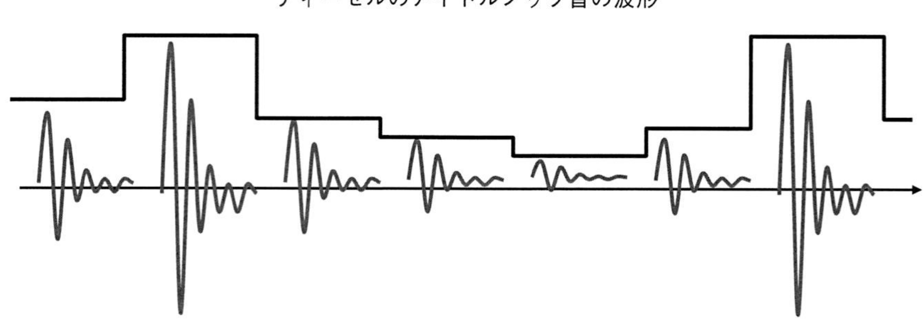

・聞こえているのは“コン・コン・コン…”という間歇音．１秒間に数回の繰り返し．
・繰り返しの回数≠音の周波数
・繰り返しの回数≒大振幅の頻度
・全体を低減するのでなく，ときどき生ずる異常燃焼を制御することが対策．

図５-124　ディーゼルアイドルノック音の波形の例

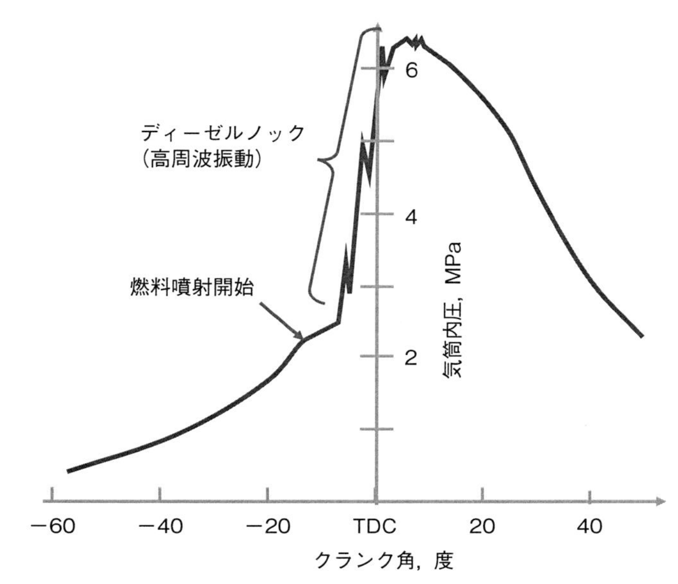

図 5-125　ノックをしているディーゼル気筒内圧力波形

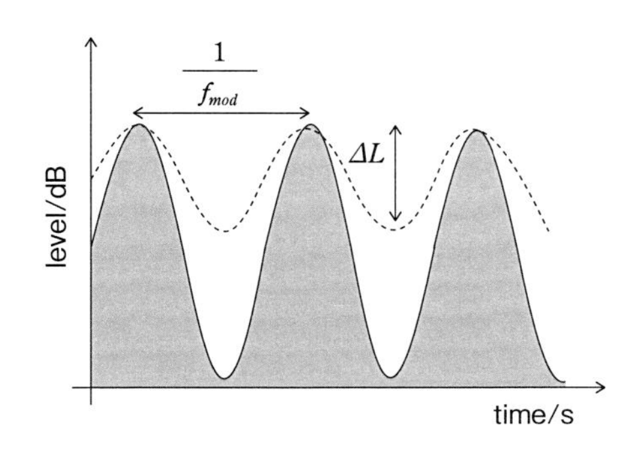

1vacil は 1kHz 60dB の音を 4Hz で 100% の振幅変調をした音.
式中の ΔL は各周波数帯域（Bark）でのマスキング深さ.

$$\text{変動強度：} F = \frac{0.008 \int_0^{24Bark} \Delta L \cdot dz}{(f_{mod}/4\text{Hz}) + (4\text{Hz}/f_{mod})} \text{[vacil]}$$

図 5-126　音質指標「変動強度」の定義

5.2.3　振動現象での例

(57) 軸振動が周波数を変えずに支持体に伝わるという誤解

自動車の音質に影響が大きい燃焼加振力は，シリンダーブロックへの伝達経路として回転するクランク軸を加振します．燃焼騒音の音質が問題とされる300～800Hzの領域にはクランク軸ねじり1次固有振動数があります．そして，そのモードに対するモード加振力は，クランク軸固定の座標系で測ったときに，偶数次数成分で大きくなるので，それが固有振動数近くになったときに，クランク軸前後端の回転速度変動は大きくなります．そのときにクランク軸が軸対称形ではないことによって，クランクピンには軸とは直角方向の振動が生じて支持構造を加振します．こういう直線上の振動は相互に反対方向の二つの円運動の足し合わせとして表現されます（**図5-127**）．

クランク軸が横振動をすると，その軸と一緒に回転している座標系では上記の二つの反対まわりの回転振動の和となりますが，それらをシリンダーブロックに固定した座標系から観測すると，クランク回転速度がそれぞれに足しあわされた運動として現れます．つまり，クランク軸と同方向の回転成分は，クランク軸回転1次分だけ周波数が高く見え，反対方向回転成分は1次分だけ低く見えます（**図5-128**）．

その結果，シリンダーブロック側の振動には元の成分とは1次分ずれた振動成分が大きく表れます．近接した周波数成分が混在すると，この二つの音は耳には濁った一つの音として聞こえるので，音質を悪化させます．また，クランク軸とシリンダーブロックの固有振動を設計するときには，この周波数変化を考慮する必要があります．この現象はドップラー効果ではありません．なぜなら，ドップラー効果は空気という媒質に対して音源や受音者が動くことにより生ずる現象だからです．

・軸振動（半径方向）は，回転の ±1 次だけずれて支持構造との間で伝達される.

■ 直線状の振動は両方向の円運動の和である.

$$\cos\omega t=\frac{1}{2}\left(e^{j\omega t}+e^{-j\omega t}\right)$$

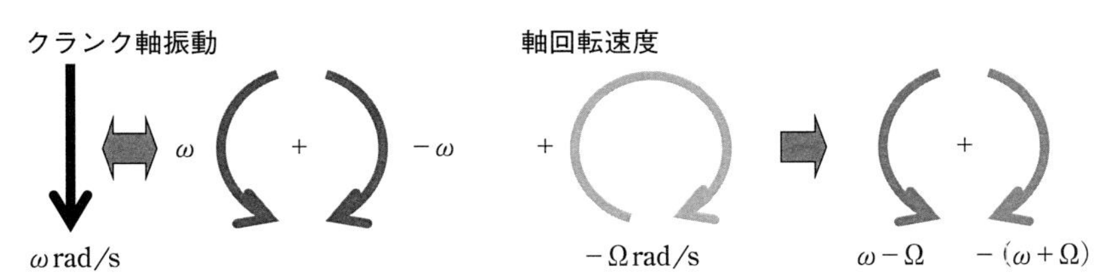

図 5-127　往復運動は互いに反対方向の円運動のベクトル和

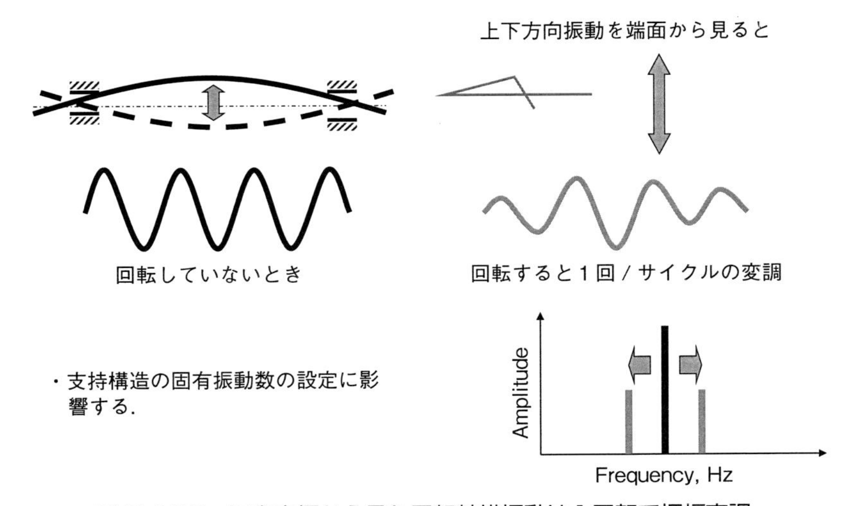

図 5-128　固定座標から見た回転軸横振動は1回転で振幅変調

(58) 音速がエネルギー伝達速度であるという誤解

第47項では音や振動の波形が伝搬の途中で崩れることを説明しました．では，騒音やその原因となる振動が運ぶエネルギーはどうなのでしょうか？　海面を走る船の両脇には船首に近い部分から発生した大きな波が２種類観察されます．一つは超音速空気流で発生するマッハコーンのような衝撃的な波で，これは海面を伝搬する波の速度そのもので伝わります．しかし，ほとんどの波のエネルギーはその半分ほどの速度で広がりつつ，衝撃波の後を追いかける一群の波で運ばれます．この波の速度を群速度といいます．この一連の波が発生する理由は，いろいろな速度で伝搬する波が合成されるためです．

自動車ではエンジン側面を伝わる高周波振動，例えばノッキング振動，あるいはエンジンやシャシーからの加振による車体構造を伝搬する高周波振動などでは群速度の概念を使わないと，エネルギー伝搬現象を誤解します（**図５-129**）．

構造振動ではなくても，タイヤ空洞内の音響エネルギー伝搬でも，直接波，回折波，反射波が入り混じるので，合成された音波はそれぞれの進行速度や迂回による伝搬経路長さの違いによってまちまちの速度をもちます．その結果，いわゆる音速よりも相当に低い群速度で音響エネルギーが伝搬しています（**図５-130**）．

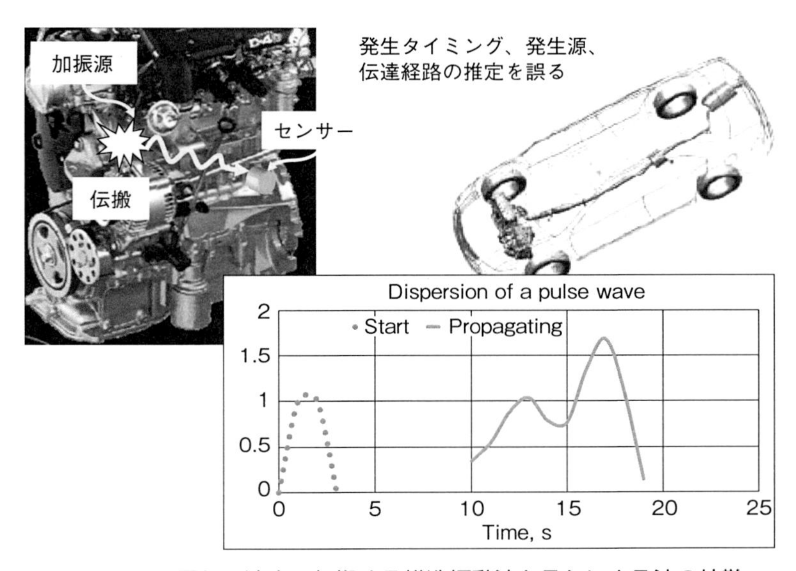

図 5-129　異なる速度で伝搬する構造振動波とそれによる波の拡散

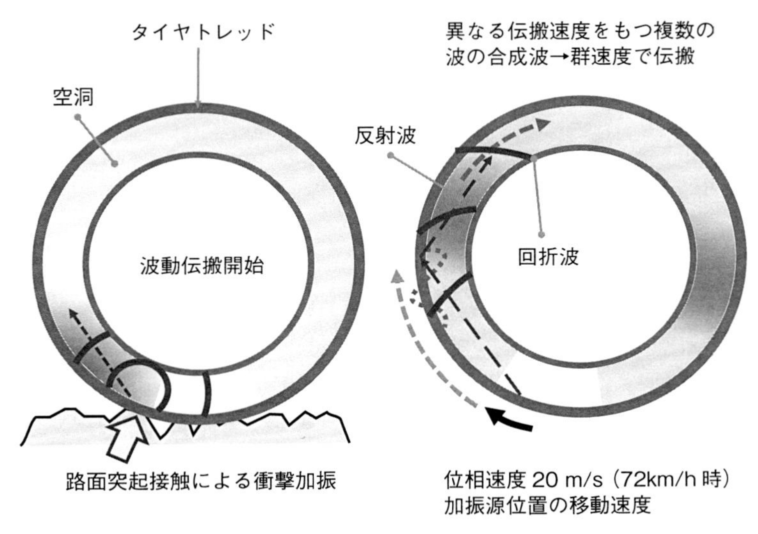

図 5-130　タイヤ空洞内を音圧の群速度伝搬原理

(59)　複素モード振動への実モード解析の誤用

振動モード解析の基本を説明する教科書では，固有振動数や固有モードは式（60－１）のような方程式を満たす解として説明されています．ヒステリシス減衰であれば式（60－２）の形式となります．ここで減衰係数行列 C，D が質量行列 M あるいは弾性行列 K に比例し，対称行列であれば，物理変位 x をモードの合成として表す式（60－３）における各モードベクトル ϕ は実数になります．そうでなければ複素数となり，モードの要素，つまり各位置の変位間に位相差が生じるので，モード形状は時間とともに動きます．これが複素モードです．減衰行列が非対称となるのは，系に非線形性があったり，ジャイロ効果のようにある座標の変位がそれと直交する座標に影響を及ぼしたりする場合です．

$$M\ddot{x} + C\dot{x} + Kx = 0 \tag{60-1}$$

$$M\ddot{x} + (K + iD)x = 0 \tag{60-2}$$

$$x = [\phi_1 \ \phi_2 \ \cdots \ \phi_N]\{\xi\} \tag{60-3}$$

こういうことが起きる実例にはディスクブレーキでのパッドとディスクのスティックスリップを介在した連成振動があります（**図５－131**）．パッドとディスクの間の摩擦係数の滑り速度に対する負勾配が大きいと，膠着と滑りの交互繰り返しを生じます（**図５－132**）．その結果パッドのディスクへの押し付け荷重が変化するので，ディスクには微小な曲げが生じます．これがパッドを支持するキャリパーの板厚方向振動を招き，スティックスリップを成長させます．パッドの当接部分が加振点となるので，そこの振動はディスクの回転と同時に変化していくことになります．そのため，ディスク振動モードは上述の複素モードとなるわけです．この複素モードであることを無視しては実際の現象とは異なる概念で設計を考えることになり，よい結果には結びつかないでしょう．

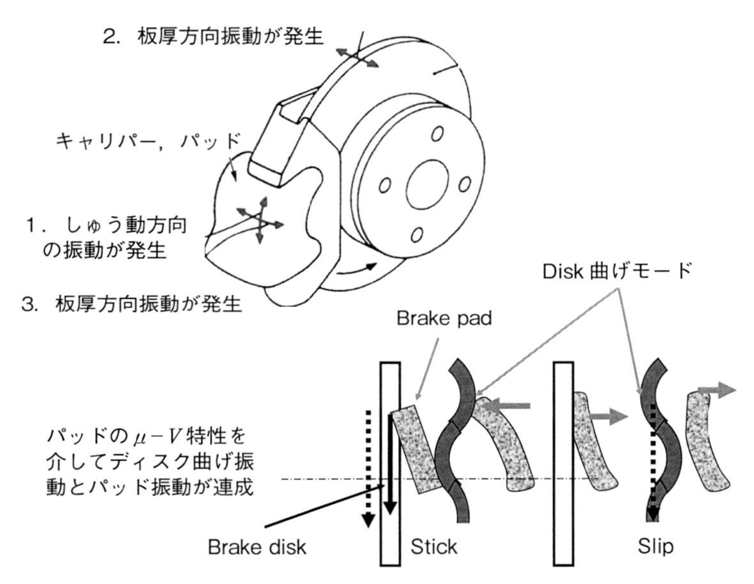

図 5-131　パッドとのスティックスリップによるディスク曲げ振動

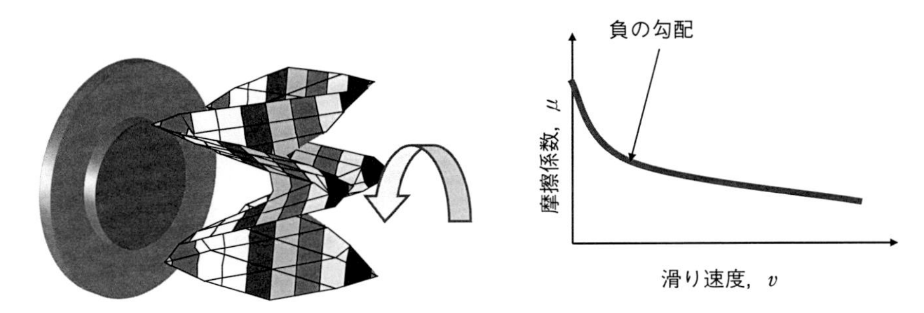

図 5-132　パッドとディスクの摩擦特性とディスク曲げ複素モード

(60) 材料の減衰による制振効果を試験片で評価できるという誤解

機能の高い新材料が手に入れば，構造設計は楽になります．例えば振動減衰が非常に大きくて，それ以外の特性も従来材料と互角であれば，減衰に頼るしか手がない部位にはすぐにでも使いたくなります．

そのようなニーズを持っている設計者のところへ材料メーカーの営業担当者がやってきて，**図5-133**左上のような器具を使って，新材料の減衰が大きいことをデモンストレーションしたと仮定します．短冊状のサンプルは点でぶら下がっていて，ハンマーでたたいたあとの余韻の長さを耳で聞いたりセンサー出力の自由減衰振動波形で減衰率を計算したりします．

非常に大きな効果に驚いて，早速試作品に組み込むべく手配をするかもしれません．しかし，ここでちょっと待ってほしいのです．

ハンマーでたたくことは自由減衰振動の初速度を与えたわけで，そのあとは固有振動モードの振幅が徐々に小さくなっていく現象を起こしたことになります．減衰が最も効果をだすのは共振点，つまり固有振動のところですから，このデモで効果がよくわかるのは当たり前で，それ以外の周波数では効果はずっと下がることに注意すべきです．

次に注意すべきことは，サンプルは単品であってボルト結合などの減衰要素が全くないものですから，実際の応用になるとそれほど大きな効果は期待できません．

有機物系の減衰や磁力を使っているサンプルの場合は，温度変化や負荷荷重による減衰の低下にも気をつけておく必要があります（**図5-134**）．

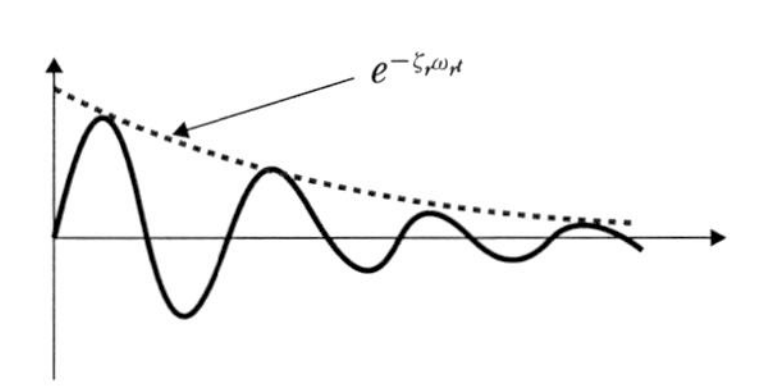

第r次モードに対するモード減衰比ζ_rを計測

ζ_r：r次モード座標

$$\begin{Bmatrix} \ddot{\zeta}_1 \\ \cdot \\ \ddot{\zeta}_r \\ \ddot{\zeta}_n \end{Bmatrix} + 2j \begin{bmatrix} \zeta_1\omega_1 & & & \\ & \cdot & & \\ & & \zeta_r\omega_r & \\ & & & \zeta_n\omega_n \end{bmatrix} \begin{Bmatrix} \dot{\zeta}_1 \\ \cdot \\ \dot{\zeta}_r \\ \dot{\zeta}_n \end{Bmatrix} + \begin{bmatrix} \omega_1^2 & & & \\ & \cdot & & \\ & & \omega_r^2 & \\ & & & \omega_n^2 \end{bmatrix} \begin{Bmatrix} \zeta_1 \\ \cdot \\ \zeta_r \\ \zeta_n \end{Bmatrix} = 0$$

図 5-133　サンプルの打撃試験は固有モードの減衰計測に相当

・自由振動の減衰は共振周波数での振幅抑制に対応.

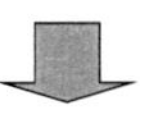

1．減衰効果が最大になる評価条件.

2．共振周波数以外の加振周波数での減衰効果はもっと小さい.

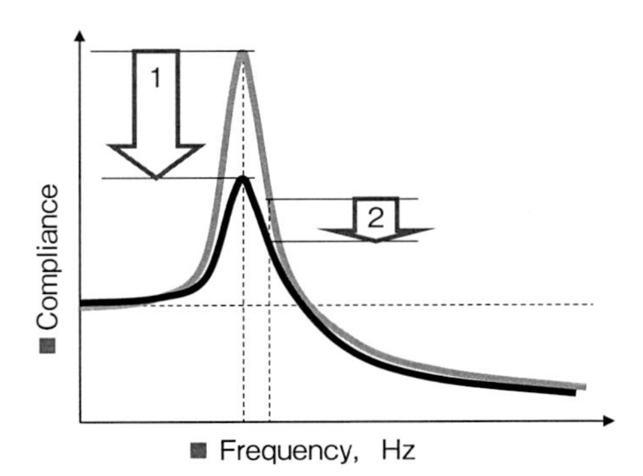

図 5-134　打撃試験は共振時の減衰効果と等価で期待値の上限

(61) 乗り心地は車体振動の実効値で評価できるという誤解

筆者は自動車を購入するときに考慮する性能項目の中で「乗り心地」は重視しています．長距離運転での疲労にはこれが大きく影響するからです．しかし，乗り心地という言葉は人によって何を意味するのかが大きく違います．ある人々は乗り込みやすさ，室内空間の広さ，シートの肌ざわり，静かさも“乗り心地”に含めているようです．では振動騒音にたずさわる技術者としては，乗り心地はどのように計測し，評価すればよいのでしょうか？

車体の振動加速度のうちの低周波成分を評価することに間違いはないでしょう（**図5-135**）．ではその方向は上下方向だけなのか，前後や左右方向はどのように扱うべきか，これらは漠然としてはいても企業秘密のようです．

ただし，ときどき「おや」と思うことがあります．それは，シートの取り付け部分の床振動を計測していることがあるからです．確かに人間自身の振動を評価することは再現性などの面で難しいでしょう．しかし，上体を起こした状態で座ることの多い背の高いワゴン車の２列目，３列目の乗員は，車体のロールによって頭部が左右にゆすられ，床よりも振幅が相当に大きくなります．映画館の最前列に座ると，映像の大きな動きによって視覚だけで乗り物酔い状態になることがあります．視覚への影響を考慮した乗り心地評価をこころがける必要がありそうです．

さらに，計測された振動信号の処理については，現象によってはその実効値ではなく，最初の大きなピーク値のほうが乗員の主観的な評価とよく対応することもあります．安易な計測点や信号処理は誤った設計判断を招きます（**図5-136**）．

低周波振動は視覚（眼）の影響が大きい.

乗員頭部の振動「変位」を評価項目に加える必要がある.

図 5-135 乗り心地評価には視覚や頭部振動の考慮が必要

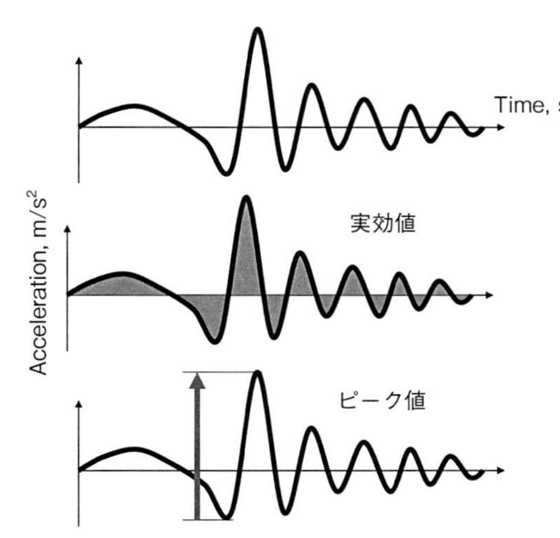

・感覚的な評価は，実効値ではなく，瞬間的な加速度の変化率(jerk) でなされる場合もある.

図 5-136 乗り心地評価には実効値だけがよいとは限らない

(62)　転がり接触を考慮しないギアやチェインの計測と解析

筆者の職場での先輩は，デフギアの噛み合いによる振動と騒音対策技術でよい成果をあげました．お客からのクレームの番付上位に位置していた現象の解決をしたのです．ギアそのものの製造精度の向上は生産技術が担当をしていることと，その改善には巨額の設備が必要であることから困難でした．そこで，ギアの噛み合いにより発生する強制的な回転速度変動を加振源と考え，それによって引き起こされる駆動系の振動振幅を下げるアプローチをとりました．そのために駆動系全体を実験室に組み上げ，加振実験を始めたのですが，出るはずの共振が出現しませんでした（**図5-137**）．

長いこと検討をしましたが原因がわからず，騒音の大きいことがわかっている実験車両で使用中の駆動系と取り換えたところ，明確に共振モードが出現したのです．原因はギアの噛み合い表面が新品のデフでは細かな凹凸が多く，加振をしてもその部分の微動摩擦によって減衰したことでした．接触を含む系では表面状態の検討が欠かせません．

噛み合いといえば動弁系駆動チェインの作動を誤解をしている技術者がいます．ローラーチェインよりも静かだとされているサイレントチェインでも，振動騒音が問題になることがあります．ローラーチェインは，それを駆動するスプロケットを多角形のプーリーと考える多角形巻き掛け運動で近似できます．しかしサイレントチェインは，スプロケットへの噛みこみと離脱の位置ではラック・ピニオン，それ以外は内歯車として機能をします．これを理解しない限り，サイレントチェインはサイレントにならないでしょう（**図5-138**）．

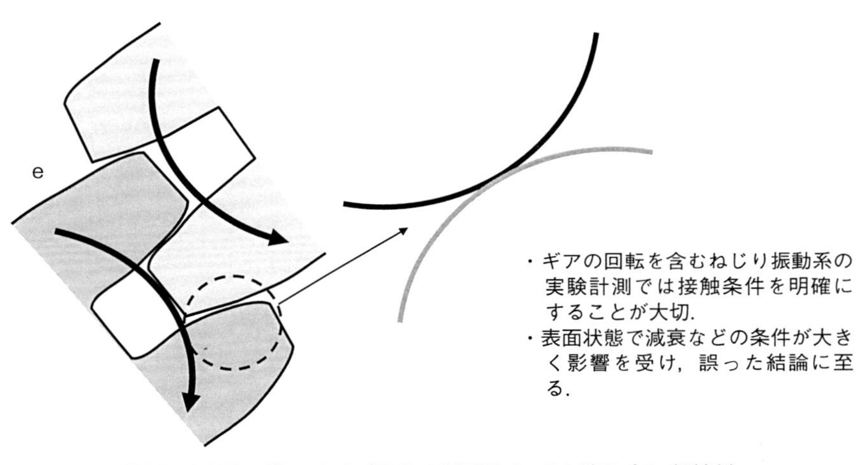

図 5-137　ギアノイズ発生の基礎としての噛み合い部接触

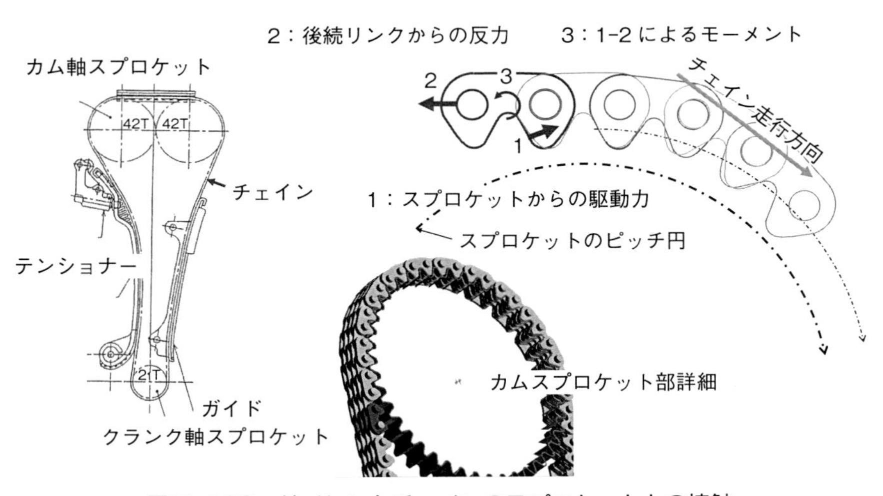

図 5-138　サイレントチェインのスプロケットとの接触

5.2.4　振動と騒音の連成現象の例

(63) 振動⇔音への不可逆性

ある振動解析レポートに次のようなことが書いてありました.「機械から離れた仮想面での音圧信号群から，機械表面の振動分布が，それぞれの評価点間の伝達関数から計算できる．その伝達関数は，機械表面に一つのスピーカーを置いて音を出し，仮想面での音圧を同時計測すれば得られる（**図 5-139**）．そのスピーカーを次々と移動させて計測する」．読者はどうお考えでしょうか？完全に誤りとは言えないまでも上記の論が成立しない場合もあります.

それはエバネセント波という現象のためです.

機械表面の振動伝播速度は，空中の音波の伝播速度（音速）とは一般には異なります．例えば薄く柔らかい板の曲げ振動の伝播速度は空中音速よりもはるかに低いでしょう．この板上を伝播する曲げ振動の波数 k，つまり 1 m当たりの波の数は，機械表面に沿って伝播する空中音波の波数よりもはるかに大きくなります．一方，空中での音波の伝播は，波動方程式に従います.

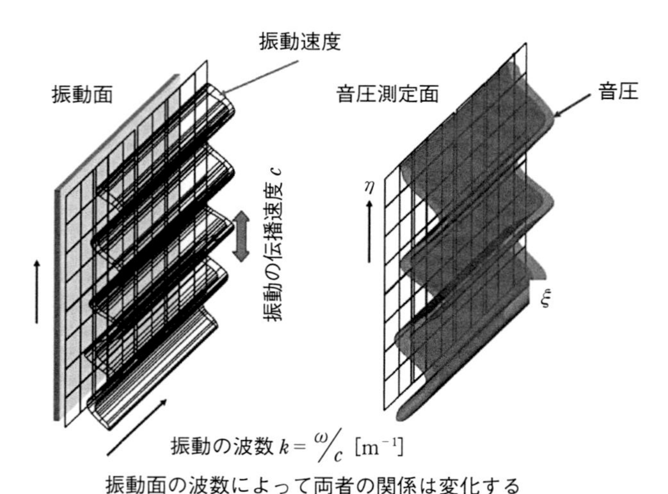

図 5-139　音の計測から機械表面振動を推定できるとは限らない

$$\frac{\partial^2 p}{\partial t^2}=c^2\nabla^2 p$$

波動方程式右辺には，音圧 p にラプラシアン（x，y，z 方向それぞれに空間的に２次微分をする）を施したものが含まれます．この式は，音波の変化を時間的な変化 ωt と，空間的な変化 kx，ky，kz の２種類にわけた変数分離形式で書き表せることがわかっています．この式を波動方程式に代入すると，それぞれの空間変化の関数Φ，Ψ，Θそれぞれの２次微分と元の関数の比を足し合わせたものに k^2 を加えるとゼロである必要が出ます．

$$p=e^{j\omega t}\Theta(x)\Psi(x)\Theta(x)$$

$$\Phi''/\Phi+\Psi''/\Psi+\Theta''/\Theta+k^2=0$$

$$\Phi''/\Phi=k_x^2,\quad \Psi''/\Psi=k_y^2,\quad \Theta''/\Theta=k_z^2$$

$$k_x^2+k_y^2+k_z^2+k^2=0 \qquad k_z^2=k^2-\left(k_x^2+k_y^2\right)$$

それぞれの比は k^2 と同一次元の定数である必要があります．そこで，**図５–140**のように k_x，k_y，k_z を，振動面内方向（x，y 方向）と振動面に垂直な方向 z 方向の波数とします．平面に沿った x，y 方向の波数が大きいと，全体としての音波の波数の制約から，k_z は虚数にならざるを得ません．

$$p=Pe^{j\omega t}e^{-j(k_x x+k_y y)}e^{-jk_z z},\quad k_x^2+k_y^2\leq k^2$$

$$p=Pe^{j\omega t}e^{-j(k_x x+k_y y)}e^{-kz z},\quad k_x^2+k_y^2>k^2$$

その結果，空中での音波の波動伝播を表す式では，e^{-kz} という項が平面に垂直な方向の伝播を代表することになります．この指数関数は，z 方向への単純な減衰を示すものであり，それ以外の方向のような動的に伝播するものではありません（**図５–140**）．

平面内の構造振動伝播の速度が遅く，周波数が高いと，面沿い方向（x，y 方向）の波数が大きくなり，この図の下側のように，振動面から離れていくと急激に振幅がゼロに収束する音となります．これを Evanescent Wave と呼んでいます．遠方までの放射を考えるとき，このような平板からは，低周波の音しか届きません．

こういうわけで，振動する構造面上の振動から空中への音響放射を計算するとき，波数を考慮にいれないと誤った予測をすることになります．振動面上の振動分布から音圧測定面上の音圧分布への伝達行列［T］を使うにしても，振動面上の評価点間の位相差（つまり伝播速度）を考慮し，十分に細かい振動評価点の間隔を使うことが重要です．個別の伝達関数を波動伝搬を含む空間的な音と振動の関係にむやみに応用することは考えものです．

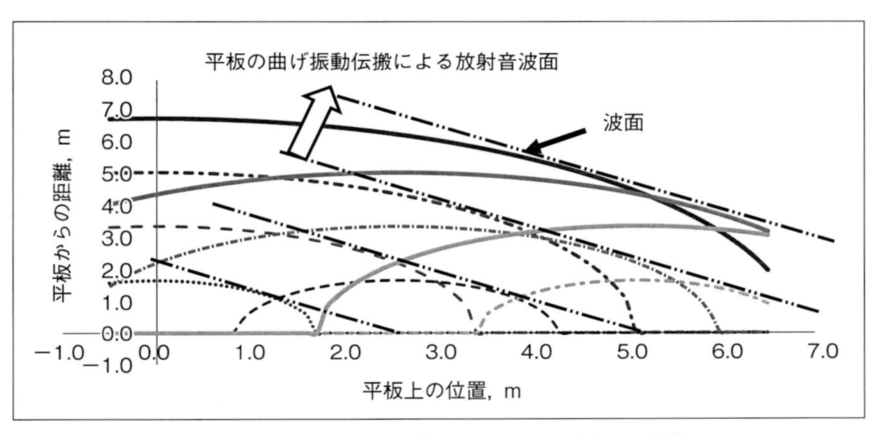

平板の曲げ振動伝搬に伴って，次々と音響エネルギーが波面に供給される．
音波の伝搬方向は音速と曲げ振動伝搬速度の比に依存する．

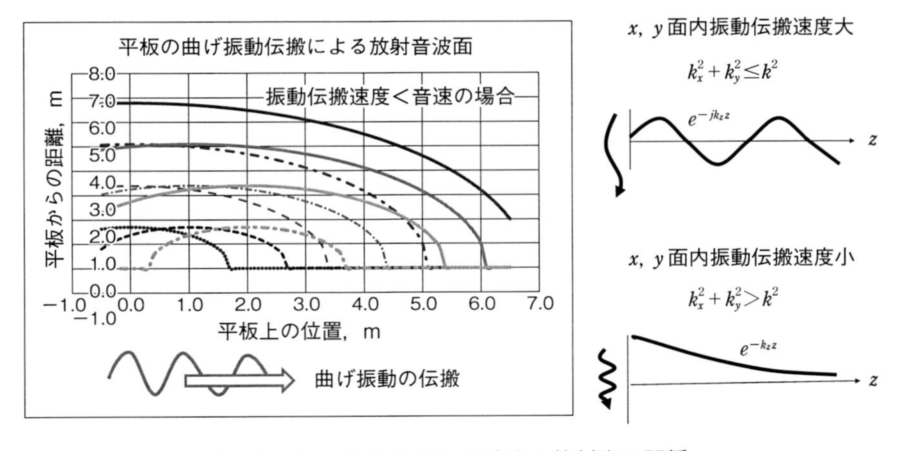

図 5-140　面内振動伝播速度と放射音の関係

(64) 表面インテンシティから放射音響パワーを推定

前項で紹介した板を伝わる曲げ波は，板面上の個々の点に点音源が存在し，時間的にある相対的な位相関係で板面に垂直に振動をしていることと等価になります．点音源は1重極ですから，このように分布した点音源は多重極として作用します．

このように近接した音源が低周波で作動する場合には，小さい相対的な位相差で音波を放射するので相互に打ち消しあい，表面近傍の音場から遠距離音場への放射効率は低くなります．こういう近距離音場での音圧と粒子速度の関係を考慮したパワー推定をしないと，過大見積もりによって不要な対策を招きます（**図5-141**）．

以上説明したエバネセント波を利用し，構造物表面の振動伝播速度を低くして，音響放射効率を下げる騒音対策が用いられることがあります．人体が内部で発生している低周波振動が，空中にほとんど放射されないことも，この効果の一つでしょう（**図5-142**）．

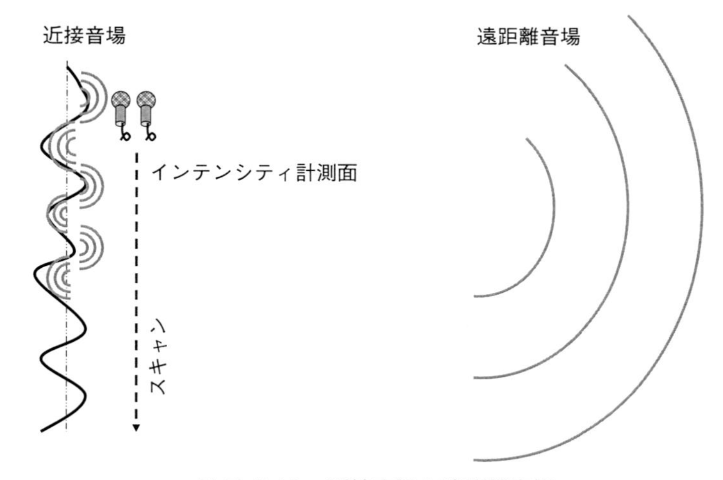

図 5-141　近接音場と遠距離音場

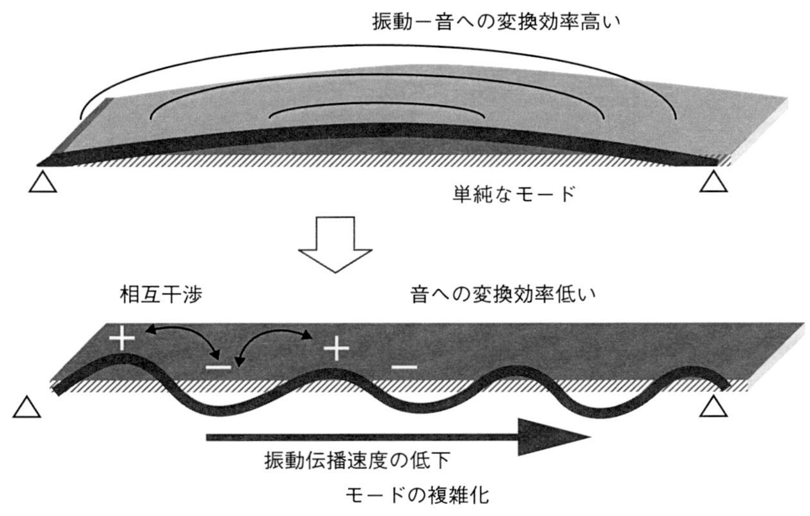

図 5-142　モードの複雑化による音響放射効率の低下

5.3　予測計算編

5.3.1　騒音現象での例

(65) 点音源付近での音響インテンシティ計算に，平面波の計算式を誤用

音響インテンシティ計測システムは，音の流れをベクトルとして捉え，このベクトルの方向の粒子速度と音圧の掛け算を時間平均して求める仕組みです．粒子速度は，加速度を時間で積分して計算しています（**図5-143**）．加速度は，ニュートンの法則から働く力を質量で割れば求められます．微小体積の空気の場合には働く力は両端の差圧であるので，二つのマイクロホンの出力差で近似できます．この関係は，多くの場合，x，y，z の3軸の平行な座標系で式がたてられていて，小さな音源の近傍以外では合理的なものです．しかし，小さな音源の近傍では，音波の放射にともなう空気の運動が半径方向だけでなく，周方向にもおおきく存在します．この周方向成分は音の放射には寄与しません．これを勘定に入れないと，音響パワーフローを見誤ることになります．

半径 a の球の表面が速度振幅 Ua，角振動数 ω で振動すると，半径 r の地点では**図5-144**中の式のような音圧 p と粒子速度 u が生じます．この p と u の比は，電気回路でのインピーダンスに相当します．インピーダンスの実数部は抵抗値で，パワーを消費します．音のパワーが消費されるということは放射されていくことを意味しますから，放射効率が高いことにつながります．具体的には高周波ほど，呼吸球の半径が大きいほど放射効率は高く，$ka = 1$ 近辺で効率100% に近くなります．

・音響インテンシティ［I］：空間のある断面を通過する面積当たりの音響パワー

$$I=\frac{1}{T}\int_0^T p(t)\cdot u(t)dt$$

$p(t)$：音圧［Pa］，$u(t)$：粒子速度［m/s］
T：平均時間［s］，“・”：スカラー積（内積）

■つまり音圧 p と粒子速度 u の内積の時間平均だから，両者の位相差 q が影響する．

$$p(t)=pe^{j\omega t},\ u(t)=Ue^{j\omega t}$$

$$I=\frac{1}{T}\int_0^T p(t)\cdot u(t)dt\ \frac{1}{2}|P||U|\cos\theta$$

図 5-143　音響インテンシティの定義式

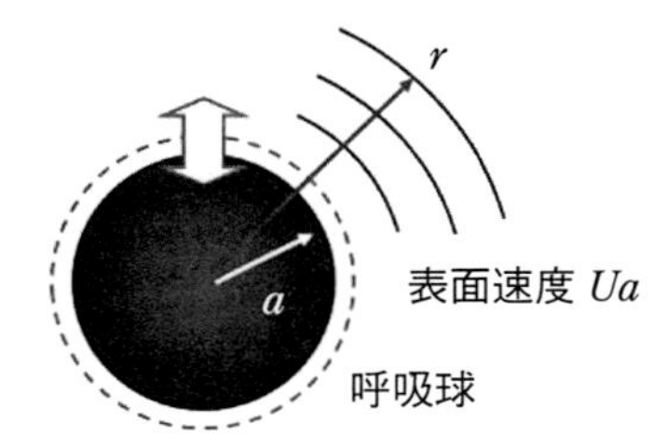

点音源の近くでは，音圧と粒子速度に位相差がある→これを入れて計算

$$p=\rho c\,\frac{jka}{1+jka}\,\frac{a}{r}\,U_a e^{-jk(r-a)}$$

$$u=\frac{1+jkr}{1+jka}\left(\frac{a}{r}\right)^2 U_a e^{-jk(r-a)}$$

$k=\omega/c$：波数 wave number

$p=zu, z$：放射インピーダンス

$$z=\frac{k^2a^2+jka}{1+k^2a^2}\rho c=r_a+jx_a$$

インピーダンスの実部 r_a だけが音響パワーに関係する．

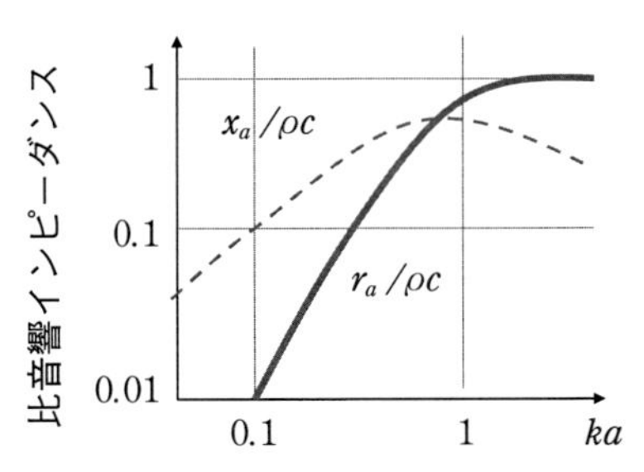

図 5-144　球音源近くでの音響インピーダンス

5.3.2　振動現象での例

(66) 振動は1自由度で表現できるという誤解

振動の教科書の入門部分には1自由度振動系という章があります．天井から質量がばねによって吊り下げられている図が描かれています．運動は質量の上下振動だけで，その変位を時間の関数としてx(t)のように表しているでしょう．筆者は「なるほどx(t)だけで状態を表せるのだ」と納得し，それ以後に進みました．さらに実務経験をある程度つんだところで，振動騒音実験を長く経験した先輩から「現象を1自由度系でモデル化すべし」と何度も指導をされたことがあります．確かに，こうできれば現象をすっきりと理解でき，対策案もシンプルに出てくるでしょう．

では，そうすると対象は1自由度で本当に表すことができるのでしょうか？答えは「No!」です．**図5-145**には，1自由度振動系の時々刻々の状態を位相平面上の軌跡として描いたものです．位相平面とは，x，y軸に変位と速度を割り当てた座標平面です．変位が同じであっても，運動速度は上向きと下向きの二つの値がありますから，自由度は二つあることになります．振動系のエネルギーは，変位で代表されるポテンシャルエネルギーと，速度で代表される運動エネルギーという二つの形態のエネルギーの割合が時事刻々変化することはご存知のとおりです．

この位相平面は，ランダム振動の変位がある限界値（しきい値）に初めて到達するまでのサイクル数（狭帯域振動でおよその周波数がわかっている場合は経過時間）を推定するときに使います（**図5-146**）．しきい値よりも変位が低くても，速度がプラスで大きければ，微小時間後に変位がしきい値を超える可能性を検討し，ここからレイリー分布を使う計算法が導かれます．

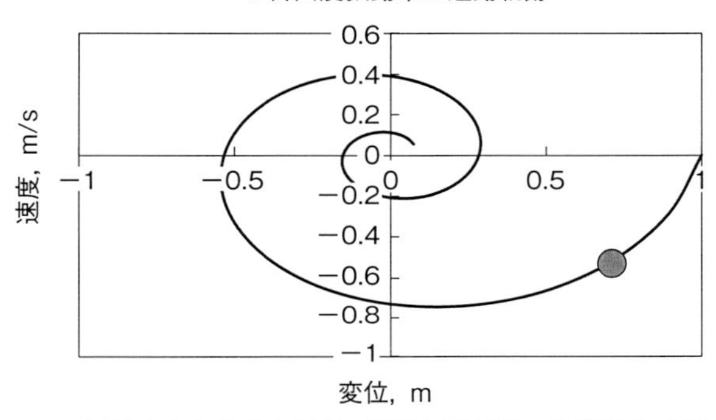

図 5-145　自由度振動系の位相平面上の軌跡

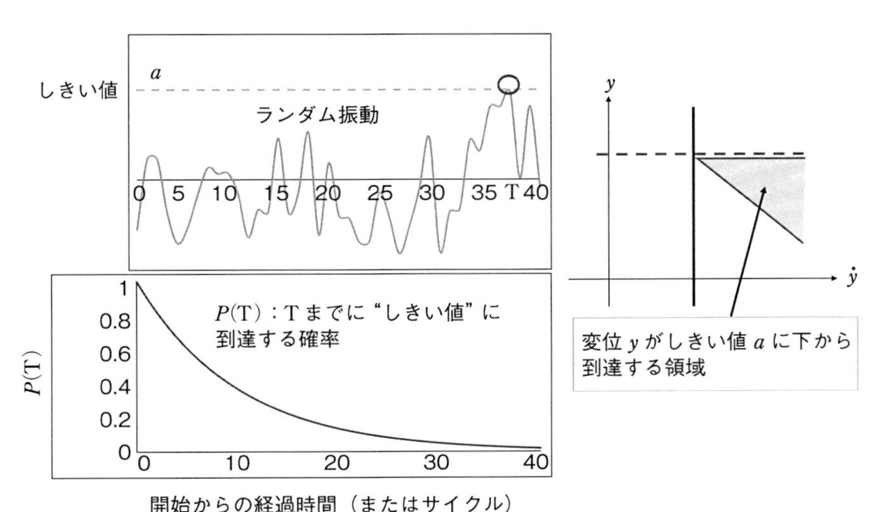

図 5-146　ランダム振動変位がしきい値に到達する確率の検討

(67) 梁の曲げに変位だけ考え傾きを考えない

地震は多くの人命を奪う恐るべき自然現象です．米国のシアトル市が位置する太平洋沿岸には多くの地震多発地帯があります．そこで1962年に開催された万国博覧会の目玉建築がシアトルスペースニードルで，地元ボーイング社を代表とする宇宙航空産業のシンボルと言えます（**図5-147**）．さて耐震設計の基礎として，このタワーの横揺れを表現できるシンプルな力学モデルを考えましょう．紙と鉛筆で計算できるように，図のような問題設定とします．

ここで試されるのが梁の振動に関する読者の理解度です．**図5-148**，**図5-149**に示したとおり，梁の曲げ自由度は横変位だけでなく，傾斜も入ります．シアトルのタワーの場合，展望台はその大きさから考えても質量とともに慣性モーメントとしての効果も大きいので，傾角を自由度に加えることは必須です．先端に展望台の質量・慣性モーメントを付けた片持ち梁モデルが適切です．

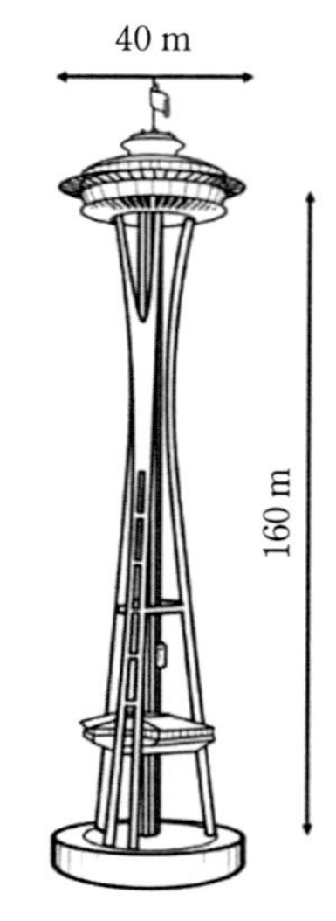

Seattle Space Needle

1962 年建設
太平洋沿岸の地震多発地帯
東西南北２方向の揺れを，４自由度で表現するには，どのようなモデルが適切であろうか？
展望台は比較的硬く，一体となって振動する．
支持構造は梁のように作用するであろう．

図 5-147　シアトルの展望タワーの低次振動モデルと梁振動

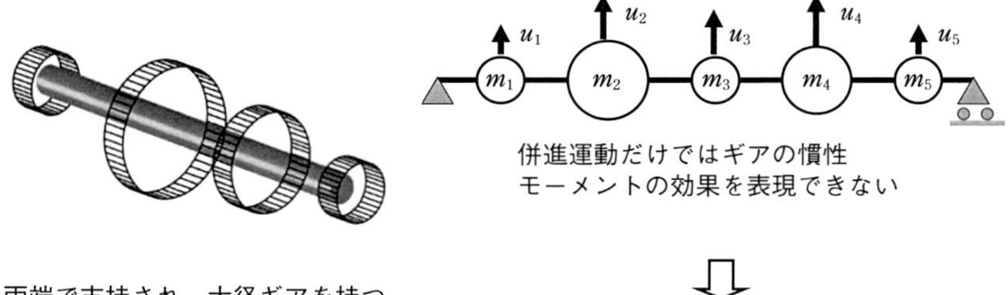

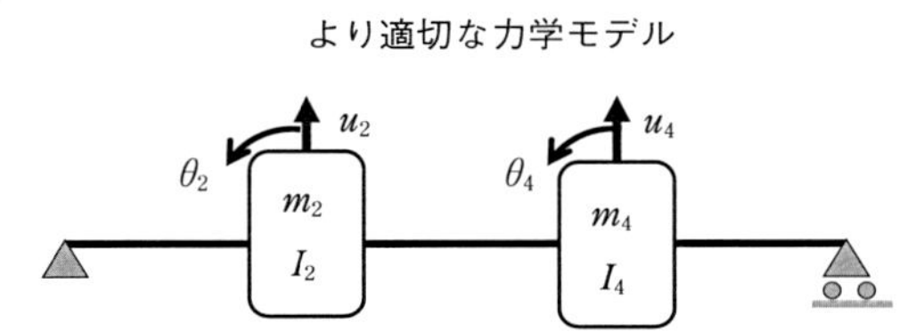

図 5-148　梁の傾きを考慮すべき軸振動の例

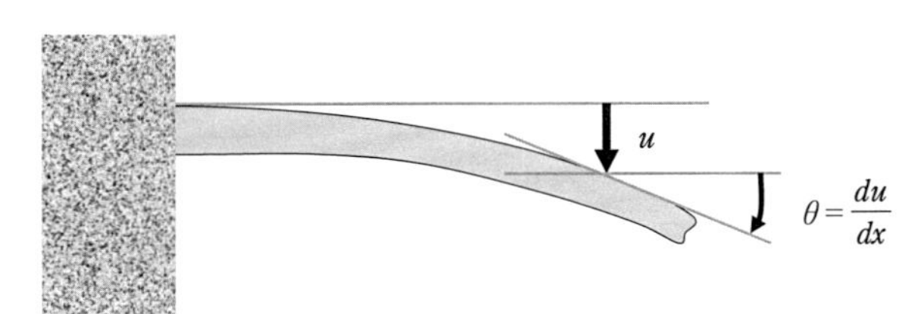

モデル	含まれる影響			
	回転慣性	曲げ歪	せん断歪	投影の短縮
オイラー ベルヌーイ	No	Yes	No	Yes or No
レイリー	Yes	Yes	No	Yes or No
チモシェンコ	Yes	Yes	Yes	No
せん断	No	No	Yes	No

図 5-149　代表的な梁モデルが考慮できる歪や慣性

(68) マスばね振動系の高次モードへのばねの直列並列の混同

フロントエンジン・リアードライブ配置の駆動系は，エンジンから車輪まで経路が長い系です．そのためにねじり固有振動がエンジンのトルク変動の振幅の大きい低次調波に共振をして問題になることがあります（図5-150）．この固有振動数を調整することに筆者は携わりました．駆動系に含まれる色々な軸はねじりばね作用をしますが，それらのばねが直列結合であるか並列結合であるかによって，個々のばね定数の影響度合いが異なります．筆者は，これらの軸が幾何学的には直列につながっているので，単純に直列結合であると当初誤解をしていました．

しかし，実験結果はこの直列結合という想定とは合致しませんでした．よくねじり振動モードを見ると，駆動系のある部分は慣性モーメントをはさんで逆位相でねじれていることに気がつきました．つまり，幾何学的配置の直列は，振動モード上での直列とは異なることを，そのときにやっと理解したというていたらくでした．

駆動系構造物の振動をマス・ばね系で単純表現し，共振モードを観察すると，上記の作用がよりよく理解できるでしょう（図5-151）．

低い次数のモードほど，ばねが直列的に作用していて，柔らかいばねとなっています．構造物のどの部分が並列ばねとして作用しているかのかを，モードから読み取ることが対策をたてる上で大切です．

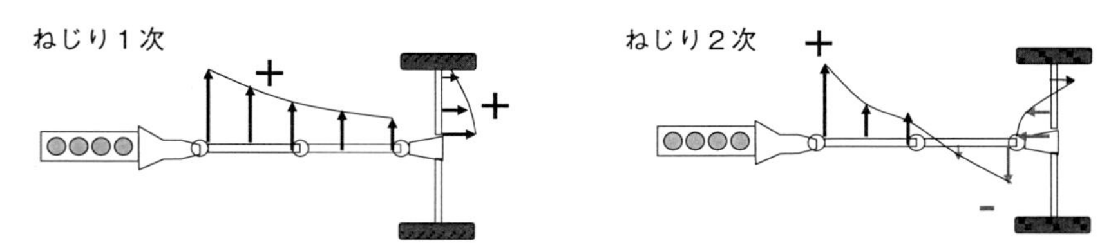

ファイナルギアの極慣性モーメントに対して，プロペラシャフトと
ドライブシャフトのねじり剛性は直列ばねとして作用？

図 5-150　駆動系の典型的なねじり振動モード

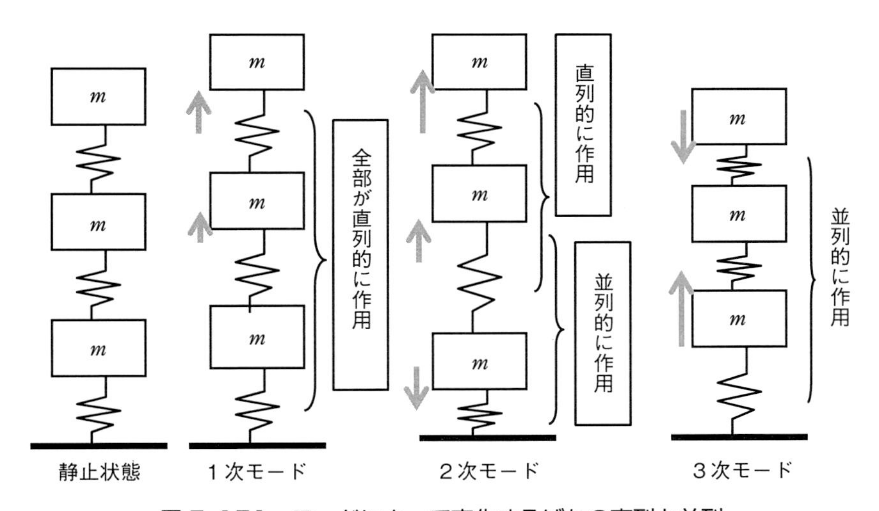

図 5-151　モードによって変化するばねの直列と並列

(69) 板の最低次振動モードがお椀型曲げという固定概念

位置と方向のわかっているカメラを物体周囲に配置し，撮影された複数のディジタル画像から対象物の３次元形状をディジタル情報として得るスキャナーが使われるようになりました．これ以前は光干渉技術を使ったレーザーホログラフィが用いられていました（**図５-152**）．乾板上の干渉縞として記録されていた対象物の像が，この乾板に参照光を再び照射することにより３次元的実像として浮かび上がる方法です．この乾板上に，物体を変形させたときの干渉縞を二重に記録させると，参照光をあてたときにレーザー光の波長オーダーの非常に小さな変位量を，物体像上の等高線状の縞模様として得ることができます．

このように強力な機能を持つ光学測定装置も，鏡やレンズなどの器具が相対変位をすると，物体光と参照光の位相が狂って，計測ができなくなります．この不具合の主要原因に防振台の弾性振動があります．この防振台の固有振動を，防振台全体質量と支持ばねで構成される系の固有振動数よりもはるかに高く設計しなければなりません．同様な防振台の固有振動数とモードの予測計算は，船舶構造などでも必要となることがありました．

さて，筆者が経験した上記の２例において，若手技術者はベッドが周辺の防振装置で支持されていることから，教科書に掲載されている周辺単純支持平板の固有振動数の公式を使いました．そして報告してきた値は現実よりも相当に高いものでした（**図５-153**左下）．

十分に防振されている板は，“空飛ぶじゅうたん”状態ですから周辺単純支持状態ではありません．ねじりモードや長手方向の曲げモードが最低の固有振動数を与えます（同図右下）．

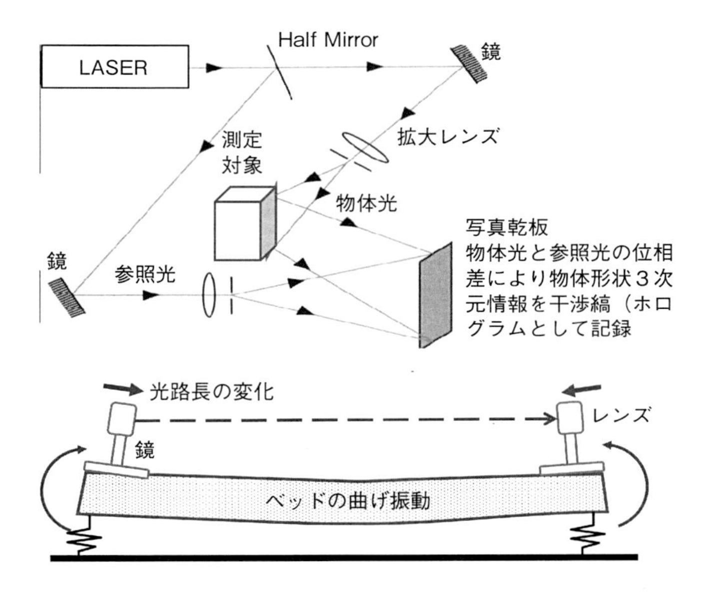

図 5-152　ベッド振動で計測可否が決まるレーザーホログラフィ

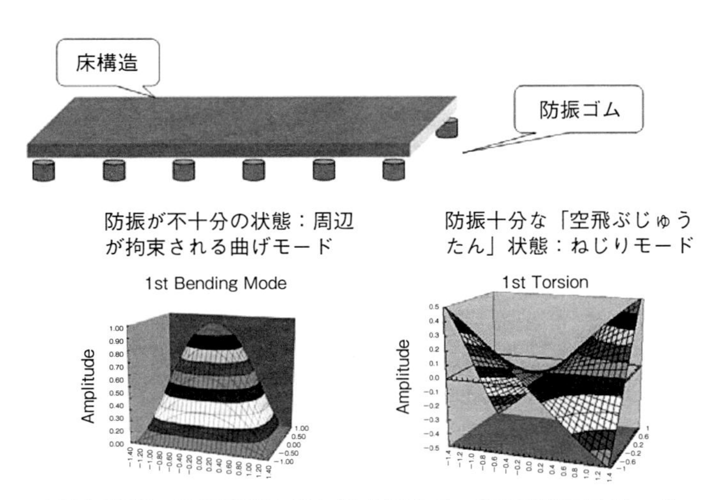

図 5-153　防振支持された広く長いベッドの固有振動モード

(70) 絶対座標，併進座標，回転座標の使用間違い

タイヤの振動を解析するときには，依って立つ座標系を適切に選ぶ必要があります（**図5-154**）．トレッド表面が路面と接触を開始あるいは終了するときの，路面との相対速度を取り扱うときには，路面に固定した座標系を用いることが便利です．トレッド上の一点の運動軌跡はサイクロイドに近い曲線となり，路面との相対速度をトレッドの変形と車速から推定できます．車体あるいは車軸に固定した座標系は，タイヤ振動のシャシーへの入力評価に便利です（**図5-155**）．しかし，この座標系から見るとタイヤ構造は回転しているので，その構造振動解析を行うことは困難です．他方，車輪に固定して一緒に回転する座標系を使えば，タイヤ構造は路面との接触による振動を除けば静止しているので，FEMをはじめとした解析ができます（**図5-156**）．そして加振源である路面は，この静止しているタイヤの周囲を転動し，トレッド面に対して強制的に速度を与えます．タイヤ構造はこの場合は車輪のリムで支持をされ，路面は回転する加振源となります．車両が静止しているときは，タイヤは振動しないので，路面は強制変位加振をするとは言えず，強制速度加振源です．

このような観点からは，絶対空間固定座標系にタイヤ構造FEMモデルを置いて，ある特定の点から加振入力を加えるシミュレーションで転動するタイヤ振動の現象を再現することには合理性がありません．

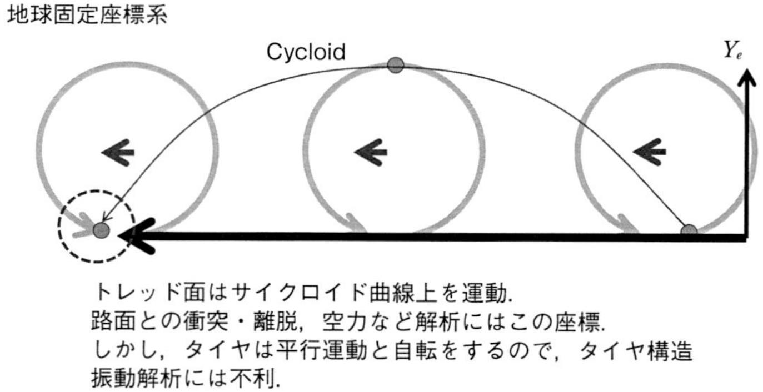

図5-154　タイヤ振動解析に使う座標系－1　空間固定

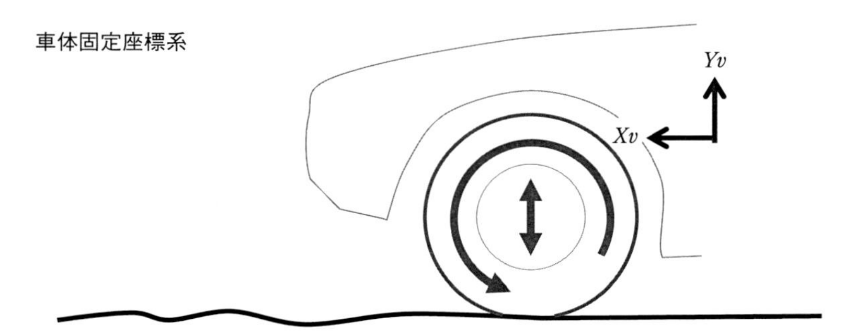

路面凹凸による平行運動と自転を表現.
乗り心地やロードノイズなどシャシへの入力解析に便利.
タイヤの FEM 構造モデルの作成は困難.

図 5-155　タイヤ振動解析に使う座標系－2　車体固定

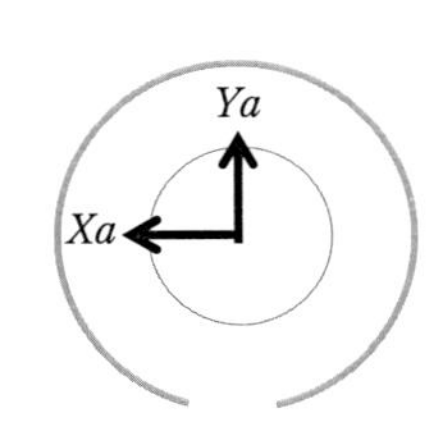

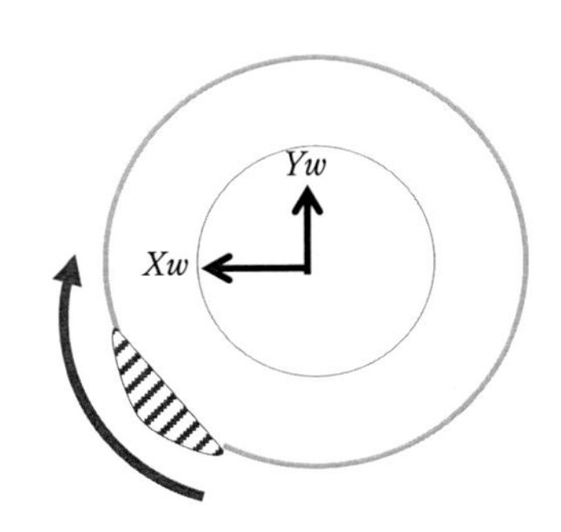

構造変形のみ現れる．車軸振動は除外できる.
タイヤの車輪に対する変形やトレッド振動解析に便利.
接触してくる路面は，強制速度加振源となり，トレッド
外周を回転する（野球場観覧席での Wave に似る).

図 5-156　タイヤ振動解析に使う座標系－3　車輪固定

付録　第５章の補足説明

本文中では説明が十分でない事項を詳しく説明します．

（1）部品の仕様に出力値（振幅など）だけを指定

部品やユニットの有機的な結合で機能をする自動車において，各部品の設計者間での約束事として「中間パラメータ」を設定することは有益です．その理由の一つは，全体システムとしての機能や性能の予測と確認の作業を，いつも全体として行うことなく部品という小単位に切り分けて開発作業を進められるという「効率向上」です．次の理由は，中間パラメータを合理的に決めるにあたって，それぞれの部分の機能を見直し，かつその機能を実現している物理現象をより深く理解できるようになることです．最後の理由は，中間パラメータとして，従来製品よりは改善した目標であって，かつ実現可能性がある目標を設定することにより，それぞれの部品や全体の設計担当者が合理性のある目標のもとに意欲を持って仕事に取り組むことができることです（**図６－１**）．

中間パラメータとして，力あるいは振幅という表面に現れる指標だけでなく，その部品の結合点でのインピーダンスを指定すると，**図６－２**のような電気回路における電力の伝達効率の関係式を適用できます．その結果，加振源から他

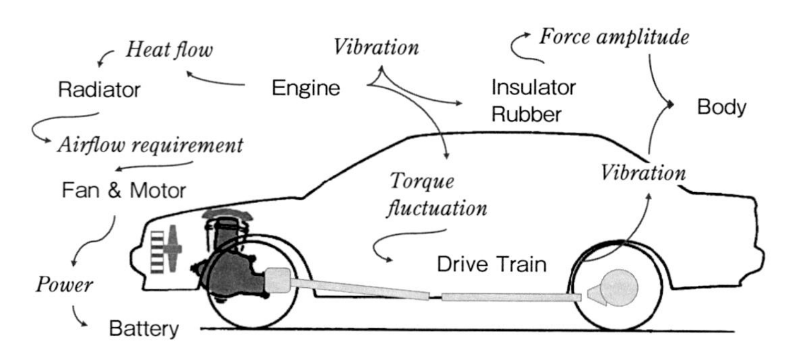

図 6-1　中間設計パラメータ設定が望ましい部品の組み合わせ

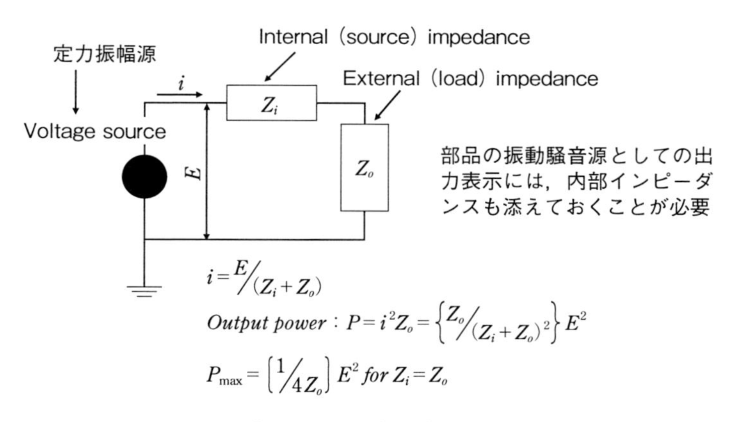

図 6-2　二つの部品のインピーダンス整合という考え方

の構造への振動騒音パワー伝達を予測しやすくなります．**図 6－2** 中の伝達パワーの式によれば，入力電圧一定という条件では，結合点から見た二つのシステムのインピーダンスが等しいときに伝達パワーは最大になります．従って，振動伝達を少なくするためにはこのような状態は避ける必要があります．入力電流が一定という場合，つまり振動を伝達される側のインピーダンスによらず振動振幅が変わらないような強制速度入力のような場合は，式中の Z_i が Z_o に比べて大きいので，伝達されるパワーは受ける側のインピーダンスにほぼ比例して増大します．パワー伝達を下げたければ柔らかくします．逆の場合は，むしろ受ける側のインピーダンスを大きくする設計が良いと言えます．

（2）ゲイン特性だけでフィルターを設計するミス

アクティブ制御をするためには，騒音源の時間的な変化を示す信号を受けてから騒音をキャンセルするための信号を適切なフィルターで発生させ，それを制御用のスピーカーに供給します．従って，ここで使うフィルターは信号を受けるまでは何の反応もせず，信号を受けた後で出力を開始する「因果律」を満たす必要があります．

因果律を満たすには，フィルターの伝達関数 $H(\omega)$ の時間領域表現であるインパルス応答関数 $h(t)$ が式（6－1）のように，絶対値が等しい偶関数と奇関数の和である必要があります．

$$h(t) = h_e(t) + h_o(t)$$
$$h_e(t) = h_o(t)\ for\ t>0,\ \ h_e(t) = -h_o(t)\ \ for\ t<0 \qquad (6-1)$$

ここで偶関数のフーリエ変換を考えます．

$$H(\omega) = \int_{-\infty}^{\infty} h(t)e^{-j\omega t}dt = \int_{-\infty}^{\infty}\{h_e(t)+h_o(t)\}(\cos\omega t - j\sin\ \omega t)dt \qquad (6-2)$$

掛け合わせるエクスポネンシャル関数の実部であるコサインは偶関数ですから，積分記号内の掛け算の結果は時刻 t の正負両方で同じ値となって，積分をすればゼロでない値が残り，他方虚部であるサインは奇関数ですから，積分記号内の掛け算の結果は時刻 t の正負で絶対値同一，符号反対になり，積分すればゼロとなるのでサイン項は持ちません．奇関数はその反対にサイン項だけが残ります．

$$h_e(t)\sin\omega tdt：\text{奇関数},\ \ h_o(t)\cos\omega tdt：\text{奇関数}$$
$$\int_{-\infty}^{\infty} h_e(t)\sin\ \omega tdt = 0, \int_{-\infty}^{\infty} h_o(t)\cos\omega tdt = 0 \qquad (6-3)$$
$$H(\omega) = \int_{-\infty}^{\infty} h(t)e^{-j\omega t}dt = \int_{-\infty}^{\infty}\{h_e(t)\cos\omega t + jh_o(t)\sin\ \omega t\}dt$$

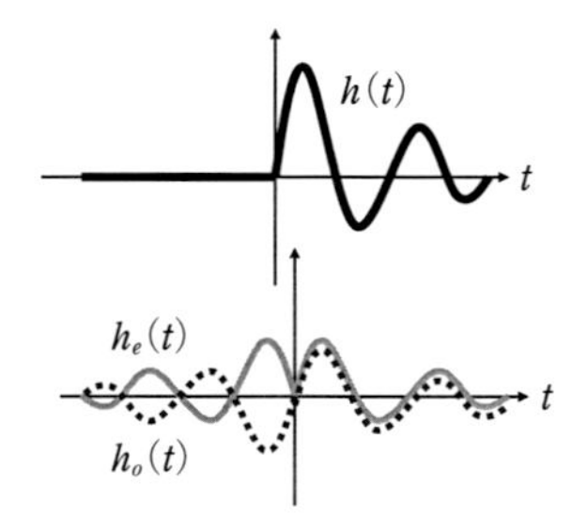

制御用フィルターの周波数特性を不用意に変更すると，実部 h_e と虚部 h_o の関係が崩れる

⇒Causal でなくなる

⇒物理的に実現不可能

図 6-3　因果律フィルターの伝達関数実部と虚部は等価が必要

そして，この場合の偶・奇関数の絶対値は同一ですから，インパルス応答のフーリエ変換（つまり伝達関数）のサイン・コサイン成分は同一となることが条件になります（**図6－3**）．

（9）放射音場を少数のスピーカーで制御可能という誤解（p.164）

ここでアクティブ騒音制御の基本についての説明を加えます．

a）自由空間に放射される音波の制御

この制御が成功するためには，次の要件が必要となります．

i：騒音源から外に向かって伝播していく波面と，制御用の音源から放射される波面とが重なるという空間的条件．

ii：騒音源からの音波に対して，制御音が遅れずに到達するという時間的条件．

前者は，制御用音源を騒音源と全く同じ位置に置くことができないという制約があるので，寸法の大きい騒音源の場合には複数の制御用スピーカーが必要になります．これについては**図5－16**で説明しました．後者は，音源波動の時間的な情報を取得して，音速以上の速度で制御用スピーカーに伝える仕組みが必要です．これが難しい場合は，過渡的な変化を示す騒音の制御はあきらめて，こもり音のような周期的な音の制御に絞ることになります．ロードノイズも伝達経路に鋭い共振があれば，周期性が強いので数周期の遅れがあっても制御可能と言えます．

b）伝達経路に反射や並列の経路が存在する音波の制御

図6－4に例示したように，エンジン騒音は複数の伝達経路をたどって乗員

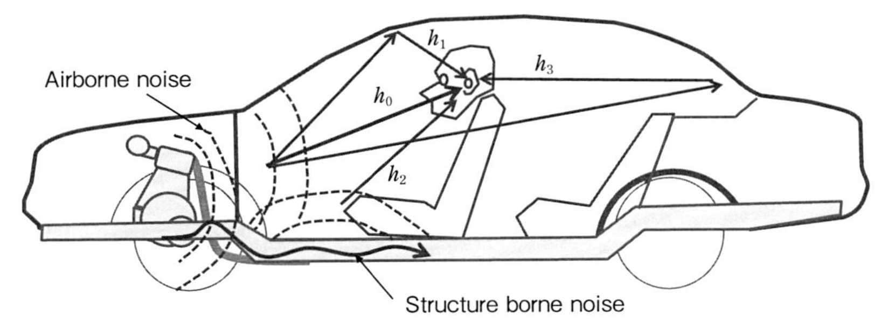

図6-4　複数の伝達経路を持つ騒音の例

の耳に到達します．複数の伝達経路が存在する理由は，空気伝播と固体伝播の存在，反射音や振動波の反射の存在です．

これらの個々の音は，遅れ時間 τ（位相）・振幅の差を持ちますので，それらを係数 h_k とし，さらに騒音源であるエンジンの時間信号を $x(t)$ とします．これによって生ずる車内騒音 $y(t)$ は，次のような無限級数で表されるわけですが，反射を繰り返す毎に振幅が減ることを考慮して，有限級数で近似をします．

$$y(t)=\sum_{k=0}^{\infty}h_k x(t-\tau_k)\approx\sum_{k=0}^{L}h_k x(t-\tau_k) \qquad (6\text{-}4)$$

この形式は第３章で説明しているコンボリューションで，h_k はインパルス応答に相当します．

$$y(t)=\int_{-\infty}^{t}h(\tau)x(t-\tau)d\tau \qquad (6\text{-}5)$$

従って，式（６-４）はインパルス応答が無限に続く場合と有限で打ち切った場合を表しています．無限長インパルス応答のことを Infinite Impulse Response (IIR)，有限長インパルス応答のことを Finite Impulse Response (FIR) と呼びます．ここでアクティブ制御に戻ると，自動車の状況，つまり室内気温や反射物の状況などを表現できるインパルス応答 h_k と騒音源の信号 $x(t)$ を入手できれば，それらのコンボリューションを計算して制御信号を作り，スピーカーに送ればよいことになります．実際に計算をするときには，クロックに合わせてサンプリングをした数値を使うので，コンボリューション計算もディジタルに実施します．コンボリューション計算は周波数空間では入力と伝達関数のフーリエ変換の積となることは第３章に記載してあります．インパルス応答のフーリエ変換は伝達関数 $H(\omega)$ ですので，この制御用信号を計算する作業は，入力 $x(t)$ をフィルター $H(\omega)$ に通すことと同じです．

$$\mathrm{Y}(\omega)=\mathrm{H}(\omega)\mathrm{X}(\omega) \qquad (6\text{-}6)$$

そこで，ディジタルフィルターの実現方法（計算方法）を簡単に説明します．

i）IIR（無限長）フィルターの具現化法：１自由度の振動系が共振という一種のフィルター作用を持つことを例にとってみます．運動方程式は次式で，さらに時間軸を Δt 時間ごとに離散化して現時点でのサンプルを n 番目，一つ前を $n-1$ 番目とする表現にします．

$$m\ddot{x}+c\ddot{x}+kx=f \tag{6-7}$$

$$\begin{aligned}
&\dot{x}=\frac{1}{\Delta t}(x_n-x_{n-1}),\ \ddot{x}=\frac{1}{\Delta t^2}(x_n-2x_{n-1}+x_{n-2})\\
&\frac{m}{\Delta t^2}(x_n-2x_{n-1}+x_{n-2})+\frac{c}{\Delta t}(x_n-x_{n-1})+kx_2=f_n\\
&x_n=\alpha(f_n+\beta x_{n-1}-\gamma x_{n-2})\\
&\alpha=\left(\frac{m}{\Delta t^2}+\frac{c}{\Delta t}+k\right)^{-1},\ \beta=\frac{2m}{\Delta t^2}+\frac{c}{\Delta t},\ \gamma=\frac{m}{\Delta t^2}
\end{aligned} \tag{6-8}$$

これをブロックダイアグラムで描くと**図 6－5** になり，一旦入った入力が何度も何度もループを駆け回って無限に出力に影響を与え続けることがわかります．なお，この図中の z^{-1} は一つ昔の値に戻るという意味で z 変換の記号です．

このIIRフィルターでの計算に使う定数は少なく，過去の変数として記憶すべき数も少ないので，計算負荷は軽くて済みますが，峻別能力の高いフィルタ

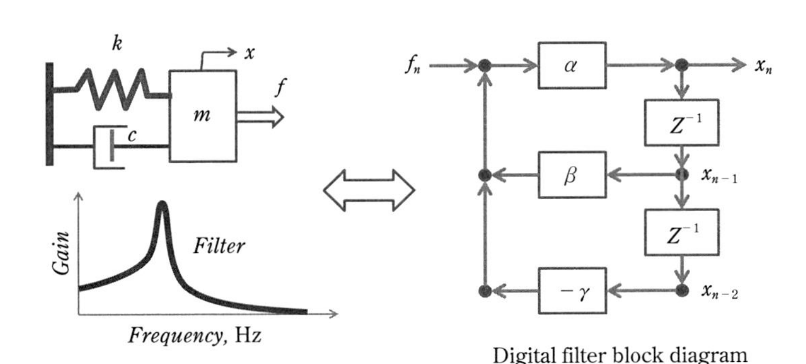

図 6-5　ディジタルフィルターのブロックダイアグラム，無限長インパルス応答 (IIR) を持つフィルターの例

ーの場合には，減衰が小さい共振系のように，計算誤差の積み重ねによって発散する危険があります．そのような不安定さを避けるために，通常は有限長インパルス応答を使う方法が使われています．これは式（6－4）の右側そのものを実行するので，**図6－6**のブロックダイアグラムのように計算が進みます．使う定数の数はインパルス応答の長さによっては多くなり，メモリー容量もやや増えます．

自動車のアクティブ騒音制御では，制御対象の状況変化に応じて，このインパルス応答を表す係数を逐次変化させる適応制御を使います．この適応には，アクティブ制御の成績が良くなるように持っていくためのアルゴリズムとして，計算負荷が軽くて比較的安定性の良い最小二乗法（Method of Least Mean Square, LMS）がよく用いられます．本来得たい信号の現時点でのサンプル値をy_nとし，騒音源信号x_nにディジタルフィルターの係数をかけた信号との差，つまり誤差，を式（6－9）のようにε_nとします．

$$\varepsilon_n = y_n - \mathbf{H}_n^T\mathbf{X}_n = y_n - (h_0 x_n + h_1 x_{n-1} + h_2 x_{n-2} + \cdots + + h_L x_{n-L}) \tag{6-9}$$

この誤差の２乗が最小となるようなフィルター係数は，２乗値を各フィルター係数で微分した勾配（式（6－10））に微少量μを掛けた値だけ修正を加えて，徐々に適応をさせていきます（式（6－11））．

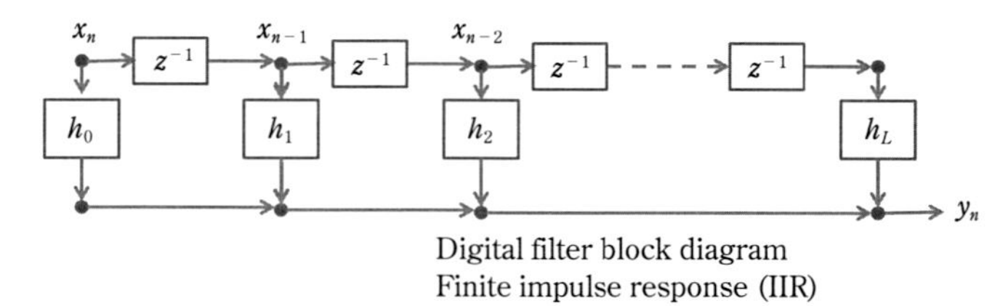

図6-6　有限長インパルス応答（FIR）ディジタルフィルター

$$\hat{\nabla}_{\mathrm{n}} = \begin{Bmatrix} \dfrac{\partial \varepsilon_n^2}{\partial \boldsymbol{h}_0} \\ \dfrac{\partial \varepsilon_n^2}{\partial \boldsymbol{h}_1} \\ \vdots \\ \dfrac{\partial \varepsilon_n^2}{\partial \boldsymbol{h}_L} \end{Bmatrix} = 2\varepsilon_n \begin{Bmatrix} \dfrac{\partial \varepsilon_n}{\partial \boldsymbol{h}_0} \\ \dfrac{\partial \varepsilon_n}{\partial \boldsymbol{h}_1} \\ \vdots \\ \dfrac{\partial \varepsilon_n}{\partial \boldsymbol{h}_L} \end{Bmatrix} = -2\varepsilon_n \mathbf{X}_n \tag{6-10}$$

$$\mathbf{H}_{n+1} = \mathbf{H}_n - \mu \hat{\nabla}_{\mathrm{n}} = \mathbf{H}_n + 2\mu\varepsilon_n \mathbf{X}_n \tag{6-11}$$

この方法を使えば，現時点での音源信号 x_n と，とりあえず設定したフィルター係数から適応をしていくことができます．

索　引

【さ 行】

【た 行】

【な 行】

【は 行】

【ま 行】

【や行】

【ら行】

【わ行】

［著者紹介］

石濱 正男（いしはま　まさお）

1947年東京都出身．東京大学工学部航空学科卒．マサチューセッツ工科大学留学．1996年東京工業大学博士（工学）．日産自動車（株）動力機構研究所次長，神奈川工科大学教授，防衛省技術顧問を経て，現在明治大学先端数理科学インスティテュート研究員，（株）システムプラス社技術顧問

70 事例から学ぶ　自動車の振動・騒音対策法　　NDC 537

2018年１月26日　初版１刷発行
2025年４月11日　初版４刷発行

（定価はカバーに表示してあります。）

©著　者　　石　濱　正　男
発行者　　井　水　治　博
発行所　　日 刊 工 業 新 聞 社

〒103-8548　東京都中央区日本橋小網町14-1
電　話　書籍編集部　03-5644-7490
　　　　販売・管理部　03-5644-7403
　　　　FAX　03-5644-7400
振替口座　00190-2-186076
URL　https://pub.nikkan.co.jp/
e-mail　info_shuppan@nikkan.tech

製　作　（株）日刊工業出版プロダクション
印刷・製本　新日本印刷（株）（POD 3）

落丁・乱丁本はお取り替えいたします。　2018 Printed in Japan

ISBN 978-4-526-07788-3　C3053